数据采集及预处理

基础与应用

陈　瑛　许桂秋　周　敏◎主　编
傅冬颖　曹玉琳　于晓东◎副主编

人民邮电出版社
北　京

图书在版编目（CIP）数据

数据采集及预处理基础与应用 / 陈瑛，许桂秋，周敏主编. -- 北京 : 人民邮电出版社，2024.2
（大数据技术与应用丛书）
ISBN 978-7-115-63525-9

Ⅰ. ①数… Ⅱ. ①陈… ②许… ③周… Ⅲ. ①数据处理 Ⅳ. ①TP274

中国国家版本馆CIP数据核字(2024)第007505号

内容提要

本书主要介绍如何利用 Kettle 和 Python 这两个具有代表性的工具进行数据预处理的相关技术与方法，包括数据抽取、数据清洗、数据集成和数据变换等。全书共 9 章，内容涉及数据采集、环境部署、Kettle 安装及应用、pandas 应用以及 Python 应用案例，还由浅入深地介绍了数据可视化的基础内容。本书采用任务式编写模式，将大数据预处理技术的理论和实现分解到一个个任务中，融入到一个个典型案例中，让读者在完成各任务的同时理解和掌握相关内容。

本书既有技术的深度，也有行业应用的广度，适合作高等院校计算机、数据科学与大数据技术等相关专业课程的教材，也适合作零基础人群学习数据预处理技术的入门图书。

◆ 主　　编　陈　瑛　许桂秋　周　敏
副 主 编　傅冬颖　曹玉琳　于晓东
责任编辑　张晓芬
责任印制　马振武
◆ 人民邮电出版社出版发行　　北京市丰台区成寿寺路 11 号
邮编　100164　　电子邮件　315@ptpress.com.cn
网址　https://www.ptpress.com.cn
北京九州迅驰传媒文化有限公司印刷
◆ 开本：787×1092　1/16
印张：18.5　　2024 年 2 月第 1 版
字数：427 千字　　2025 年 2 月北京第 2 次印刷

定价：79.80 元

读者服务热线：(010)53913866　印装质量热线：(010)81055316
反盗版热线：(010)81055315

前言

数据预处理是数据挖掘中必不可少的关键一步，是进行数据挖掘前的准备工作。数据预处理一方面保证挖掘数据的正确性和有效性；另一方面通过对数据格式和内容的调整，使数据更符合挖掘的需要。

本书共 9 章，内容包括五部分。

第一部分为数据采集，由第 1 章组成，介绍使用 Python 爬虫采集网页数据的方法。

第二部分为数据预处理的概述，由第 2 章组成，阐述数据预处理的主要流程、相关的支撑理论及环境的安装。

第三部分介绍利用 Kettle 工具进行数据预处理，由第 3 章和第 4 章组成，分别对数据的抽取、转换和加载等进行阐述。

第 3 章主要通过一个数据导入/导出的案例讲解如何使用 Kettle。第 4 章介绍如何在 Kettle 下导入和导出各种类型的数据，并对导出的数据进行数据清洗，主要介绍选择、过滤、分组、连接和排序这些常用的功能。

第四部分介绍如何利用 Python 语言编程进行数据预处理，由第 5 章至第 8 章组成。

第 5 章主要介绍如何利用 Python 常用库 pandas 进行数据分析。第 6 章介绍如何调用 pandas 库，通过编程完成数据的清洗工作。第 7 章介绍如何构建特征工程。第 8 章介绍通过数据仓库完成对数据的处理。

第五部分是综合案例，由第 9 章组成，从多个角度对当前热门岗位——数据分析师岗位进行分析。

本书高度重视实践能力的培养，章节中的每一个重要知识点，都有相应的实操案例演示，并配有现场截图，为读者展示真实的、详尽的数据预处理场景，十分方便读者自学。本书主要作为高等院校计算机专业、大数据专业相关课程的教材，参考学时数为 32 学时。

本书在编写过程中得到了许多同行的指导，在此表示感谢。由于编者水平有限，书中难免存在不足之处，殷切希望广大读者批评指正。

编　者

2024 年 2 月

目录

第1章　Scrapy电影评论数据采集

进入21世纪以来，大数据、人工智能等技术的飞速发展，极大地带动了全社会的进步。企业业务数字化转型的推进对非数字原生企业数据感知和获取的能力提出了新的要求，原有信息化平台的数据输出和人工录入能力已经远远满足不了企业内部组织在数字化下的运作需求。企业需要构建数据感知能力，采用现代化手段采集和获取数据，减少人工录入。与此息息相关的就是数据采集。

【学习目标】

（1）了解数据采集与网络爬虫的概念。

（2）了解网络爬虫的流程与Scrapy库。

（3）熟悉使用Scrapy爬取数据的方法。

（4）能够熟练使用XPath解析数据。

任务1.1　数据采集

1.1.1　数据采集概述

数据采集，又称数据获取，是从系统外部采集数据并输入系统内部的一个接口。在数据大爆炸的互联网时代，数据采集技术已经广泛应用于各个领域。数据的类型是复杂多样的，包括结构化、半结构化和非结构化3种。结构化数据最常见，是一种具有模式的数据。非结构化数据是数据结构不规则或不完整，没有预定义的数据模型，包括所有格式的办公文档、文本、图片、HTML 文档、各类报表、图像和音频/视频信息，等等。大数据采集是大数据分析的入口，所以是相当重要的一个环节。

1.1.2　数据采集方法

面向不同场景，数据感知可分为“硬感知”和“软感知”，数据采集技术也可以分为这两个方面的技术。“硬感知”主要利用设备或装置进行数据的收集，收集对象为物理世界中的物理实体，或者是以物理实体为载体的信息、事件、流程等。“软感知”使用软件或者其他技术进行数据收集，收集的对象存在于数字世界，收集通常不依赖物理设备。

1．基于物理世界的“硬感知”能力

数据采集方式主要经历了人工采集和自动采集两个阶段。自动采集技术仍在发展中，不同的应用领域所使用的具体技术和手段也不同。基于物理世界的“硬感知”依靠的是数据采集，是将物理对象镜像到数字世界中的主要通道，是构建数据感知的关键，是实现人工智能的基础。基于当前的技术水平和应用场景，我们将“硬感知”分为以下9类。

（1）条形码与二维码

条形码是将宽度不等的多个黑条和空白，按一定的编码规则排列，以表达一组信息的图形标识符。二维码是用某种特定的几何图形按一定规律在平面上分布的、黑白相间的、记录信息的图形。

（2）磁卡

磁卡是一种卡片状的磁性记录介质，利用磁性载体记录字符与数字信息，用于保存身份信息。根据使用基材的不同，磁卡可分为PET卡、PVC卡和纸卡3种。

（3）无线射频识别

无线射频识别（Radio Frequency Identification，RFID）是一种非接触式的自动识别技术，通过无线射频方式进行非接触双向数据通信，利用无线射频方式对记录媒体（例如电子标签或射频卡）进行读/写，从而达到识别目标和交换数据的目的。基于某些业务需求，在RFID的基础上发展出了近场通信（Near Field Communication，NFC）。

（4）光学字符识别和智能字符识别

光学字符识别（Optical Character Recognition，OCR）是指电子设备（例如扫描仪或者数码相机）检查纸上打印的字符，通过检测暗、亮的模式确定其形状，将其形状翻译成计算机语言的过程。智能字符识别（Intelligent Character Recognition，ICR）是一种更先进的OCR。它引入了深度学习技术，采用语义推理和语义分析，根据字符上下文语句信息并结合语义知识库，对未识别的字符进行信息补全，提高了识别正确率。

（5）图像数据采集

图像数据采集是指利用设备获取图像的过程。

（6）音频数据采集

音频数据采集是指利用设备获取音频的过程。

（7）视频数据采集

视频数据采集是指利用设备获取视频的过程。视频是动态的数据，其内容随时间而变化，而且声音与运动图像（画面）同步。通常视频信息体积较大，集成了影像、声音、文本等多种信息。视频的获取方式包括网络下载，从VCD或DVD中捕获，从录像带中采集，利用摄像机拍摄等，以及购买视频素材、屏幕录制等。

（8）传感器数据采集

传感器是一种检测装置，能检测相关信息，并能将检测到的信息按一定规律变换成信号进行输出，以满足信息的采集、传输、处理、存储、显示、记录等要求，其中，信号包括电流信号、电压信号、脉冲信号、I/O 信号、电阻变化信号等。传感器数据的主要特点是多源、实时、时序化、海量、高噪声、异构、价值密度低等。

（9）工业设备数据采集

工业设备数据是对工业机器设备产生的数据的统称。在机器中有很多特定功能的元器件（例如阀门、开关、压力计等），这些元器件或设备根据系统的命令执行相关操作。工业设备数据采集广泛应用于多个场景，例如可编程逻辑控制器（Programmable Logic Controller，PLC）现场监控，数控设备故障诊断与检测，大型工控设备的远程监控等。

2．基于数字世界的“软感知”能力

物理世界的“硬感知”是将物理对象构建到数字世界的主要通道，是构建数据孪生的关键。而已经存在于数字世界中的那些分散、异构信息，则可通过“软感知”得到利用。目前“软感知”技术比较成熟，并随着数字原生企业的崛起而得到了广泛的应用。我们将“软感知”分为以下 3 类。

（1）埋点

埋点是数据采集领域尤其是用户行为数据采集领域的术语，指的是捕捉特定用户行为或事件的相关技术。埋点的技术实质是监听在应用运行过程中发生的事件，当需要关注的事件发生时进行判断和捕获。

（2）日志数据收集

日志数据收集是实时收集应用程序、网络设备等生成的日志记录，其目的是识别运行错误、配置错误、入侵行为、策略违反行为、存在的安全问题等内容。在企业业务管理中，日志可以分为操作日志、运行日志和安全日志 3 类。

（3）网络爬虫

网络爬虫（Web Crawler）又称网页蜘蛛、网络机器人，是按照一定的规则自动抓取网页信息的程序或者脚本。搜索和数字化运营需求的兴起，使得爬虫技术得到了长足的发展。爬虫技术作为网络、数据库、机器学习等技术的交汇点，已经成为满足个性化数据需求的最佳实践。Python、Java、PHP 等语言都可以实现爬虫，特别是 Python 中配置爬虫的便捷性，使得爬虫技术得以迅速普及，也促成了政府、企业界、个人对信息安全和隐私的关注。

1.1.3　数据采集应用

当前，数字经济成为我国经济发展的新引擎，企业面临以大数据为核心的数字化转型的重要机遇和挑战。同时，伴随数字化转型的推进，企业日常运营中产生的数据量成指数级增长，且数据的类型更加多样化，数据应用场景日益繁杂。如何降低企业数字化转型的成本，提高客户、企业和员工的数据体验，已成为各企业数字化转型战略的重中之重。在进行数字化转型的企业中，数据采集可以应用于数据仓库建设、商务智能建设、大数据治理等，从而实现企业数据的“采、存、管、用”一体化目标，贯通企业业务系统数据，打破数据孤岛。

任务 1.2 网络爬虫

1.2.1 网络爬虫概述

网络爬虫是一种按照一定的规则，自动地抓取互联网上的信息的程序或者脚本。它通过模拟人工浏览网页的行为，自动访问网站，并获取所需的数据。网络爬虫可以批量地抓取网页内容、文件等，并将这些数据进行处理和分析。

我们把互联网比作一张大网，把网的节点比作一个个网页，那么网络爬虫便是在网上爬行的“蜘蛛”，如果它遇到自己的“猎物”（所需要的资源），就会将其抓取下来。网络爬虫其实很早就出现了，最开始主要应用于各种搜索引擎。随着大数据时代的到来，我们经常需要在拥有海量数据的互联网环境中搜集一些特定的数据并对其进行分析，而网络爬虫可以对这些特定的数据进行爬取，并对一些无关的数据进行过滤，将目标数据筛选出来。

网络爬虫在各个领域都有广泛的应用，例如搜索引擎的索引建立、新闻聚合网站的更新、价格比较网站的数据收集等。然而需要注意的是，在使用网络爬虫时，必须遵守我国的法律法规和网站的使用协议，尊重网站的隐私权和版权，不进行非法活动和滥用行为。

1.2.2 常用网络爬虫方法

常用的 Python 爬虫技术的基本内容包括网页基础分析、Requests（请求）、XPath 和正则解析、Ajax 分析、Selenium 模拟浏览器爬取、Scrapy 等。但技术不是一成不变的，随着技术的发展，一些新兴爬虫技术，如异步爬虫、JavaScript 逆向爬虫等技术不断涌现。

网络爬虫流程包括获取网页、提取信息、保存数据和自动化程序 4 个部分。

（1）获取网页

网络爬虫首先要做的工作是获取网页的源代码。网络爬虫的工作原理其实和使用浏览器访问网页的工作原理是完全一样的，也是根据超文本传输协议（Hyper Text Transfer Protocol，HTTP）来获取网页内容。Python 提供了许多库来帮助我们实现这个操作，如 urllib 库、requests 库等。

（2）提取信息

接下来分析网页源代码，从中提取我们想要的数据。通用的方法是采用正则表达式提取数据，但是正则表达式的构造比较复杂且容易出错。网页的结构有一定的规则，那么我们可以根据网页节点属性选择 CSS 选择器或 XPath 来提取网页信息。提取信息是网络爬虫非常重要的部分，它可以使杂乱的数据变得条理清晰，以便后续处理和分析。

（3）保存数据

提取信息后，我们一般会将提取到的数据保存到某处供后续使用。数据的保存有多种方式，可以简单保存为 TXT 格式文本或 JSON 格式文本，也可以保存到数据库（如 MySQL 和 MongoDB 数据库），还可以保存到远程服务器。

（4）自动化程序

所谓自动化程序，是指网络爬虫可以代替人来完成相关操作。我们手工可以提取少量网页信息，但是当数据量特别大或者想快速获取大量数据时，则需要借助程序来完成。网络爬虫就是代替我们完成提取工作的自动化程序，它可以在抓取过程中进行各种异常处理、错误重试等操作，确保爬取持续高效的运行。

1.2.3　常用网络爬虫工具

1．urllib 库

使用 urllib 库可以实现 HTTP 请求的发送，而不用在意 HTTP 本身甚至更低层的实现。使用 urllib 库时，我们只需要指定请求的 URL、请求头、请求体等信息，便可实现 HTTP 请求的发送。同时，使用 urllib 库还可以把服务器返回的响应转化为 Python 对象，使我们可以通过该对象方便地获取响应信息，如响应状态码、响应头和响应体等。

urllib 库是 Python 内置的 HTTP 请求库，也就是说，不需要额外安装便可使用。它包含如下 4 个模块。

① request：最基本的 HTTP 请求模块，可以用于模拟发送请求。就像在浏览器里输入网址并按回车键一样，只需要给库方法传入 URL 和所需的参数，就可以模拟发送请求。

② error：异常处理模块。如果出现请求错误，我们可以捕获这些异常，然后进行重试或其他操作，以保证程序不会被终止运行。

③ parse：一个工具模块，提供许多 URL 处理方法，例如拆分、解析、合并等。

④ robotparser：一个工具模块，主要用于识别网站的 robots.txt 文件，然后判断哪些网站可以爬取信息，哪些网站不可以爬取信息。

2．Scrapy

Scrapy 是一个为了爬取网站数据、提取结构性数据而编写的应用框架。它可以应用在数据挖掘、信息处理和存储历史数据等程序中。

Scrapy 架构如图 1-1 所示，主要包括如下 7 个模块。

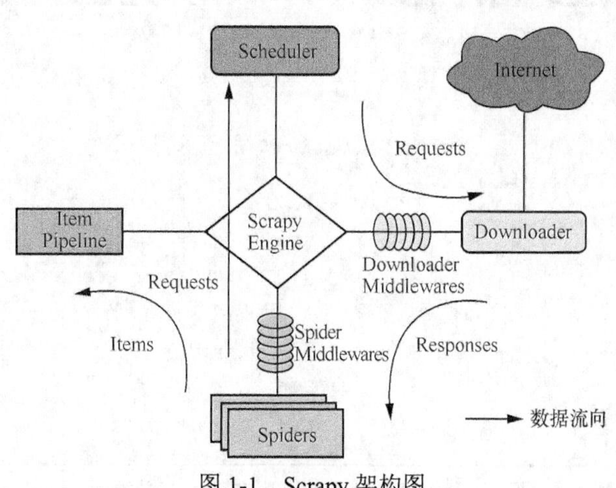

图 1-1　Scrapy 架构图

① Scrapy Engine（引擎）：负责 Spiders、Item Pipeline、Downloader、Scheduler 之间的通信，包括信号和数据传递等。

② Scheduler（调度器）：负责接收引擎发送过来的 Request（请求），并按照一定的方式进行整理排列和入队，当引擎需要时交还给引擎。

③ Downloader（下载器）：负责下载 Scrapy Engine 发送的所有 Requests（请求），并将其获取到的 Responses 交还给 Scrapy Engine，由 Scrapy Engine 交给 Spiders 来处理。

④ Spiders（爬虫）：负责处理所有 Responses，从中分析提取数据，获取 Item 字段需要的数据，并将需要跟进的 URL 提交给 Scrapy Engine，之后再次进入 Scheduler。

⑤ Item Pipeline（管道）：负责处理 Spiders 中获取到的 Item 数据，并进行后期处理（例如详细分析、过滤和存储等）。

⑥ Downloader Middlewares（下载中间件）：可以自定义扩展下载功能的组件。

⑦ Spider Middlewares（Spider 中间件）：可以自定义扩展和操作 Scrapy Engine 和 Spiders 之间通信的功能组件。

制作 Scrapy 爬虫一共需要如下 4 个步骤。

① 新建项目：通过 scrapy startproject xxx 来新建一个爬虫项目，其中，xxx 表示项目名。

② 明确目标：编写 items.py 文件，明确你想要抓取的目标。

③ 制作爬虫：编写 spiders/xxxpider.py 文件，制作爬虫，爬取网页。

④ 存储内容：编写 pipelines.py 文件，设计管道存储爬取内容。

任务 1.3 网络爬虫实战

本实战项目将通过 Scrapy 框架爬取豆瓣电影评论数据。我们用浏览器查看待爬取的网页豆瓣电影 Top250。

在待爬取页面上单击鼠标右键，选择“检查”选项，这时会打开开发工具，如图 1-2 所示。我们可在这里找到页面所显示的数据对应的请求和响应。

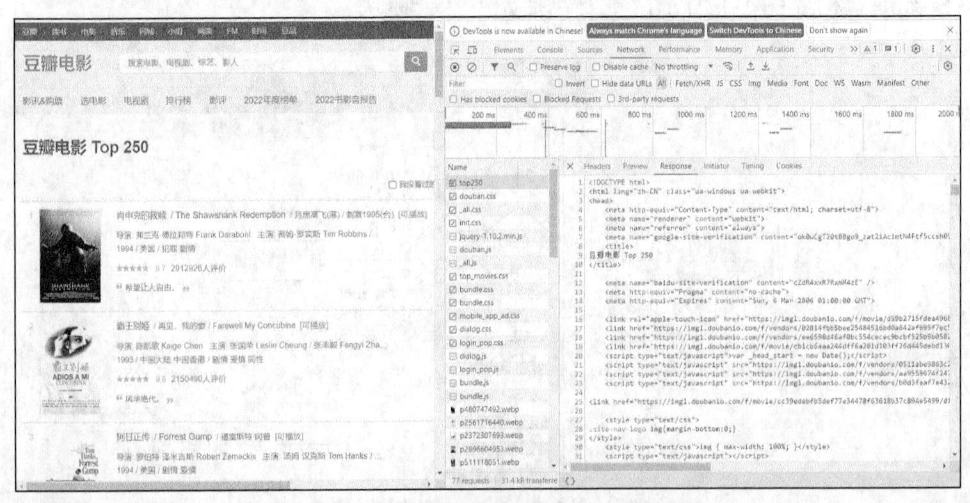

图 1-2 待爬取数据的网页和开发工具界面

1.3.1 获取网页

首先安装 Scrapy 库，在终端输入如下命令。

```
# 安装 Scrapy 库
pip install scrapy
```

安装完成后，在终端直接输入“scrapy”查看其对应的命令。

```
C:\Users\***>scrapy
    Scrapy 2.10.0 - no active project

Usage:
    scrapy <command> [options] [args]

Available commands:
    bench         Run quick benchmark test
    fetch         Fetch a URL using the Scrapy downloader
    genspider     Generate new spider using pre-defined templates
    runspider     Run a self-contained spider (without creating a project)
    settings      Get settings values
    shell         Interactive scraping console
    startproject  Create new project
    version       Print Scrapy version
    view          Open URL in browser, as seen by Scrapy

[ more ]      More commands available when run from project directory

Use "scrapy  <command> -h" to see more info about a command
```

下面创建新的 Scrapy 项目。在终端中切换到存储项目的目录下，输入如下新建项目命令（其中，spider_douban 为自定义的项目名称，若改用其他名称，则注意本项目后面的命令或代码也做相应修改）。

```
scrapy startproject spider_douban
```

创建成功，终端会输出如下提示信息（运行后可创建案例爬虫，这里暂不使用）。

```
You can start your first spider with:
    cd spider_douban
    scrapy genspider example example.com
```

创建好的项目结构及目录/文件如下所示。

```
spider_douban/
    | scrapy.cfg          # 项目的配置文件
    |
    └spider_douban/       # 项目的 Python 模块，将会从这里引用代码
    | items.py            # 项目的目标文件
    | middlewares.py
    | pipelines.py        # 项目的管道文件
    | settings.py         # 项目的设置文件
    | __init__.py
    |
```

```
    └spiders/          # 存储爬虫代码的目录
        __init__.py
```

打开第二层级的 spider_douban 目录下的 items.py，在该文件中通过创建一个 scrapy.Item 类，以及定义类型为 scrapy.Field 的类属性来定义一个 Item（二者的关系可以理解成类似于对象关系映射）。Item 定义了结构化数据字段（包含电影标题、电影评分、电影评论），用于保存爬取到的数据。items.py 的核心代码如下。

```
class SpiderDoubanItem(scrapy.Item):
    #  define the fields for your item here like:
    #  name = scrapy.Field()
    title = scrapy.Field()    # 电影标题
    rank = scrapy.Field()     # 电影评分
    subject = scrapy.Field() # 电影评论
    #  pass
```

输入如下制作爬虫的命令。

```
scrapy genspider douban_movie
```

此时在项目的 spiders 目录下生成了爬虫代码 douban_movie.py 的模板如下。

```
class DoubanMovieSpider(scrapy.Spider):
    name = "douban_movie"
    allowed_domains = ["movie.douban.com"]
    start_urls = [" "]

    def parse(self, response):
    pass
```

我们要建立一个爬虫，并用 scrapy.Spider 类创建一个子类，其中包括 3 个强制属性和 1 个方法，具体如下。

Name = "" ：爬虫的识别名称。该名称必须是唯一的，不同的爬虫必须定义不同的名字。

allow_domains = []：搜索的域名范围，也就是爬虫的约束区域，规定爬虫只爬取这个域名下的网页。不在此范围内的 URL 会被忽略。

start_urls = []：爬取的 URL 元组/列表。爬虫从这里开始抓取数据，第一次下载的数据将会从这些 URL 开始。其他子 URL 会从这些起始 URL 中继承性地生成。

parse(self, response)：解析的方法。每个初始 URL 完成下载后将调用此方法，调用时传入从每一个 URL 传回的 Response 对象来作为唯一参数。该方法的主要作用是负责解析返回的网页数据（response.body），提取结构化数据（生成 item），以及生成爬取下一页的 URL 请求。该方法在本实战项目中的具体代码如下。

```
def parse(self, response):
    filename = "douban_movie.html"
    with open(filename, 'w', encoding = 'utf - 8') as f:
    f.write(response.text)
```

上述代码可以实现爬取网页，并将所爬取的数据保存到本地文件中。在开始爬虫之前，我们还需要在 settings.py 中添加如下配置，以使服务器不会将客户识别为爬虫。

```
USER_AGENT = "Mozilla/5.0 (Windows NT 10.0; Win64; x64) AppleWebKit/537.36 " \
      "(KHTML, like Gecko) Chrome/116.0.0.0 Safari/537.36"
```

在 spider_douban 目录下运行如下命令。运行成功后，该目录下会生成爬取的网页文件 douban_movie.html。

```
scrapy crawl spider_douban
```

1.3.2　解析网页

观察数据可发现，每一部电影的信息都是一个单独的<li>标签，例如：

```
<li>
    <div class = "item">
        <div class = "pic">
            <em class = "">1</em>
            <a href = "https://movie.douban.com/subject/1292052/">
                <img width = "100" alt = "肖申克的救赎" src=
"[illegible]"
 class="">
            </a>
        </div>
        <div class = "info">
            <div class = "hd">
                <a href = "[illegible]" class = "">
                    <span class="title">肖申克的救赎</span>
                            <span class = "title"> / The Shawshank
Redemption</span>
                        <span class = "other"> / 月黑高飞(港)  /  刺
激 1995(台)</span>
                </a>


                    <span class = "playable">[可播放]</span>
            </div>
            <div class = "bd">
                <p class = "">
                    导演: 弗兰克·德拉邦特 Frank Darabont   主演:
 蒂姆·罗宾斯 Tim Robbins /...<br>
                    1994 / 美国 / 犯罪 剧情
                </p>


                <div class = "star">
                        <span class = "rating5-t"></span>
                        <span class = "rating_num" property = "v:average">
9.7</span>
                        <span property = "v:best" content = "10.0"></span>
                        <span>2912955 人评价</span>
                </div>

                    <p class = "quote">
                        <span class = "inq">希望让人自由。</span>
                    </p>
```

```
            </div>
        </div>
    </div>
</li>
```

在浏览器上选中一个电影区块所对应的 Elements 代码，并单击鼠标右键选择复制其 XPath，该操作如图 1-3 所示。

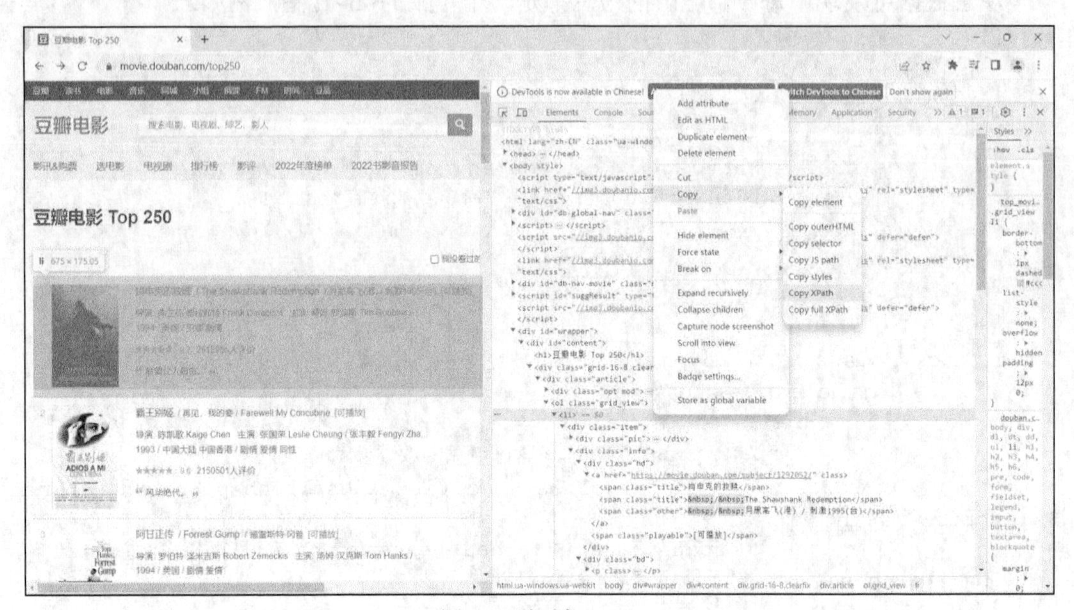

图 1-3　复制 XPath

XPath 是 Scrapy 中常用的一种解析器，可以帮助爬虫定位和提取 HTML 或 XML 文档中的数据。

XPath 语法分为如下 3 类。

① 层级：直接子级（/）、跳级（//）。

② 属性：属性访问（@）。

③ 函数：contains()、text()等。

修改 parse(self, response)方法代码为如下内容，其中 XPath 语法可以用图 1-3 的方式获得。

```
def parse(self, response):
    for each in response.xpath('//*[@id = "content"]/div/div[1]/ol/li'):
        item = SpiderDoubanItem()
        item['title'] = each.xpath('div/div[2]/div[1]/a/span[1]/text()').
extract_first()
        item['rank'] = each.xpath('div/div[2]/div[2]/div/span[2]/text()').
extract_first()
        item['subject'] = each.xpath('div/div[2]/div[2]/p[2]/span/text()').
extract_first()
        yield item
```

本次数据解析无须手动编写保存数据的代码，因此可以将如下运行命令（其中，-o

参数后为输出文件名称及类型）交由 Scrapy 框架中的 Item Pipeline 完成数据解析。

```
scrapy crawl douban_movie -o douban_movie.csv
```

在 spider_douban 目录下运行上述命令。运行成功后，该目录下生成解析后的数据文件 douban_movie.csv。这里截取前 5 条数据进行展示，如图 1-4 所示。

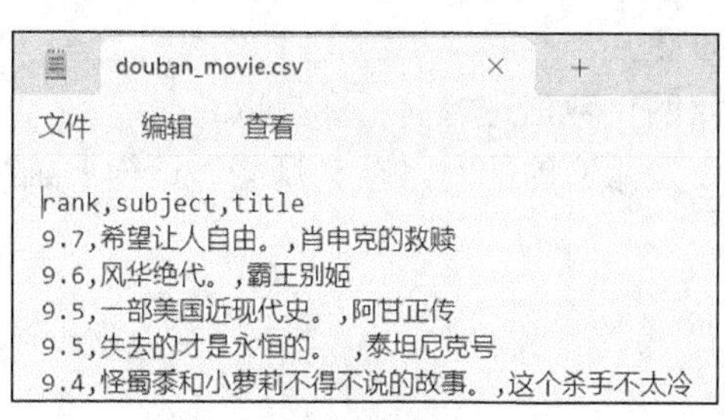

图 1-4 解析后的数据文件（前 5 条）

1.3.3 应对反爬机制

常见的反爬机制及其相应的应对策略如下。

① robots.txt 文件：网站通过在根目录下放置 robots.txt 文件来告知搜索引擎或爬虫哪些页面可以访问、哪些页面不可访问。应对策略是尊重 robots.txt 文件中的规则并遵守其中的限制。

② IP 地址封禁：网站会监控爬虫的请求 IP 地址，如果该 IP 地址频繁发起请求或被怀疑是爬虫，则会将该 IP 地址封禁。应对策略是使用代理服务器轮流发送请求，使用多个 IP 地址进行爬取。

③ 验证码：网站可能会在特定情况下要求用户进行验证码验证，以防止机器自动操作。应对策略是使用 OCR 技术识别验证码，或者通过第三方服务提供商来解决验证码识别问题。

④ 动态内容加载：某些网站使用 JavaScript、Ajax 等技术动态加载内容，使静态爬虫无法获取到完整的页面数据。应对策略是使用无头浏览器（Headless Browser）模拟真实浏览器环境，执行 JavaScript 代码，来获取完整的页面数据。

⑤ User-Agent 检测：网站可能会检查请求中的 User-Agent 字段，以判断是否为爬虫。应对策略是设置合适的 User-Agent，使其看起来像是合法的浏览器请求。

⑥ 请求频率限制：网站会对同一个 IP 地址或同一个用户的请求频率进行限制，以防止爬虫对服务器造成过大负载。应对策略是设置合理的请求间隔时间，并遵守网站的访问频率规则。

⑦ 登录机制：某些网站需要登录才能获取到需要的数据。应对策略是使用模拟登录的方式，通过提交表单或使用 API 进行登录操作，获取登录后的数据。

在应对反爬机制时，我们要尊重网站的隐私权和版权，遵守相关法律法规和网站的使用协议。同时，我们也要注意爬取数据的频率和规模，以免给服务器带来过大的负载压力。

本章习题

1．数据采集有哪些方式。

2．网络爬虫有哪些步骤。

3．如何对爬取的原始网页数据进行解析和提取。

4．常见的反爬机制以及相应的应对策略有哪些，请简要描述。

第 2 章　数据预处理环境安装

近年来，大数据技术掀起了计算机领域的一个新的浪潮，无论是数据分析、数据挖掘，还是机器学习、人工智能，都离不开数据这个主题，于是越来越多的人对数据科学产生了兴趣。便宜的硬件、可靠的处理工具和可视化工具，以及海量的数据，使得人们能够轻松地、精确地发现趋势，预测未来。不过，人们对数据科学的这些希望与期许是建立在杂乱的数据之上的，这是因为现实世界中数据的来源是广泛的，数据的类型是多而繁杂的。由此可知，数据中存在噪声值、缺失值和不一致值是一种常见的现象。作为数据分析的基本资源，低质量的数据必然导致低质量的挖掘结果。如何对数据进行预处理，提高数据质量，从而提高挖掘结果的质量？如何对数据进行预处理，使得挖掘过程更加有效、更加容易？这就是数据预处理过程需要解决的问题。

【学习目标】

（1）了解数据预处理出现的背景和目标。

（2）掌握数据预处理的流程。

（3）掌握安装 Python 预处理环境的方法。

（4）掌握安装 Kettle 的方法。

任务 2.1　数据预处理出现的背景及其目的

2.1.1　数据预处理出现的背景

数据如果能满足其应用要求，那么它是高质量的。数据质量涉及许多因素，包括准确性、完整性、一致性、相关性、时效性、可信性和可解释性。然而，现实世界中的大型数据库和数据仓库的共同特点是：不正确、不完整和不一致。

不正确数据的（即具有不正确的属性值）出现可能有如下原因。收集数据的设备出现故障；人或计算机的错误在数据输入时出现；当用户不希望提交个人信息时，可能故意向强制输入字段输入不正确的值（例如选择生日默认值“1 月 1 日”），这些行为所产生的数据称为被掩盖的缺失数据。错误也可能在数据传输中出现，这可能是由于技术的限制。不正确的数据也可能是由命名约定或所用的数据代码不一致，或输入字段（如日期）的格式不一致而产生的。

不完整数据的出现可能有如下原因。有些感兴趣的属性，如销售事务数据中顾客的收入和年龄等信息，由于涉及个人隐私等原因无法获得。有些记录在输入时由于人为（认为不重要或理解错误等）疏漏或机器故障产生了不完整的数据。

不一致数据的产生也是常见的。例如，在我们所采集的客户通信录数据中，地址字段列出了邮政编码和城市名，但是有的邮政编码所覆盖的区域并不包含在对应的城市中，这可能是人工输入相关信息时颠倒了两个数字，或许是手写体在扫描时识别错一个数字。

数据质量也可以从应用角度进行考虑，可表达为采集的数据如果满足预期的应用，那么是高质量的。这就涉及数据的相关性和时效性。

相关性：对于工商业界而言，数据的相关性是非常有价值的。类似的观点也出现在统计学和实验科学领域，该领域强调精心设计实验来收集与特定假设相关的数据。与测量和数据收集一样，许多数据质量问题与特定的应用或领域有关。例如，考虑构造一个模型来预测交通事故发生率。如果忽略了驾驶员的年龄、驾龄等信息，那么除非这些信息可以间接地通过其他属性得到，否则模型的精度可能是有限的。在这种情况下，我们需要尽量采集全面且相关性高的数据。又如，在某公司的数据库中，由于时间和统计的原因，顾客地址的正确性为80%，部分地址可能过时或不正确。当市场分析人员访问公司的数据库获取顾客地址时，基于目标市场营销考虑，市场分析人员对该数据库的准确性满意度较高。而当销售经理访问该数据库时，由于部分地址的过时或不正确，他们对该数据库的满意度较低。我们可以发现，对于给定的数据库，两个不同的用户可能有完全不同的满意度，这主要归因于这两个用户所面向的应用领域的不同。

时效性：有些数据收集后就开始老化，使用老化后的数据进行数据分析、数据挖掘，将会产生不准确的分析结果。例如，如果数据是正在发生的现象或过程的快照，如顾客的购买行为或 Web 浏览模式，则它只代表有限时间内的真实情况。如果数据已经过时，则基于它的模型和模式也就已经过时。在这种情况下，我们需要考虑重新采集数据信息，及时对数据进行更新。又如城市的交通管理。以前没有智能手机和具有定位功能的汽车，很多城市虽然有交管中心，但它们收集的路况信息最快也会滞后一段时间。用户看到的可能已经是半小时前的路况，那这样的信息就没有太多价值。但是，智能手机和汽车的定位功能普及以后，可就不一样了。大部分智能手机用户开启了实时位置功能，提供地图服务的公司就能实时得到人员流动信息，并且根据流动速度和具体位置，区分人和汽车，然后分析出实时的交通路况信息并提供给用户。这就是数据的时效性。

可信性和可解释性也是影响数据质量的两个因素，其中，可信性反映有多少数据是用户信赖的，可解释性反映数据是否容易被理解。例如，某一数据在某一时刻存在错误，恰好销售人员使用了这个时刻的数据。虽然之后数据的错误被及时修正，但过去的错误已经给销售人员造成了影响，因此他们不再信任该数据。同时，数据还存在许多会计编码，销售人员很难读懂这些编码。即使该数据经过修正后是正确的、完整的、一致的和及时的，但由于很差的可信性和可解释性，销售人员依然可能把它当作低质量的数据。

2.1.2 数据预处理的目的

数据预处理是数据挖掘中必不可少的关键一步，是进行数据挖掘前的准备工作。一方面，数据预处理可以保证挖掘的数据的正确性和有效性；另一方面，数据预处理通过对数据格式和内容的调整，可以使数据更符合挖掘的需要。在执行数据挖掘之前，必须先对收集到的原始数据进行预处理，才能达到提高数据的质量以及数据挖掘过程的准确率和效率的目的。

任务 2.2 数据预处理的流程

数据预处理的流程如图 2-1 所示。

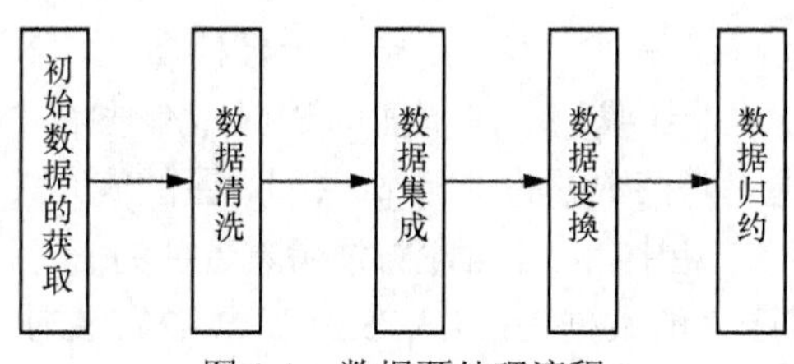

图 2-1 数据预处理流程

2.2.1 数据清洗

现实世界的数据一般是不完整、有噪声和不一致的。数据清洗即是试图填充缺失的数据、光滑噪声和识别离群点（噪声数据），并纠正数据中不一致数据的过程。

1．处理缺失数据

假设要分析所有电子产品的销售数据和顾客数据，这时许多元组的一些属性（如顾客的收入）没有值。怎样才能为这些属性填上缺失的值？有以下几种方法可以解决这个问题。

① 忽略元组：适合缺少类标号这种情况（假设挖掘任务涉及分类）。除非元组有多个属性缺少值，否则该方法的效果有限。

② 人工填写缺失值：适合数据量小、缺失值少的情况。一般来说，该方法很费时。当数据量很大、缺少很多值时，该方法可能不适用。

③ 使用一个全局常量填充缺失值：将缺失的属性值用同一个常量（如 Unknown）替换。如果缺失的值都用 Unknown 替换，则挖掘程序可能误以为它们形成了一个有趣的概念，因为它们都具有相同的值——Unknown。虽然该方法简单，但是并不十分可靠。

④ 使用属性的中心度量值填充缺失值：对于正常的（对称的）数据分布而言，可以使用均值。对于倾斜数据分布，可以使用中位数。例如，假设电子产品销售数据库中，顾客的平均收入为$28000，则使用该值替换字段“收入”中的缺失值。

⑤ 使用与给定元组同属一类的所有样本的属性均值或中位数填充缺失值：例如，如果将顾客按信用风险来分类，则用具有相同信用风险的顾客的平均收入替换字段“收入”中的缺失值。如果给定类的数据分布是倾斜的，则使用中位数进行填充。

⑥ 使用最可能的值填充缺失值：可以用回归分析、贝叶斯公式的基于推理的工具或决策树归纳确定缺失值。例如，利用数据集中其他顾客的属性构造一棵判定树，来预测字

段“收入”中的缺失值。

目前，方法⑥是较为流行的策略。与其他方法相比，它使用已有数据的大部分信息来推测缺失值。在估计“收入”的缺失值时，通过考虑其他属性的值，能有更大的机会保持“收入”和其他属性之间的联系。

在某些情况下，缺失值并不意味着有错误。在理想情况下，每个属性都应当有一个或多个关于空值的规则，这些规则可以说明是否允许有空值，或者可以说明空值应当如何处理或转换。

2．处理噪声数据

噪声是被测变量的随机误差或方差。给定一个数值属性，例如“价格”，我们怎样才能“光滑”数据，去掉噪声？让我们看看下面的数据光滑技术（光滑噪声）。

① 分箱：分箱方法通过考察数据的“近邻”（即周围的值）来光滑有序数据值。这些有序的值被分布到一些“桶”或箱中。由于分箱方法考察近邻的值，因此它进行的是局部光滑。

例如，按“价格”排序后的数据为：4,8,15,21,21,24,25,28,34，那么可以用以下几种方法光滑噪声。

箱均值光滑：箱中每一个值被箱中的平均值替换，如图 2-2 所示。

划分为（等宽的）箱
箱1：4,8,15
箱2：21,21,24
箱3：25,28,34

用箱均值光滑
箱1：9,9,9
箱2：22,22,22
箱3：29,29,29

图 2-2　用箱均值光滑

箱中位数光滑：箱中的每一个值被箱中的中位数替换。

箱边界光滑：箱中的最大值和最小值被视为边界，箱中的每一个值用最接近的边界值替换。

一般而言，箱的宽度越大，光滑效果越明显。箱也可以是等宽的，其中每个箱值的区间范围是个常量。分箱也可以作为一种离散化技术使用。

② 回归分析：用一个函数拟合数据来光滑数据。线性回归分析涉及找出拟合两个属性（或变量）的“最佳”直线，使得根据一个属性能够预测另一个属性。多线性回归分析是线性回归的扩展，涉及 3 个及以上的属性，并且数据被拟合到一个多维面。使用回归分析找出适合数据的数学方程式，便能够帮助消除噪声。

③ 离群点分析：可以通过如聚类分析这样的方法来检测离群点。聚类分析将类似的数据组织成群或“簇”。直观地，落在群或簇之外的数据被视为离群点。

如图 2-3 所示，顾客在城市中的位置形成了 3 个数据簇，离群点可以看作落在数据簇外的点。

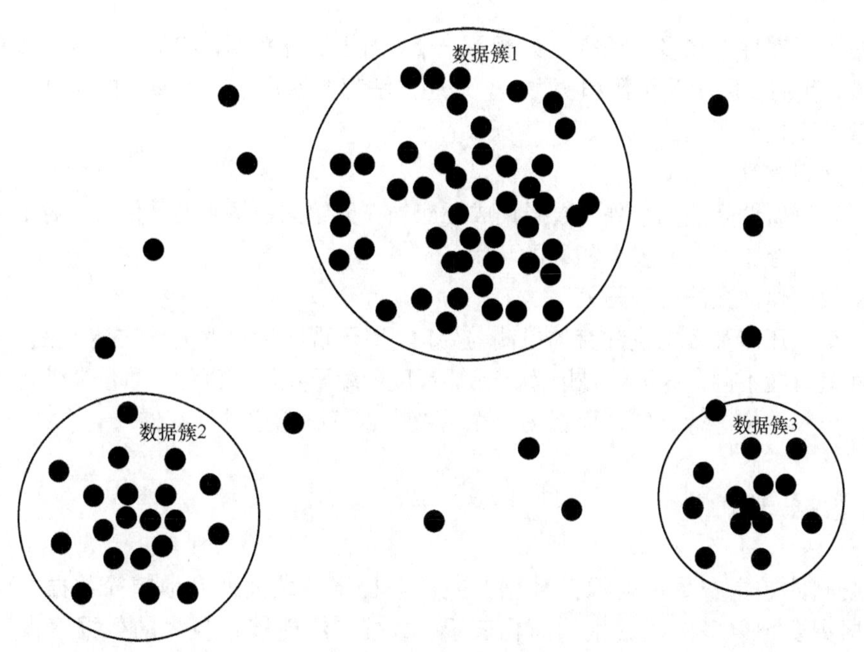

图 2-3 顾客在城市中的位置

3. 处理不一致数据

对于有些事项，所记录的数据可能存在不一致的情况。有些数据的不一致可以使用其他材料人工地加以更正。例如，数据输入时的错误可以使用纸上的记录加以更正。知识工程工具也可以用于检测违反限制的数据，例如，根据属性间的函数依赖查找违反函数依赖的值。

2.2.2 数据集成

数据挖掘经常需要进行数据集成，即合并来自多个数据源的数据。数据集成有助于减少结果数据集的冗余和不一致，有助于提高集成之后挖掘过程的准确性和速度。

（1）实体识别问题

来自多个信息源的现实世界中的等价实体如何才能“匹配”？这是一个实体识别问题。例如，数据分析者或计算机如何才能确信这个数据库中的 customer_id 和另一个数据库中的 cust_number 指的是同一实体？每个属性的元数据包括名字、含义、数据类型和属性的取值范围，以及空白、0 或 Null 值等值的处理规则。通常，数据库和数据仓库有元数据，即关于数据的数据，这种元数据可以帮助修正模式集成出现的错误。

在数据集成期间，当一个数据库的属性与另一个数据库的属性匹配时，必须特别注意数据的结构保持一致，这旨在确保源系统中的函数依赖和参照约束与目标系统中的匹配。

（2）冗余问题

冗余是数据集成的另一个重要问题。一个属性（例如年收入）如果能由另一个或另一组属性“导出”，则这个属性可能是冗余的。属性命名的不一致也可能导致数据集成出现冗余。

有些冗余可以被相关分析检测到。例如，给定两个属性，根据可用的数据，这种分析可以度量一个属性能在多大程度上蕴涵另一个。对于标称数据，我们使用卡方检验；对于数值属性，我们使用相关系数和协方差，这些方法都能够描述一个属性的值是如何随另一个属性值的变化而变化的。

（3）元组重复

除了检测属性间的冗余外，数据集成还应当在元组间检测重复（例如，对于给定的唯一数据实体，存在两个或多个相同的元组）。

（4）数据值冲突的检测与处理

数据集成还涉及数据值冲突的检测与处理。对于现实世界的同一实体，来自不同数据源的属性值可能不同，这可能是因为表示、尺度或编码不同。例如，质量属性可能在一个系统中以公制单位进行存储，而在另一个系统中以英制单位进行存储。

2.2.3 数据归约

数据归约是指在尽可能保持数据原貌的前提下，最大限度地精简数据，可以得到比原数据集要小得多的数据集的简化表示。数据归约能够让较大的数据集占用较少的内存并缩短处理时间，因此可以使用开销更大的挖掘算法获得同样的（或几乎同样的）分析结果。

（1）数据归约方法

数据归约方法包括维归约、数量归约和数据压缩。

维归约减少所考虑的随机变量或属性的个数，一般使用主成分分析法，把原数据变换或投影到较小的空间。属性子集选择是一种维归约方法，其中，不相关、弱相关或冗余的属性或维被检测和删除。

数量归约用替代的、较小的数据表示形式替换原数据，这些表示形式可以是参数的或非参数的。对于存储数据归约表示参数方法而言，使用模型估计数据一般只需要存储模型参数，而无须存储实际数据（但离群点可能要存储）。回归分析和对数线性模型是典型的数量归约例子。存储数据归约表示的非参数方法包括直方图、聚类分析、抽样和数据立方体聚集。

数据压缩使用变换来得到原数据的归约或“压缩”表示。如果原数据能够从压缩后的数据进行重构而不损失信息，则该数据归约称为无损的。如果我们只能近似重构原数据，则该数据归约称为有损的。

（2）主成分分析法

假设待归约的数据由 n 个属性或维描述的元组或数据向量组成。主成分分析（Principal Components Analysis，PCA）法又称 Karhunen-Loeve 法（K-L 方法），它是搜索 k 个能代表数据的 n 维正交向量，其中 $k \leqslant n$，使原数据投影到一个小得多的空间上，导致维归约。然而，不像属性子集选择通过保留原属性集的一个子集来减少属性集大小这种方式，PCA 法通过创建一个替换的、较小的变量集来“组合”属性的基本要素，原数据可以投影到该较小的集合中。PCA 法常常能够揭示先前未曾察觉的联系，并因此允许解释不寻常的结果。

PCA 法的基本过程如下。

① 对输入数据进行规范化，使每个属性落入相同的区间，这有助于确保具有较大定义域的属性不会支配具有较小定义域的属性。

② 计算 k 个标准正交向量并将结果作为规范化输入数据的基。这些是单位向量且两两垂直，这些向量称为主成分。输入数据是主成分的线性组合。

③ 对主成分按“重要性”降序排列。主成分本质上充当数据的新坐标系，提供关于方差的重要信息。也就是说，对坐标轴进行排序，使第一个轴显示的数据方差最大，第二个显示的方差次之，依此类推。例如，如图 2-4 所示，PCA 法将原来映射到轴 X_1 和 X_2 的给定数据集的两个主要成分 Y_1 和 Y_2 形成新的参考坐标系，这一信息帮助识别数据中的组群或模式。

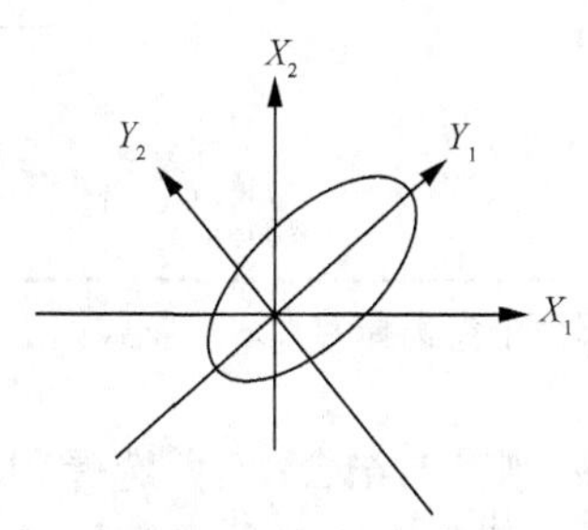

图 2-4 主成分分析示例

④ 由于主成分根据“重要性”降序排列，因此可以通过去掉较弱的成分（即方差较小的数据）来归约数据。

PCA 法可以用于有序和无序的属性，并且可以处理稀疏和倾斜数据。多维数据（维数大于 2）的归约问题可以转变为二维数据归约问题来处理。主成分可以用作多元回归分析和聚类分析的输入。

（3）属性子集选择

属性子集选择通过删除不相关或冗余的属性（或维）减少数据量。属性子集选择的目标是找出最小属性集，使数据类的概率分布尽可能地接近使用所有属性的原分布。在缩小的属性集上挖掘还有其他的优点：它减少了出现在发现模式上的属性数目，使得模式更易于理解。

如何找出原属性的一个“好的”子集？属性子集选择通常使用压缩搜索空间的启发式算法，这些算法通常是贪心算法，在搜索属性空间时，总是做出在当前看来是最佳的选择。它们的策略是做局部最优选择，期望由此得到全局最优解。在实践中，贪心方法常常是有效的，并可以逼近最优解。

“最好的”（或“最差的”）属性通常使用统计显著性检验来确定，这种检验假设属性是相互独立的。还有一些属性评估度量也可以用于“最好的”（或“最差的”）属性的确定，如建立分类决策树使用的信息增益度量。

属性子集选择的基本启发式方法包括以下几种，其中一些方法如图 2-5 所示。

① 逐步向前选择：由空属性集开始，选择原属性集中最好的属性，并将该属性添加到集合中。在其后的每一次迭代，将原属性集剩余属性中最好的属性添加到集合中。

② 逐步向后删除：该过程由整个属性集开始。在每一步，删除掉尚在属性集中的最坏属性。

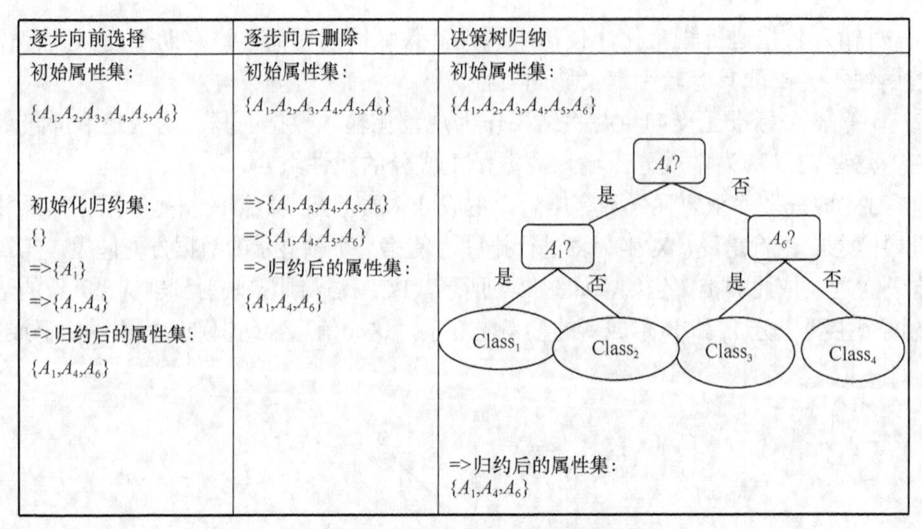

图 2-5　属性子集选择的基本启发式方法（部分）

③ 逐步向前选择和逐步向后删除的结合：向前选择和向后删除方法可以结合在一起，在每一步选择最好的属性，并在剩余属性中删除最坏的属性。

④ 决策树归纳：决策树算法最初是用于分类的。决策树归纳构造一个类似于流程图的结构，一个内部（非树叶）节点表示属性上的测试，一个分枝对应测试的一个结果，一个外部（树叶）节点表示一个类预测。在每个节点上，算法选择最好的属性，并将数据划分成类。

子集评估：子集产生过程所生成的每个子集需要用事先制订的评估准则进行评估，并且与已符合准则的最好的子集进行比较。如果新生成的子集更好一些，那么用它替换前一个最好的子集。如果没有设置停止规则，那么在属性选择进程停止前，子集评估会一直运行下去。

这些方法的结束条件可以不同，可以通过一个度量阈值来确定何时停止属性选择过程。属性选择过程可以在满足以下条件之一时停止：①预先定义所要选择的属性值；②预先定义迭代次数；③增加（删除）任何属性都不会产生更好的子集。

在某些情况下，我们可能基于已有属性创建一些新属性。这种属性有助于提高准确性，帮助人们理解高维数据结构。通过组合属性，属性构造可以发现关于数据属性间联系的缺失信息，这对知识发现是有用的。

（4）回归模型和对数线性模型

回归模型可以用于近似给定的数据。在线性回归中，我们可以对数据建模，使之拟合到一条直线，例如，可以用式（2-1），将随机变量 Y（因变量）表示为另一随机变量 X（自变量）的线性函数。

$$Y=\alpha+\beta X \tag{2-1}$$

其中，假设 Y 的方差是常量，α 和 β（称为回归系数）分别为 Y 轴截距和 X 轴截距。这里的 α 和 β 可以用最小二乘法求得，目的是使分离数据的实际直线与该直线间的误差最小。多元回归是线性回归的扩充，允许用两个及以上自变量的线性函数对因变量 Y 进行建模。

对数线性模型近似离散的多维概率分布。给定 n 维（如用 n 个属性描述）元组的集合，我们把每个元组看作 n 维空间的点。对数线性模型可用于离散属性集，使用基于多维组合的一个较小的子集来估计多维空间中每个点的概率。这样，高维数据空间可以由较低维空间进行构造，因此，对数线性模型也可以用于维归约和数据光滑。

（5）直方图

直方图使用分箱来近似数据分布，是一种流行的数据归约形式。属性 *A* 的直方图将 *A* 的数据分布划分为不相交的桶（子集）。桶安放在水平轴上，桶的高度（面积）表示该桶所代表的值的平均频率。如果每个桶只代表单个属性值，则该桶称为单值桶。图 2-6 展示了使用单值桶表示的价格直方图，其中一个单值桶表示一个不同价格产品的销售量。有时候，桶也可以表示给定属性的连续区间，如图 2-7 所示，其中使用等宽直方图表示不同价格区间的产品销售量。

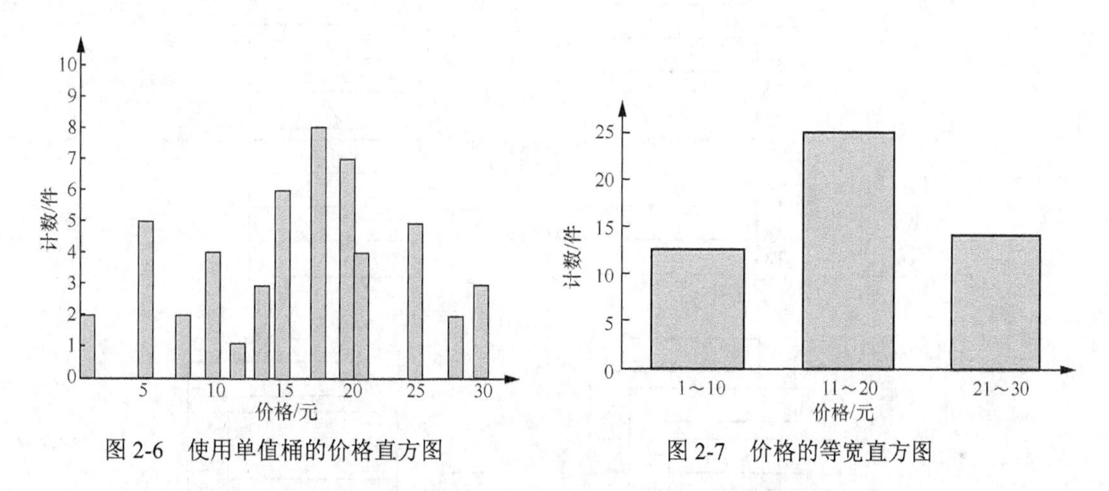

图 2-6 使用单值桶的价格直方图

图 2-7 价格的等宽直方图

如何确定桶和属性值的划分？有一些划分规则可以解决这个问题，具体如下。

① 等宽：在等宽直方图中，每个桶的宽度是一样的（如图 2-7 所示）。

② 等频：在等频直方图中，每个桶的频率粗略地计为常数（即每个桶大致包含相同个数的邻近数据样本）。

（6）聚类分析

在数据归约时，用数据的簇代表替换实际数据。这种方法的有效性依赖于数据的性质。尤其是对于被污染的数据或能够组织成不同的簇的数据，这种方法的效果更好。

（7）抽样

抽样可以作为一种数据归约技术使用，因为它允许用数据的小得多的随机样本（子集）表示大型数据集。假设大型数据集 *D* 包含 *N* 个元组。我们看看可以用于数据归约的、最常用的对 *D* 的抽样方法。

S 个样本的无放回简单随机抽样（Simple Random Sampling without Replacement，SRSWOR）：从 *D* 的 *N* 个元组中抽取 *S* 个样本（$S<N$），其中 *D* 中任何元组被抽取的概率均为 $1/N$，即所有元组被抽取的可能性相同。

S 个样本的有放回简单随机抽样（Simple Random Sampling with Replacement，SRSWR）：该方法类似于 SRSWOR，不同在于当一个元组被抽取后，记录它，然后放回去。这样，一个元组被抽取后，它又被放回 *D*，以便它可以再次被抽取。

簇抽样：如果 D 中的元组被分组放入 M 个互不相交的“簇”，则可以得到簇的 S 个简单随机抽样（Simple Random Sampling ，SRS），其中 $S<M$。数据库中元组通常一次取一页，这样每页就可以视为一个簇。例如，可以将 SRSWOR 用于页，得到元组的簇样本，由此得到数据的归约表示。

分层抽样：如果 D 被划分成互不相交的部分，称作层，则通过对每一层的简单随机抽样就可以得到 D 的分层抽样。特别是当数据倾斜时，这可以帮助确保样本的代表性。例如，可以得到关于顾客数据的一个分层抽样，如图 2-8 所示，其中分层对顾客的每个年龄组创建。这样，具有最少顾客数目的年龄组肯定能够被代表。

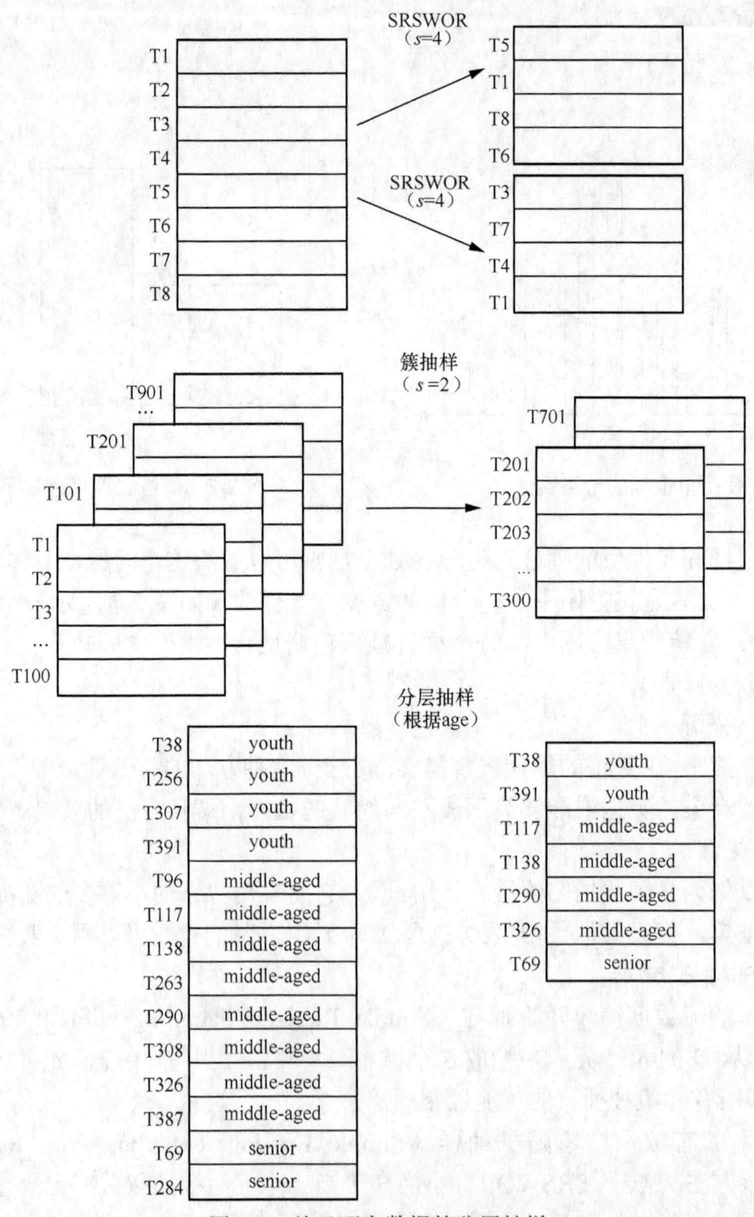

图 2-8 关于顾客数据的分层抽样

采用抽样进行数据归约的优点是，得到样本的花费正比于样本集的大小 S，而不是正比于数据集的大小 N。因此，抽样的复杂度可能亚线性（Sublinear）于数据的大小。其他数据归约技术至少需要完全扫描 D。对于固定的样本大小，抽样的复杂度仅随数据的维数 N 线性地增加；而其他技术，如使用直方图，复杂度随 D 呈指数式增长。

（8）数据立方体聚集

图 2-9 展示了某分店 2008 年到 2010 年的销售数据，在其左图中，销售数据按季度显示；在其右图中，数据聚集后按年显示，以展示年销售额。我们可以看出，右图中的数据量小得多，但并没有丢失分析所需的信息。

通过图 2-9 的示例，我们对数据立方体有了一个感性的认知。在最低层创建的立方体称为基本方体，基本方体应当对应于感兴趣的个体实体。换言之，最低层应当可用于数据分析。最高层抽象的立方体称为顶点方体。

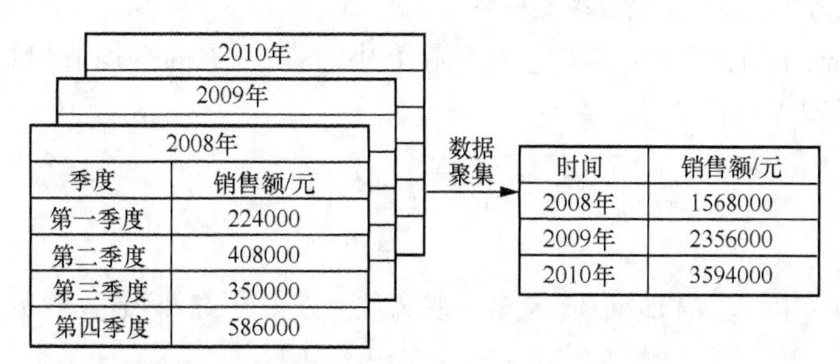

图 2-9 某分店 2008—2010 年的销售数据

2.2.4 数据变换与数据离散化

在数据预处理阶段，数据被变换或统一，使得挖掘过程可能更有效，挖掘的模式可能更容易理解。数据离散化是一种数据变换形式。

（1）数据变换策略概述

数据变换策略包括如下几种。

① 光滑：去掉数据中的噪声。这种技术包括分箱、聚类和回归。

② 属性构造（或特征构造）：可以由给定的属性构造新的属性并添加到属性集中，以帮助挖掘。

③ 聚集：对数据进行汇总和聚集。例如，可以聚集日销售数据，计算月和年销售量。通常这一步用来为多个抽象层的数据分析构造数据立方体。

④ 规范化：把属性数据按比例缩放，使之落入一个特定的小区间，如−1.0 到 1.0 或 0.0 到 1.0。

⑤ 离散化：数值属性（例如年龄）的原始值用区间标签（例如 0 到 10、11 到 20 等）或概念标签（例如 youth、adult 和 senior）替换。这些标签可以递归地组织成更高层概念，导致数值属性的概念分层。

⑥ 由标称数据产生概念分层：属性（如 street）可以泛化到较高的概念层（如 city 或

country）。

（2）通过规范化变换数据

有许多数据规范化的方法，下面介绍最小–最大规范化、z-score 规范化和小数定标规范化 3 种。在下面的讨论中，令 A 是数值属性，具有 n 个观测值 $v_1, v_2, \cdots, v_n$。

① 最小–最大规范化是对原始数据进行线性变换。假设 min 和 max 分别为属性 A 的最小和最大值。最小–最大规范化通过如下公式计算，把 A 的值 v_i 映射到区间[0,1]中的 v_i'。

$$v_i' = \frac{v_i - \min_A}{\max_A - \min_A}(\text{new\_max}_A - \text{new\_min}_A) + \text{new\_min}_A$$

最小–最大规范化保持原始数据值之间的联系。如果今后的输入实例落在 A 的原数据值域之外，则该方法将面临“越界”错误。

② 在 z-score 规范化（或零-均值规范化）中，基于 A 的平均值和标准差规范化。A 的值 v_i 被规范化为 v_i'，由下式计算：

$$v_i' = \frac{v_i - \bar{A}}{\sigma_A}$$

当属性 A 的实际最大和最小值未知，或离群点左右了最小-最大规范化时，该方法是有用的。

③ 小数定标规范化通过移动属性 A 的值的小数点位置进行规范化。小数点的移动位数依赖于 A 的最大绝对值。A 的值 v_i 被规范化为 v_i'，由下式计算：

$$v_i' = \frac{v_i}{10^j}$$

其中，j 表示使得 $\max(|v'|) < 1$ 的最小整数。

（3）通过分箱离散化

分箱是一种基于指定的箱个数的自顶向下的分裂技术。前面 2.2.1 小节光滑噪声时已经介绍。

分箱并不使用类信息，因此是一种非监督的离散化技术。它对用户指定的箱个数很敏感，也容易受离群点的影响。

（4）通过直方图分析离散化

像分箱一样，直方图分析也是一种非监督离散化技术，因为它也不使用类信息。直方图把属性 A 的值划分成不相交的区间，称作桶或箱。

可以使用各种划分规则定义直方图。例如，在等宽直方图中，将值分成相等分区或区间（例如，属性“价格”，其中每个桶宽度为 10 美元）。理想情况下，使用等频直方图，值被划分，使得每个分区包括相同个数的数据元组。

（5）通过聚类、决策树和相关分析离散化

聚类分析是一种流行的离散化方法。通过将属性 A 的值划分成簇或组，聚类算法可以用来离散化数值属性 A。聚类考虑 A 的分布以及数据点的邻近性，因此可以产生高质量的离散化结果。

为分类生成决策树的技术可以用来离散化。这类技术使用自顶向下划分方法。离散化的决策树方法是监督的，因为它使用类标号。 其主要思想是，选择划分点使得一个给定的结果分区包含尽可能多的同类元组。

相关性度量也可以用于离散化。ChiMerge 是一种基于卡方的离散化方法。它采用自底向上的策略，递归地找出最近邻的区间，然后合并它们，形成较大的区间。ChiMerge 是监督的，因为它使用类信息。其离散化过程如下：初始时，把数值属性 A 的每个不同值看作一个区间。对每对相邻区间进行卡方检验。具有最小卡方值的相邻区间合并在一起，因为低卡方值表明它们具有相似的类分布。该合并过程递归地进行，直到满足预先定义的终止条件。

（6）标称数据的概念分层产生

概念分层可以用来把数据变换到多个粒度值。

下面我们研究 4 种标称数据概念分层的产生方法。

① 由用户或专家在模式级显式地说明属性的部分序：通常，分类属性或维的概念分层涉及一组属性。用户或专家在模式级通过说明属性的部分序或全序，可以很容易地定义概念分层。例如，关系数据库或数据仓库的维 location 可能包含如下一组属性：street,city, province_or_state 和 country。可以在模式级说明一个全序，如 street<city <province_or_state <country，来定义分层结构。

② 通过显式数据分组说明分层结构的一部分：这基本上是人工地定义概念分层结构的一部分。在大型数据库中，通过显式的值枚举定义整个概念分层是不现实的。然而，对于一小部分中间层数据，我们可以很容易地显式说明分组。例如，在模式级说明了 province 和 country 形成一个分层后，用户可以人工地添加某些中间层。如显式地定义“{Albert, Sakatchewan, Manitoba}Ìprairies_Canada”和“{British Columbia,prairies_Canada} ÌWestern_Canada”。

③ 说明属性集，但不说明它们的偏序：用户可以说明一个属性集，形成概念分层，但并不显式说明它们的偏序。然后，系统可以试图自动地产生属性的序，构造有意义的概念分层。

没有数据语义的知识，如何找出一个任意的分类属性集的分层序？考虑下面的观察：由于一个较高层的概念通常包含若干从属的较低层概念，定义在高概念层的属性与定义在较低概念层的属性相比，通常包含较少数目的不同值。根据这一事实，可以根据给定属性集中每个属性不同值的个数，自动地产生概念分层。具有最多不同值的属性放在分层结构的最低层。一个属性的不同值个数越少，它在所产生的概念分层结构中所处的层越高。在许多情况下，这种启发式规则都很有用。在考察了所产生的分层之后，如果必要，局部层次交换或调整可以由用户或专家来做。

注意，这种启发式规则并非万无一失。例如，在一个数据库中，时间维可能包含 20 个不同的年、12 个不同的月、每星期 7 个不同的天。然而，这并不意味时间分层应当是“year < month < days_of_the_week”、days_of_the_week 在分层结构的最顶层。

④ 只说明部分属性集：在定义分层时，有时用户可能不小心，或者对于分层结构中应

当包含什么只有很模糊的想法。结果，用户可能在分层结构说明中只包含了相关属性的一小部分。例如，用户可能没有包含 location 所有分层的相关属性，而只说明了 street 和 city。为了处理这种部分说明的分层结构，重要的是在数据库模式中嵌入数据语义，使得语义密切相关的属性能够捆在一起。用这种办法，一个属性的说明可能触发整个语义密切相关的属性被"拖进"，形成一个完整的分层结构。然而，必要时，用户应当可以忽略这一特性。

总之，模式和属性值计数信息都可以用来产生标称数据的概念分层。使用概念分层变换数据使得较高层的知识模式可以被发现。它允许在多个抽象层上进行挖掘。

2.2.5 数据预处理的注意事项

在数据预处理的实际应用过程中，上述流程的步骤有时并不是完全分开的，在某种场景下是可以一起使用的。例如，数据清洗可能涉及纠正错误数据的变换，如把一个数据字段的所有项都变换成统一的格式，然后进行数据清洗。冗余数据的删除既是一种数据清洗形式，也是一种数据归约。另外，应该针对具体所要研究的问题通过详细分析后再进行预处理方案的选择，整个预处理过程要尽量人机结合，尤其要注重和客户以及专家多交流。预处理后，若挖掘结果显示和实际差异较大，在排除源数据的问题后，则有必要考虑数据的二次预处理，以修正初次数据预处理中引入的误差或方法的不当。若二次挖掘结果仍然异常，则需要另行斟酌以实现较好的挖掘效果。

总之，数据的世界是庞大而复杂的，也会有残缺的，有虚假的，有过时的。想要获得高质量的分析挖掘结果，就必须在数据准备阶段提高数据的质量。数据预处理可以对采集到的数据进行清洗、填补、平滑、合并、规范化以及检查一致性等，将那些杂乱无章的数据转化为相对单一且便于处理的结构，从而改进数据的质量，有助于提高其后的挖掘过程的准确率和效率，为决策带来高回报。

任务 2.3 数据预处理的工具

数据挖掘过程一般包括数据采集、数据预处理、数据挖掘以及知识评价和呈现。在一个完整的数据挖掘过程中，数据预处理要花费 60%左右的时间，而后的挖掘工作仅仅占工作量的 10%左右。工欲善其事，必先利其器，在实际的数据预处理工作中，我们有一个得心称手的工具，就会大大地提升效率。然而，实际情况是，数据预处理的工具及手段都是多样化的。但总体归纳起来，可以分为工具类手段及编程类手段。

在本书，我们将分别介绍 Python 语言和 Kettle 工具进行数据预处理。这主要归于 Kettle 是一款开源的软件工具，可以为企业提供灵活的数据抽取和数据处理的功能。

Kettle 除了支持各种关系数据库和 HBase、MongoDB 这样的 NoSQL 数据源外，它还支持 Excel、Access 这类小型的数据源。并且通过插件扩展，Kettle 可以支持各类数据源。本书详细介绍了 Kettle 可以处理的数据源，而且详细介绍了如何使用 Kettle 抽取增量数据。

Kettle 的数据处理功能也很强大，除了选择、过滤、分组、连接和排序这些常用的功能外，Kettle 里的 Java 表达式、正则表达式、Java 脚本、Java 类等功能都非常灵活而且强大，都非常适合于各种数据处理。

另外，我们选择 Python 作为本书数据预处理的工具，最主要的原因是随着人工智能的发展，新生代的工具 Python 得到了前所未有的应用。它也是极其适合初学者入门的编程语言，同时又是万能的胶水语言，可以胜任很多领域的工作，是人工智能和大数据时代的明星，可以说是未来学习编程的首选语言。

Python 是一种面向对象的解释型计算机程序设计语言，具有丰富和强大的库，Python 已经成为继 Java、C++之后的第三大编程语言。它具备简单易学、免费开源、可移植性强、面向对象、可扩展、可嵌入等特点。其中，pandas 和 NumPy 是数据预处理中常用到的库。在本书的第 5 章和第 6 章，我们将介绍如何调用这些库，完成数据的导入/导出和清洗工作。

2.3.1 Python 预处理环境安装

1. 安装 Python 解释器

Python 解释器是运行 Python 代码的程序。Python 的官网上提供适合不同操作系统的 Python 安装包。选择与你的操作系统版本对应的安装包，下载并运行安装程序。如无特殊说明，本书所用的操作系统为 Windows 10 64 位，Python 版本为 3.6.5。

以下为 Python 解释器的安装及配置流程。

① 首先从 Python 的官网下载 Python 安装包。进入官网后，读者需要根据自己的操作系统（Windows、macOS 或 Linux）选择与本机系统（是 32 位还是 64 位）相匹配的 Python 版本，界面如图 2-10 所示。

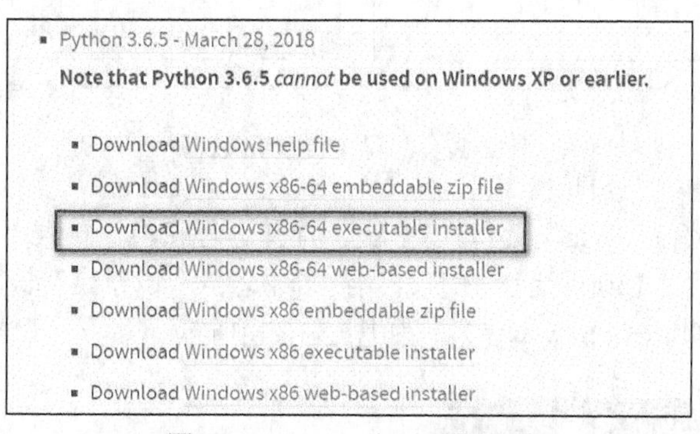

图 2-10　Python 官网下载界面

② 下载完成后双击安装程序启动安装，具体过程如下。注意：如果在安装过程中遇到任何问题，可在安装期间暂时禁用杀毒软件，然后在安装结束后重新启用杀毒软件。

安装软件启动后，进入欢迎界面，如图 2-11(a)所示。单击如图标识的 1 和 2。图 2-11(a)中 1 所示位置为添加 Python 到系统环境变量，这样就可以在命令行或终端中直接运行 Python 命令。单击 2 后进入自定义安装配置页面，如图 2-11(b)所示，选择需要安装的内容后单击图 2-11(b)所示的“Next”按钮进入安装配置页面。

（a）欢迎界面

（b）自定义安装配置界面

图 2-11　安装软件启动后界面

然后进入“Advanced Options”界面，选择“Install for all users”安装选项，在 Customize install location 单击“Browse”按钮选择一个目标文件夹，如图 2-12(a)所示，然后单击“Install”按钮。等待 Python 安装完成，直到看到如图 2-12(b)所示的页面，则表示安装成功。

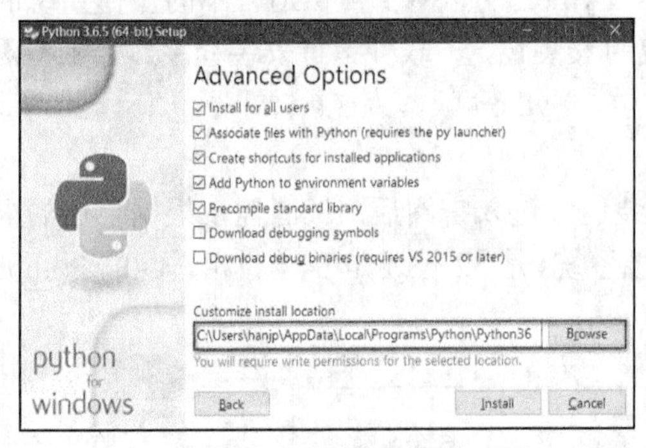

（a）选择目标文件夹

（b）安装成功

图 2-12　配置安装选项及位置

接下来，同时按住“Win”键和“R”键，打开运行窗格，输入“cmd”，单击“确定”按钮打开终端，如图 2-13(a)所示。在打开的终端中输入“python”验证是否安装成功，安装成功会输出安装的 Python 版本信息，如图 2-13(b)所示。

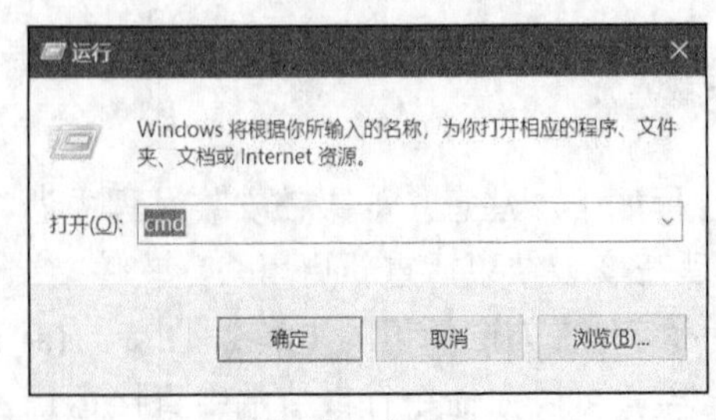

（a）输入“cmd”

（b）Python 版本信息

图 2-13　Python 安装验证

至此，Python 安装完成。

2．安装 Jupyter Notebook

打开终端，输入“cmd”，如图 2-13(a)所示，单击“确定”按钮。然后输入安装命令，如图 2-14 所示。

```
pip install jupyter
```

```
C:\Users\hanjp>pip install jupyter
Looking in indexes: https://xxx.com/pypi/simple/
Collecting jupyter
  Downloading https://xxx.com/pypi/packages/83/df/0f5dd132200728a861903
7cd76244e42d39ec5e88efd25b2abd7e/jupyter-1.0.0-py2.py3-none-any.whl (2.7 kB)
```

图 2-14　安装 Jupyter Notebook

等待安装完毕后，输入启动命令，然后回车，如图 2-15 所示。

```
jupyter notebook
```

```
C:\Users\hanjp>jupyter notebook
[I 21:07:41.418 NotebookApp] [jupyter_nbextensions_configurator] enabled 0.6.3
[I 21:07:41.423 NotebookApp] Serving notebooks from local directory: C:\Users\han
[I 21:07:41.424 NotebookApp] Jupyter Notebook 6.4.10 is running at:
[I 21:07:41.424 NotebookApp] http://localhost:8888/?token=588b241d1b95034f94394e94
acb6049bf83f46042
[I 21:07:41.424 NotebookApp]  or http://127.0.0.1:8888/?token=588b241d1b95034f9439
daa3acb6049bf83f46042
[I 21:07:41.424 NotebookApp] Use Control-C to stop this server and shut down all k
(twice to skip confirmation).
[C 21:07:41.435 NotebookApp]
```

图 2-15　启动 Jupyter Notebook

启动完成后，浏览器就会打开一个 Jupyter Notebook 的编辑项目窗口，如图 2-16 所示。

图 2-16　打开 Jupyter Notebook 编辑项目窗口

2.3.2 Kettle 的下载安装与 Spoon 的启动

Kettle 是一个 Java 程序。因此，运行此工具，必须安装 SUN 公司的 Java 运行环境 1.4 或者更高版本。

登录 Java 的官网后，进入下载页面，选择当前最新的 Java 版本下载安装。

本章以 Windows 10 操作系统安装 Java 10 为例进行介绍。

下载 jdk-10_windows-x64_bin.exe 完毕后，双击该文件，多次单击“Next”按钮，直至安装完毕。本书所使用的 Java 的安装路径为 C:\Program Files\Java\jdk-10。

安装完毕后，需要对表 2-1 的环境变量进行配置。

表 2-1　Java 需要配置的环境变量

环境变量名称	环境变量值	配置方式
JAVA_HOME	C:\Program Files\Java\jdk-10（注：此为安装路径）	新建
CLASSPATH	.;%JAVA_HOME%\lib\dt.jar;%JAVA_HOME%\lib\tools.jar	新建
Path	.;%JAVA_HOME%\bin;%JAVA_HOME%\jre\bin	追加

对表 2-1 中的环境变量配置的操作步骤如下。

步骤 1：在桌面的“我的电脑”图标上单击鼠标右键，在弹出的快捷菜单中选择“属性”命令，如图 2-17 所示。

步骤 2：在打开的窗口（见图 2-18）中单击“高级系统设置”。

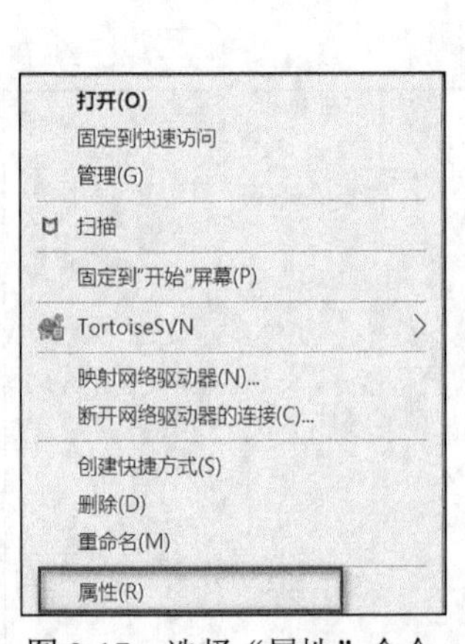

图 2-17　选择“属性”命令

图 2-18　单击“高级系统设置”

步骤 3：在打开的对话框（见图 2-19）中单击“环境变量(N)...”按钮。

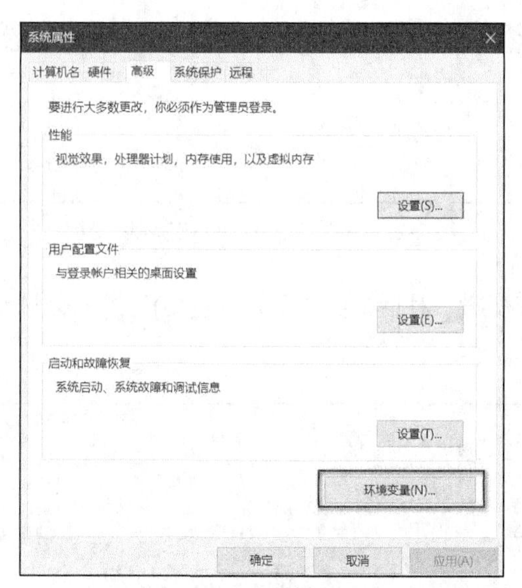

图 2-19　单击“环境变量(N)...”按钮

步骤 4：在打开的对话框（见图 2-20）中单击“系统变量(S)”栏目下的“新建(W)...”按钮。

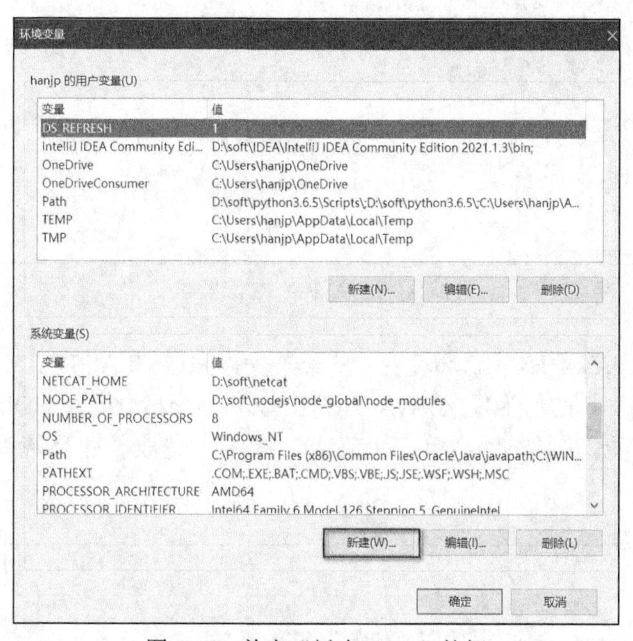

图 2-20　单击“新建(W)...”按钮

步骤 5：在打开的对话框中以新建的方式配置 JAVA_HOME 环境变量。在“变量名(N):”后的文本框中填入“JAVA_HOME”，在“变量值(V):”后的文本框中填入“C:\Program Files\Java\jdk-10”。填写完毕后，单击“确定”按钮完成新建环境变量 JAVA_HOME 的配置，如图 2-21 所示。

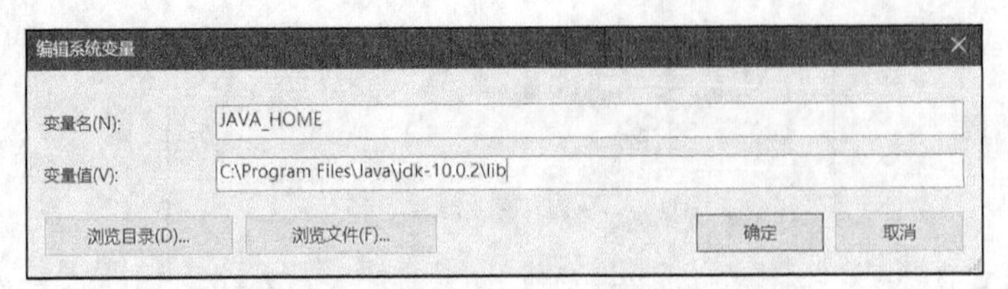

图 2-21　配置 JAVA_HOME 环境变量

配置完成后，“环境变量”对话框的“系统变量(S)”栏目会显示该变量，JAVA_HOME 配置结果如图 2-22 所示。

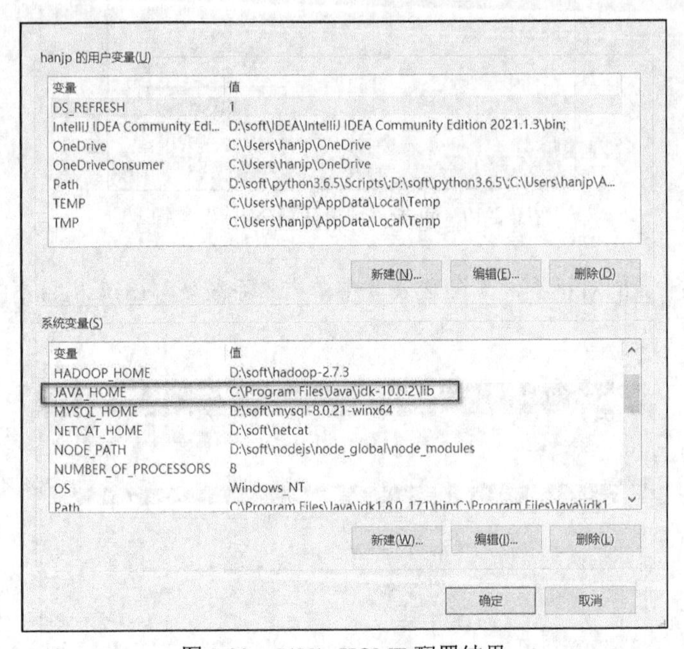

图 2-22　JAVA_HOME 配置结果

步骤 6：参考 JAVA_HOME 环境变量的配置操作完成 CLASSPATH 环境变量的配置。CLASSPATH 环境变量的值为“.;%JAVA_HOME%\lib\dt.jar;%JAVA_HOME%\lib\tools.jar”，如图 2-23 所示。填写完毕后，单击“确定”按钮，完成新建环境变量 CLASSPATH 的配置。

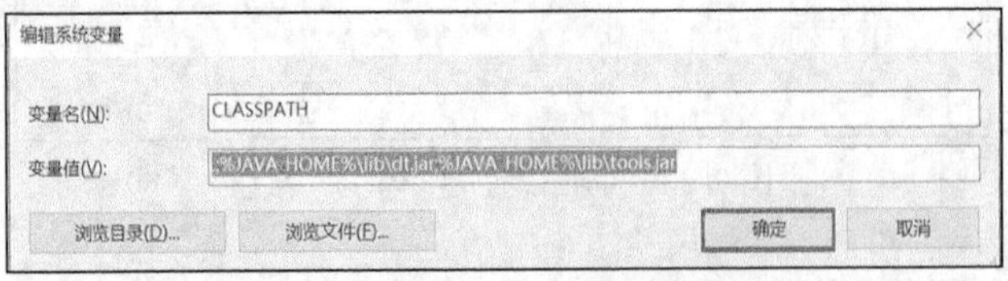

图 2-23　配置 CLASSPATH 环境变量

步骤 7：如图 2-24 所示，在“系统变量(S)”栏目中单击“Path”，接着单击“编辑(I)...”按钮，以追加的方式开始配置 Path 环境变量。

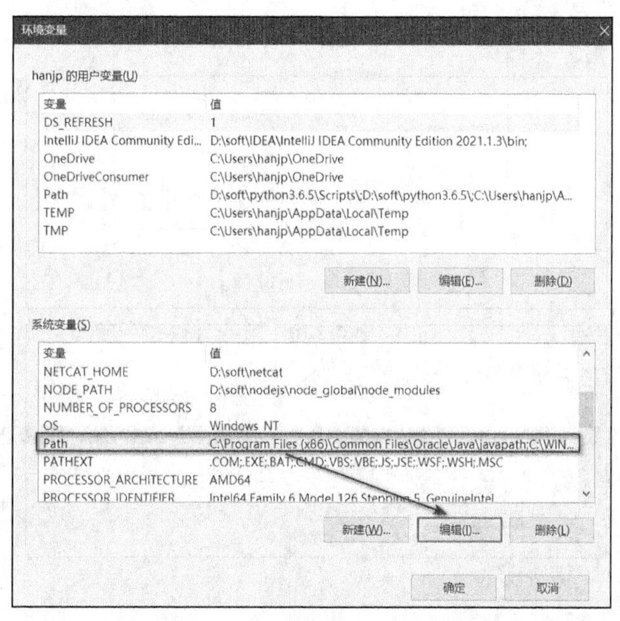

图 2-24 开始配置 Path 环境变量

步骤 8：如图 2-25 所示，在“编辑环境变量”对话框中单击“新建(N)”按钮，在最后面增添“.;%JAVA_HOME%\bin;%JAVA_HOME%\jre\bin”，单击“确定”按钮，完成 Path 的配置。

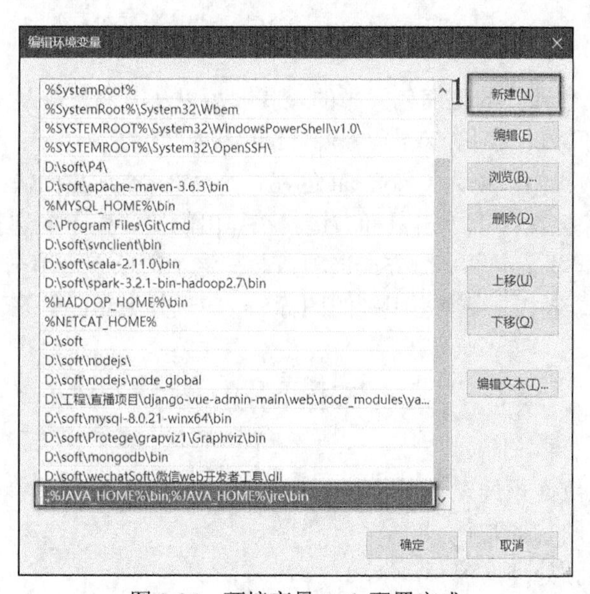

图 2-25 环境变量 Path 配置完成

步骤 9：配置完毕后，单击所有对话框的“确定”按钮，关闭所有对话框，返回桌面。

步骤 10：在 Windows 的桌面按“Win+R”组合键，在弹出的“运行”对话框中“打开”后面的文本框中输入“cmd”，如图 2-26 所示，单击“确定”按钮，调出命令窗口。

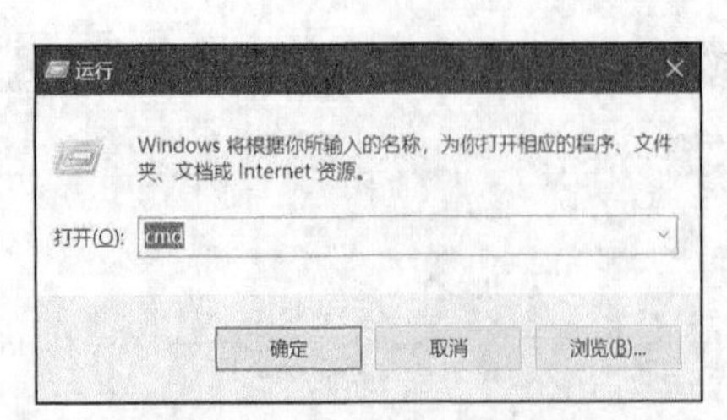

图 2-26 “运行”对话框

步骤 11：在命令窗口中输入“java -version”和“javac”命令，若出现类似图 2-27 的输出提示，则表示 Java 的环境变量配置正确。

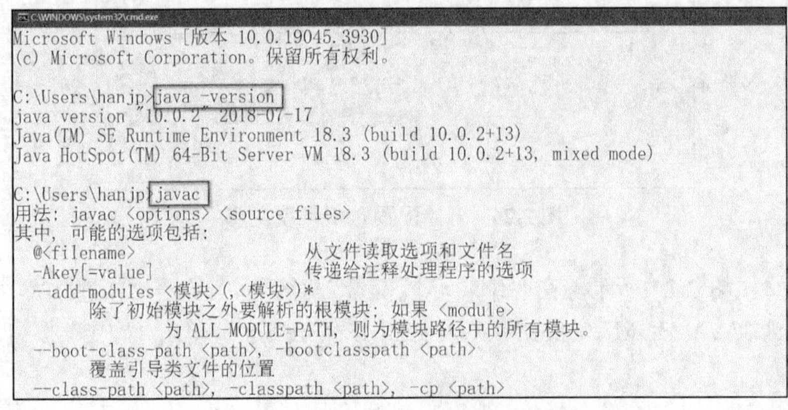

图 2-27 检测 Java 的环境变量配置正确

Kettle 是作为一个独立的压缩包发布的，我们可以从官网选择最新的版本下载安装。下载完毕后，解压下载的文件，双击“spoon.bat”即可使用。

为了方便使用，我们可以为 spoon.bat 创建一个 Windows 桌面快捷方式。创建快捷方式后，在新创建的快捷文件上单击鼠标右键，在弹出的快捷菜单中选择“属性”命令，系统打开的属性对话框里显示了快捷方式选项卡。在这个选项卡下单击“更改图标”按钮，可以为这个快捷方式选中一个容易识别的图标，一般选择 Kettle 目录下的 spoon.ico 文件。

本章习题

1．为什么要做数据预处理？

2．数据预处理的目的是什么。

3．请简述数据预处理的流程。

4．请简述数据预处理过程中需要注意的事项。

5．请在自己的计算机上安装数据预处理所需要的环境。

第 3 章　Kettle 的初步使用

Spoon 是 Kettle 的集成开发环境，它提供了图形化的用户接口，主要用于 ETL（Extract Transform Load，抽取、转换、加载）的设计。在 Kettle 安装目录下，有启动 Spoon 的脚本，例如 Windows 下的 spoon.bat，类 UNIX 操作系统下的 spoon.sh。Windows 用户还可以通过执行 Kettle.exe 启动 Spoon。

Kettle 的设计原则如下。

① 易于开发：对于任何一个数据仓库和 ETL 的开发设计者，创建商务智能系统解决方案是其最终目的，而任何软件工具的安装、配置都非常耗费时间，Kettle 就避免了这类问题的发生。

② 避免手动开发：我们只用 ETL 工具，目的当然是使复杂的事情变简单，使简单的事情更简单。Kettle 提供了标准化的构建组件来实现设计者不断重复的需求。虽然 Java 代码和 JavaScript 脚本功能强大，但是每增加一行代码都将增加项目的复杂度和维护成本。因此，我们应尽量使用已提供的各种组件的组合来完成任务，尽量避免手动开发。

③ 在用户界面完成所有功能：在 Kettle 里，功能的开发通过可视化界面实现，通过对话框设置组件的属性，大大缩短了开发周期。当然也有几个例外，例如 kettle.properties 和 shared.xml 文件需要手动修改配置文件。

④ 命名不限制：作业、转换和步骤的名称都可以自描述。

⑤ 运行状态透明化：了解 ETL 过程的各个部分的运行状态很重要，可加快开发速度，减少维护成本。

⑥ 数据通道灵活：Kettle 里数据的发送、接收方式比较灵活，可以从文本、Web 和数据库等不同目标之间复制和分发数据，还可以合并来自不同数据源的数据。

⑦ 只映射需要映射的字段：Kettle 的一个重要核心原则就是在 ETL 流动中所有未指定的字段自动被传递到下一个组件，无须一一设置输入和输出映射，输入的字段自动出现在输出中，除非中间过程特别设置了终止某个字段的传递。

在前一章中，我们介绍了 Kettle 工具的安装。本章首先介绍 Kettle 工具的特点，然后介绍 Kettle 转换的基本概念，最后通过一个转换实操案例介绍 Kettle 工具的使用。

【学习目标】

（1）了解 Kettle 的特点。

（2）掌握 Kettle 的使用方法。

任务 3.1 Kettle 的特点

Kettle 具有以下特点。

① 开源：免费开源的 ETL 工具，有良好的社区支持。

② 可视化：代替了完成数据转换任务的手工编码，降低了开发难度。

③ 丰富的工具类：包含数据的剖析、清洗、校验、抽取、转换和加载等各种常见的 ETL 类。

④ 支持各类数据源：除了支持各种关系数据库和 HBase 与 MongoDB 这样的 NoSQL 数据源，还支持 Excel、CSV 等文件类数据源。

⑤ 强大的处理功能：除了选择、过滤、分组、连接和排序这些常用的功能，还支持 Java 表达式、正则表达式、Java 类、JavaScript 表达式、Python 等。

⑥ 支持多平台：可以在 Windows、Linux、UNIX 操作系统上运行。

任务 3.2 Kettle 的使用

3.2.1 转换的基本概念

转换是 Kettle ETL 解决方案中最主要的部分，它负责处理抽取和加载阶段的数据。转换包括一个或多个步骤，例如读取文件、过滤输出行、数据清洗和将数据加载到数据库等。

转换中的步骤通过跳来连接。跳定义了一个单向通道，允许数据从一个步骤向另一个步骤流动。在 Kettle 里，数据的单位是行，数据流就是数据行从一个步骤到另一个步骤的移动。数据流的另一个同义词就是记录流。除了步骤和跳，转换还包括注释。注释是一个小的文本框，可以放在转换流程图的任何位置。注释的主要目的是使转换文档化。

一个简单的转换例子如图 3-1 所示，该转换从数据库中读取数据并写入 Microsoft Excel 表格。

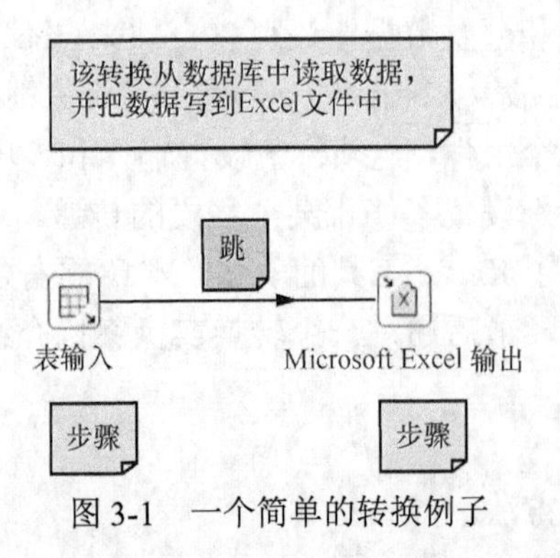

图 3-1 一个简单的转换例子

1．步骤

步骤是转换的基本组成部分。它是一个图形化的组件，我们可以通过配置步骤的参数，使它完成相应的功能。图 3-1 所示的例子显示了两个步骤，分别为“表输入”和“Microsoft Excel 输出”。配置“表输入”步骤的参数，可以使这个步骤从指定的数据库中读取指定关系表的数据；配置“Microsoft Excel 输出”步骤的参数，可以使这个步骤向指定的路径创建一个 Excel 表格，并写入数据。当这两个步骤用跳（箭头连接线）连接起来的时候，“表输入”步骤读取的数据，通过跳，传输给了“Microsoft Excel 输出”步骤。最终，“Microsoft Excel 输出”步骤把“表输入”所读取的数据，写入 Excel 表格。对“表输入”而言，这个跳是个输出跳；对“Microsoft Excel 输出”而言，这个跳是个输入跳。

一个步骤有如下几个关键特性。

① 步骤需要有一个唯一的名字。

② 每个步骤都会读、写数据行（唯一例外是“生成记录”步骤，该步骤只写数据）。

③ 步骤之间通过跳进行数据行的单向传输。一个跳，相对于输出数据的步骤而言，为输出跳；相对于输入数据的步骤而言，为输入跳。

④ 大多数的步骤都可以有多个输出跳。一个步骤的数据发送可以被设置为轮流发送和复制发送。轮流发送是将数据行依次发给每一个输出跳，复制发送是将全部数据行发送给所有输出跳。

⑤ 在运行转换时，一个线程运行一个步骤，所有步骤的线程几乎同时运行。数据行通过跳，依照跳的箭头图形所示，从一个步骤连续地传输到另外一个步骤。

除了具备上面这些共性，每个步骤都有明显的功能区别，这可以通过步骤类型体现。图 3-1 中的“表输入”步骤就是向关系数据库的表发出一个 SQL 查询，并将得到的数据行写到它的输出跳；“Microsoft Excel 输出”步骤从它的输入跳读取数据行，并将数据行写入 Excel 文件。

2．转换的跳

转换的跳就是步骤之间带箭头的连线，跳定义了步骤之间进行数据传输的单向通道。

从程序执行的角度看，跳实际上是两个步骤线程之间进行数据行传输的缓存。这个缓存被称为行集，行集的大小可以在转换的设置里定义。当行集满了，向行集写数据的步骤将停止写入，直到行集里又有了空间。当行集空了，从行集读取数据的步骤停止读取，直到行集里又有可读的数据行。

因为在转换里每个步骤都依赖前一个步骤获取字段值，所以当创建新跳的时候，跳的方向是单向的，不能是双向循环的。

对 Kettle 的转换，从程序执行的角度看，不可能定义一个执行的顺序，也不可能确定一个起点步骤和终点步骤。所有步骤都是以并发方式执行的。当转换启动后，所有步骤都同时启动。每个步骤从它的输入跳中读取数据，并把处理过的数据写到输出跳，直到输入跳里不再有数据，就终止步骤的运行。当所有的步骤都终止了，整个转换就终止了。

从功能的角度来看，转换有明确的起点步骤和终点步骤。例如，图 3-1 里显示的转换起点就是“表输入”步骤（因为这个步骤生成数据行），终点就是“Microsoft Excel 输出”步骤（因为这个步骤将数据写入文件，而且后面不再有其他节点）。

综上所述，我们可以看到：一方面，数据沿着转换里的步骤移动而形成一条从头到尾的数据通路；另一方面，转换里的步骤几乎是同时启动的，所以不可能判断出哪个步骤是第一个启动的步骤。

如果想要一个任务沿着指定的顺序执行，可以去查阅一下 Kettle 中“作业”的概念及使用方法，限于篇幅，本书不对此内容进行介绍。

3．数据行

数据以数据行的形式沿着步骤移动。一个数据行是零到多个字段的集合。字段包括下面几种数据类型。

① String：字符串类型数据。

② Number：双精度浮点数。

③ Integer：带符号长整型数（64 位）。

④ Bignumber：任意精度数值。

⑤ Date：带毫秒精度的日期时间值。

⑥ Boolean：取值为 true 和 false 的布尔值。

⑦ Binary：二进制字段，包括图形、声音、视频及其他类型的二进制数据。

每个步骤在输出数据行时都有对字段的描述，这种描述就是数据行的元数据，通常包括下面一些信息。

① 名称：行里的字段名应该是唯一的。

② 数据类型：字段的数据类型。

③ 长度：字符串的长度或 Bignumber 类型的长度。

④ 掩码：数据显示的格式（转换掩码）。如果要把数值型（Number、Integer、Bignumber）或日期类型数据转换成字符串类型数据就需要用到掩码。例如，在图形界面中预览数值型、日期型数据，或者把这些数据保存成文本或 XML 格式，就需要用到这种转换。

⑤ 小数点：十进制数据的小数点格式。不同文化背景下小数点符号是不同的，一般是点（.）或逗号（,）。

⑥ 分组符号：数值类型数据的分组符号。不同文化背景下数字里的分组符号也是不同的，一般是逗号（,）、点（.）或单引号（'）（注：分组符号是数字里的分隔符号，便于阅读，如 123,456,789）。

⑦ 初始步骤：Kettle 在元数据里还记录了字段是由哪个步骤创建的。这可以让用户快速定位字段是由转换里的哪个步骤最后一次修改或创建的。

在设计转换时，有如下 3 个数据类型的规则需要注意。

① 行级里的所有行都应该有同样的数据结构。也就是说，当从多个步骤向一个步骤里写数据时，多个步骤输出的数据行应该有相同的结构，即字段相同、字段数据类型相同、字段顺序相同。

② 字段元数据不会在转换中发生变化。也就是说，字符串不会自动截去长度以适应

指定的长度，浮点数也不会自动取整以适应指定的精度。这些功能必须通过一些指定的步骤来完成。

③ 在默认情况下，空字符串（""）被认为与 NULL 相等。

3.2.2 第一个转换案例

Kettle 使用图形化的方式定义复杂的 ETL 程序和工作流，所以被归类为可视化编程语言。利用 Kettle，我们可以快速构建复杂的 ETL 作业和降低维护工作量。由于 Kettle 通过组件的配置，隐藏了很多技术细节，使 IT 领域更贴近商务领域。

本小节将介绍如何利用 Kettle 的可视化编程，实现图 3-1 的转换。

由于本案例要从 MySQL 数据库中读取表格内容并输出到 Excel 表格，还需要一个额外的.jar 包支持。该 jar 包可在 MySQL 的官方网站进行下载，此处使用的.jar 包版本为 5.1.45。下载完毕后，解压压缩包，将 mysql-connector-java-5.1.46-bin.jar 文件存放到\data-integration\lib\路径下。然后，关闭 Kettle，再次打开 Kettle，使该.jar 包生效。该.jar 包生效后，可在“表输入”步骤中配置 MySQL 数据库客户端连接到服务端的参数，连接到相关的数据库，获取相关的表格数据并输出到 Excel 表格中。

在此案例中，由于需要从 MySQL 数据库获取表格数据，因此，需要读者预先安装 MySQL 服务端与客户端，通过客户端创建数据库和表并输入数据。

1. 创建转换

运行 Spoon.bat 后，Kettle 将启动 Spoon，进入可视化编程界面，如图 3-2 所示。

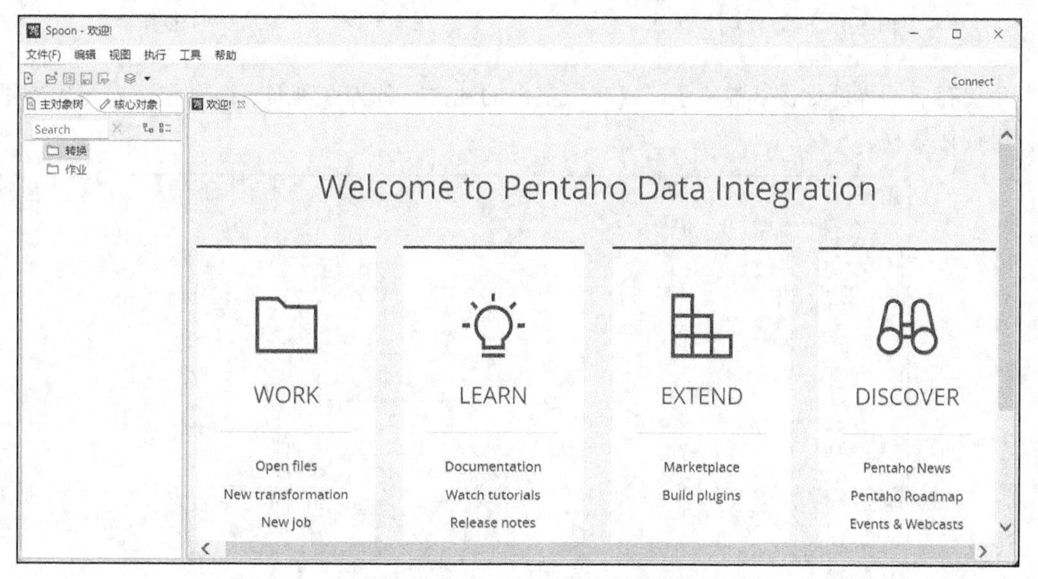

图 3-2 Spoon 可视化编程界面

在 Spoon 界面的快捷工具栏中单击 按钮，在下拉菜单中选择“转换”命令（见图 3-3），这样就创建了一个转换文件。

图 3-3 选择“转换”命令

“作业”包括一个或多个作业项，作业项由转换构成。

单击“🖫”按钮（见图 3-4），重命名该转换文件，设置保存路径，最后单击“保存(S)”按钮，如图 3-5 所示。

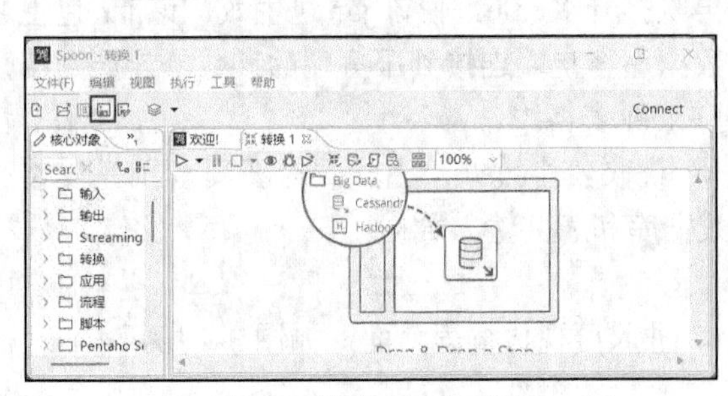

图 3-4 单击“🖫”按钮

图 3-5 单击“保存(S)”按钮

保存后的界面如图 3-6 所示，窗口中空白的地方被称为空画布。这个空画布可用来进行可视化编程。

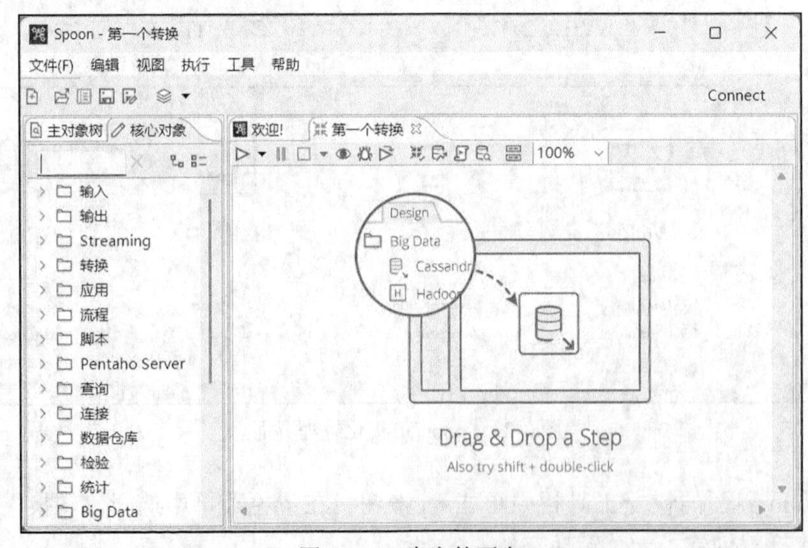

图 3-6 一个空的画布

2．核心对象

如图 3-7 所示，“核心对象”选项卡位于 Spoon 的左上角，在“主对象树”选项卡的右边。

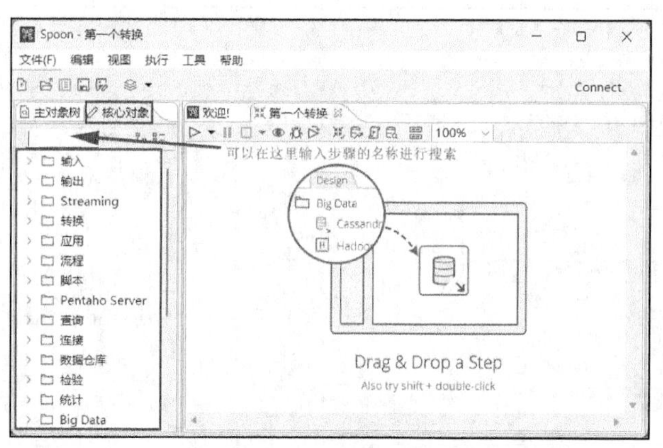

图 3-7 “核心对象”选项卡

在“核心对象”的选项卡中，以文件夹的方式存放了各种类型的步骤，单击某个文件夹即可展开该文件夹里面所有的步骤。ETL 工程师可以根据设计的需求，选择合适的步骤，按住鼠标左键，拖曳选定的步骤到画布中使用。

也可在左上角的“步骤”搜索框中，输入步骤的大体名称，进行模糊查找。查找的结果中将显示符合查找条件的步骤位于哪个文件夹下。这样，ETL 工程师可以选择合适的步骤，按住鼠标左键，拖曳选定的步骤到画布中使用。

在核心对象中的步骤上双击鼠标左键，该步骤将出现在右边的画布中，并自动连接上一个步骤。

3．可视化编程

（1）创建步骤

如图 3-8 所示，在“核心对象”对象卡中，单击“输入”文件夹展开输入类型的所有步骤。单击“表输入”步骤，按住鼠标左键拖曳到画布中。这样，在画布中就创建了一个新步骤。

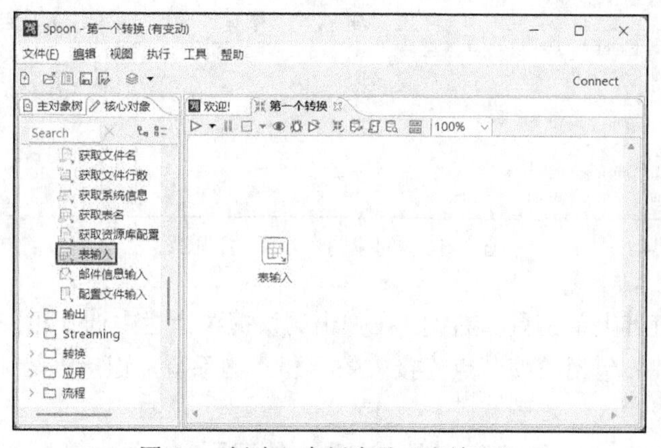

图 3-8 创建一个新步骤“表输入”

如图 3-9 所示，在“核心对象”选项卡中，单击“输出”文件夹展开输出类型的所有步骤。单击“Microsoft Excel 输出”步骤，按住鼠标左键拖曳到画布中。

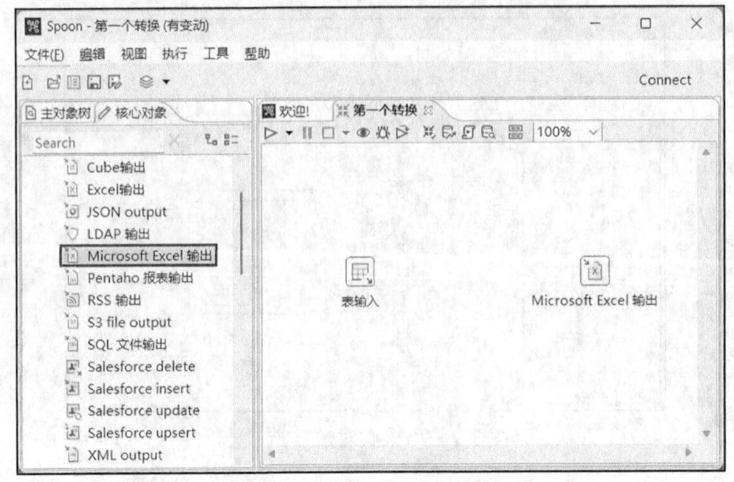

图 3-9　创建第二个步骤“Microsoft Excel 输出”

（2）创建转换的跳，连接步骤

转换里的步骤通过跳定义一个单向通道来连接。单击“表输入”步骤，按住鼠标左键，将箭头一直拖到“Microsoft Excel 输出”步骤，待箭头变成绿色时，松开鼠标左键，即可建立两个步骤之间的跳，如图 3-10 所示。

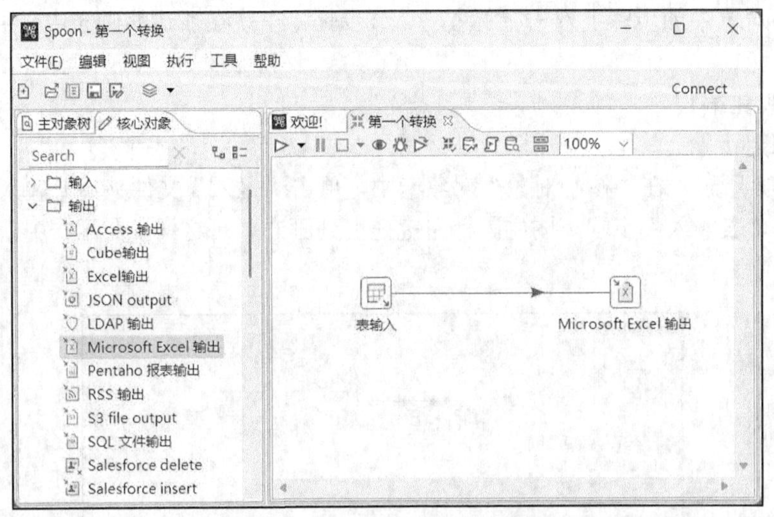

图 3-10　创建两个步骤之间的跳

在跳的箭头符号上单击鼠标右键，在弹出的快捷菜单栏中选择相关的操作，就可以设置该跳的一些属性，包括“使节点连接失效”和“删除节点连接”等。

（3）配置“表输入”步骤

① 双击“表输入”步骤进行配置。在弹出的配置对话框中单击“新建...”按钮配置

数据库的连接信息，如图 3-11 所示。

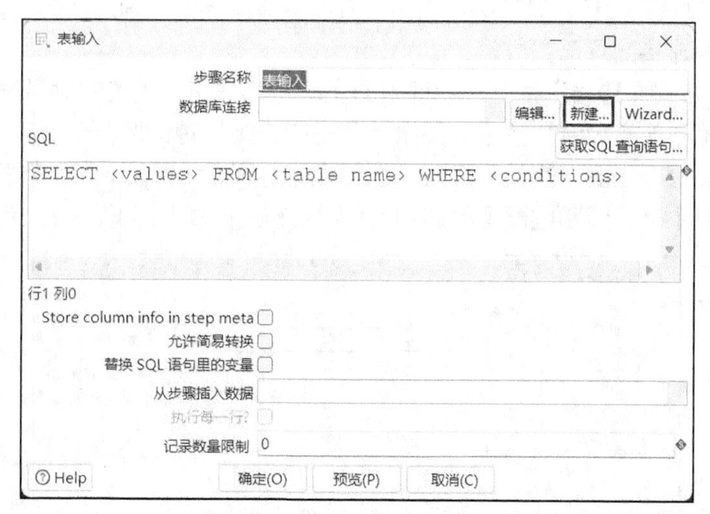

图 3-11　单击“新建...”按钮

② 如图 3-12 所示，首先，给连接名称任意起个名字，在这里命名为“sql_testlink”，然后进行如下设置。

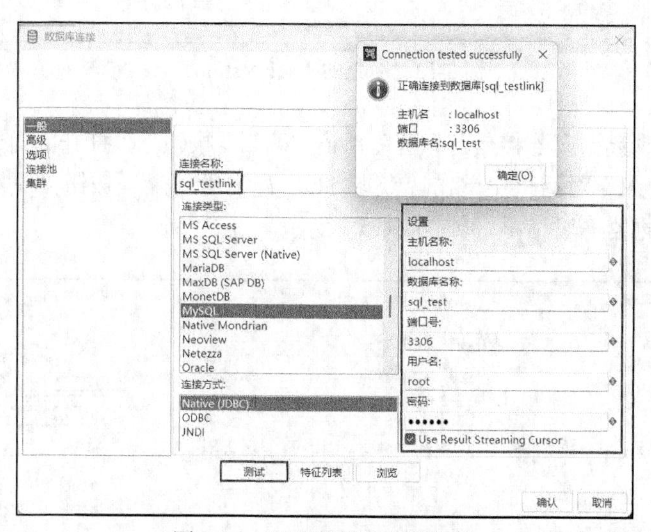

图 3-12　配置数据库连接参数

“连接类型”选择“MySQL”，因为我们需要连接到 MySQL 数据库。

“主机名称”为 MySQL 服务端的 IP，如果 Kettle 和 MySQL 服务端都安装在同一 PC 中，则配置为“localhost”。

“数据库名称”为 MySQL 服务端的数据库，需要在 MySQL 客户端上提前创建好。这里的配置为“sql_test”。

“端口号”的配置为默认的端口。

输入 MySQL 登录的用户名和密码。

③ 单击“测试”按钮，如果参数正确，系统将弹出提示正确连接到数据库的对话框。至此，数据库的连接配置已完成。

④ 单击“数据库连接测试”对话框中的“确定”按钮，关闭此对话框。单击“数据库连接”对话框中的“确定”按钮，关闭“数据库连接”对话框。

此时，界面将回退到“表输入”对话框的配置界面。“表输入”对话框中的“数据库连接”下拉栏目中会显示刚刚配置的连接名称“sql_testlink”，如图 3-13 所示。

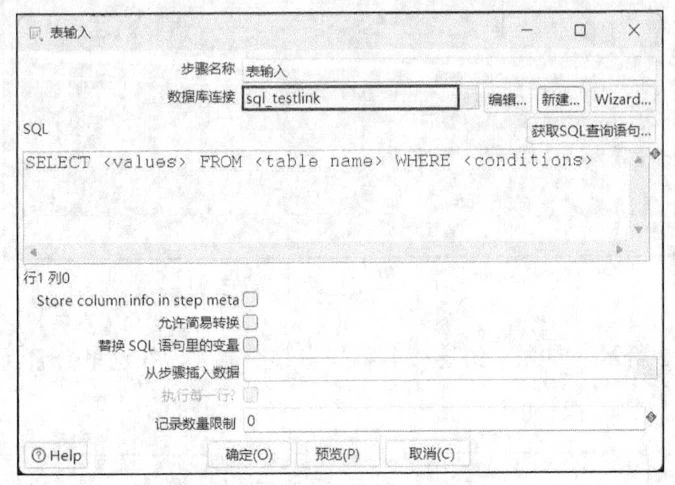

图 3-13　新建的“sql_testlink”

如果需要修改数据库连接信息，可以单击“编辑”按钮，在打开的对话框中进行修改。

⑤ 在“表输入”对话框中单击“获取 SQL 查询语句...”按钮（见图 3-14），系统将弹出“数据库浏览器”对话框，如图 3-15 所示。

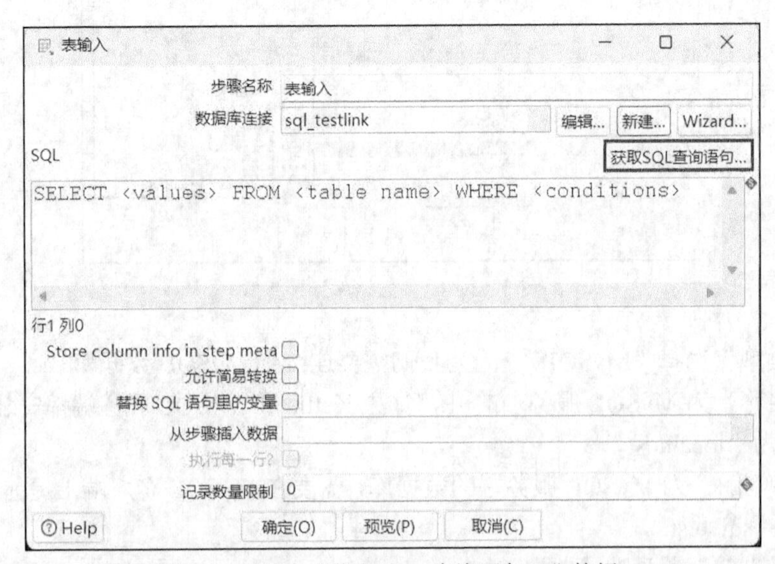

图 3-14　单击“获取 SQL 查询语句...”按钮

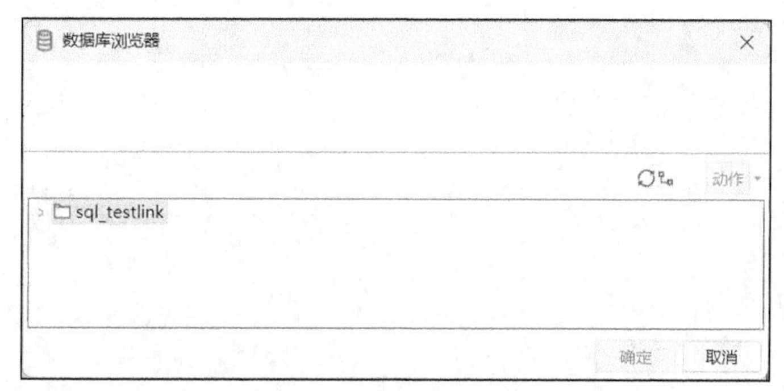

图 3-15　“数据库浏览器”对话框

⑥ 单击>依次展开“sql_testlink”和“表”，然后双击该数据库中的“学生”表，在弹出的对话框（见图 3-16）中单击“是(Y)”按钮。

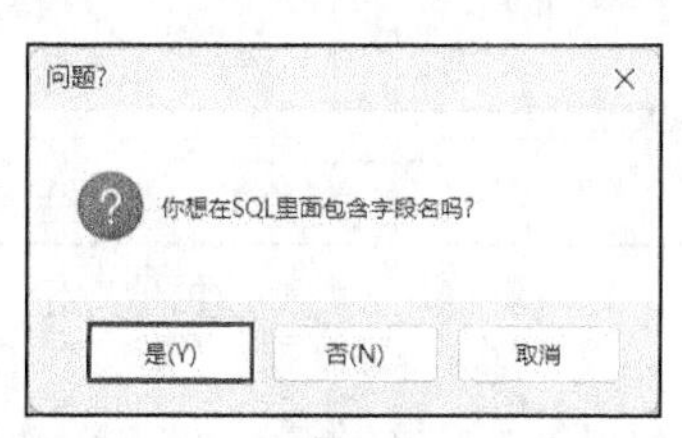

图 3-16　单击“是(Y)”按钮

此时，界面回退到“表输入”对话框，如图 3-17 所示。在此对话框的 SQL 文本框中，显示从数据表中提取数据的 SQL 语句。

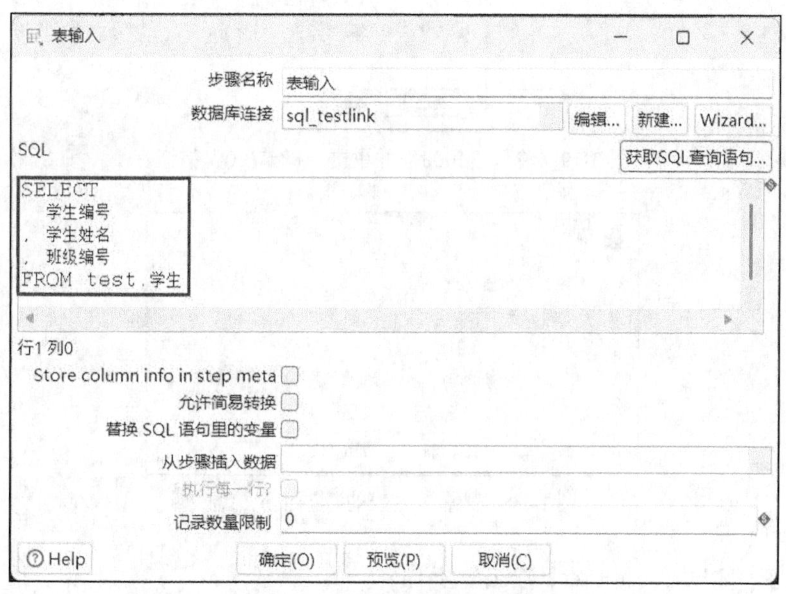

图 3-17　“表输入”对话框中显示提取数据的 SQL 语句

⑦ 单击“预览(P)”按钮，如图 3-18 所示。

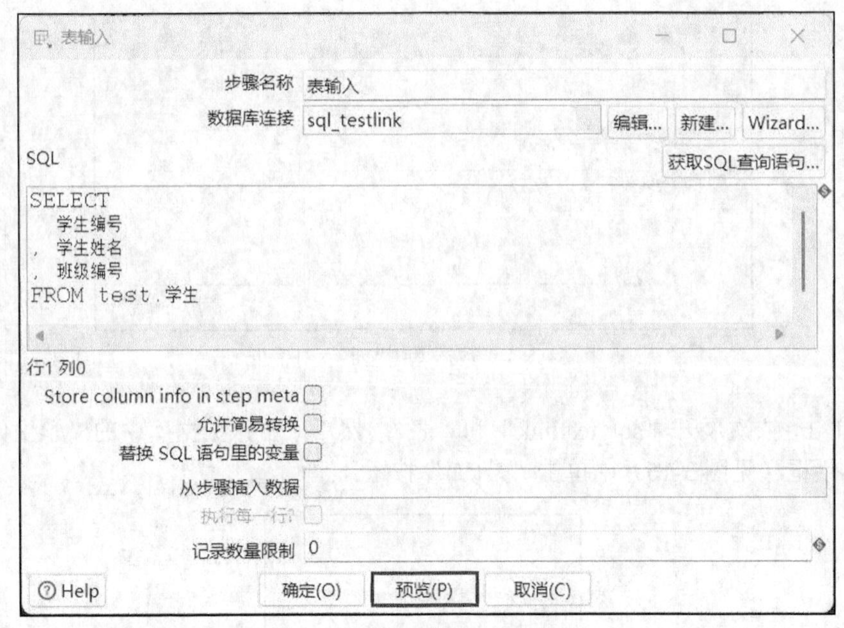

图 3-18 单击“预览(P)”按钮

⑧ 在打开的对话框中输入预览的记录数量，如 1000，单击“确定(O)”按钮（见图 3-19）后，将可以查看学生表的数据记录信息，如图 3-20 所示。此时，我们已完成“表输入”步骤的配置。

图 3-19 输入“1000”并单击“确定(O)”按钮

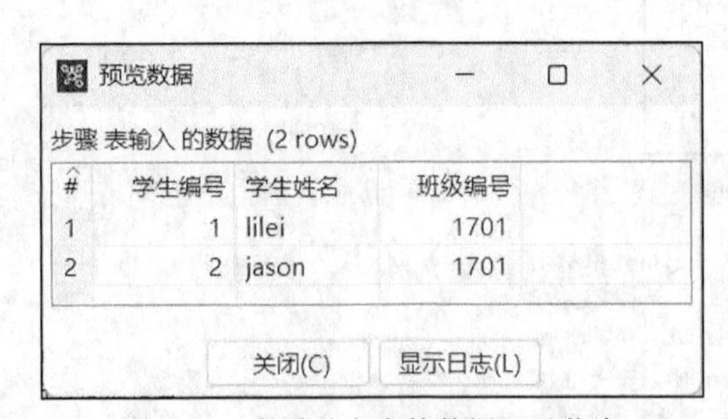

图 3-20 查看学生表的数据记录信息

（4）配置“Microsoft Excel 输出”步骤

① 双击“Microsoft Excel 输出”步骤，在打开的配置对话框中单击“文件&工作表”选项卡进行配置。

② 单击“浏览(B)...”按钮，如图 3-21 所示配置输出的文件路径、文件名。

③ 单击“扩展名”的 按钮，选择输出的文件类型，一般配置 Excel 2007 及以上版本的表格输出。

④ 在“Microsoft Excel 输出”步骤的配置对话框中，单击选定“内容”进行配置。

⑤ 如图 3-22 所示，单击“获取字段”按钮，获取上个步骤输出的数据字段。

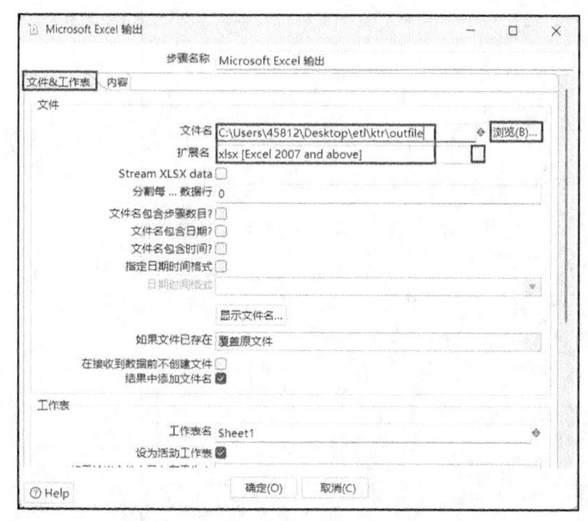

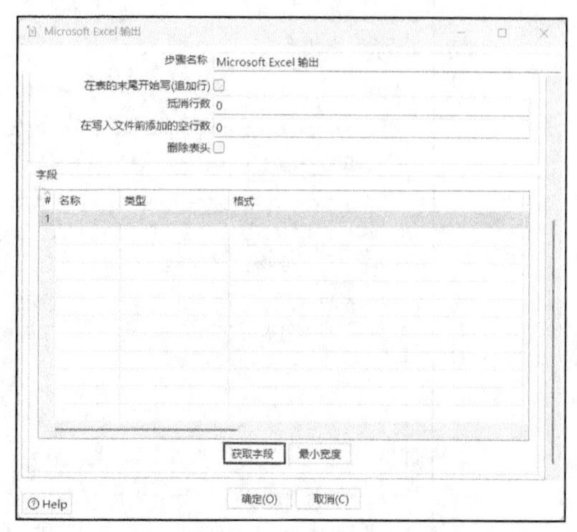

图 3-21　单击“浏览(B)...”按钮　　　　图 3-22　单击“获取字段”按钮

获取后，“字段”的表格中会显示已获取的字段，如图 3-23 所示。这些字段将在 C:\Users\45812\Desktop\etl\ktr\outfile.xlsx 文件中输出，路径中的“45812”为本机器的 Windows 用户名。

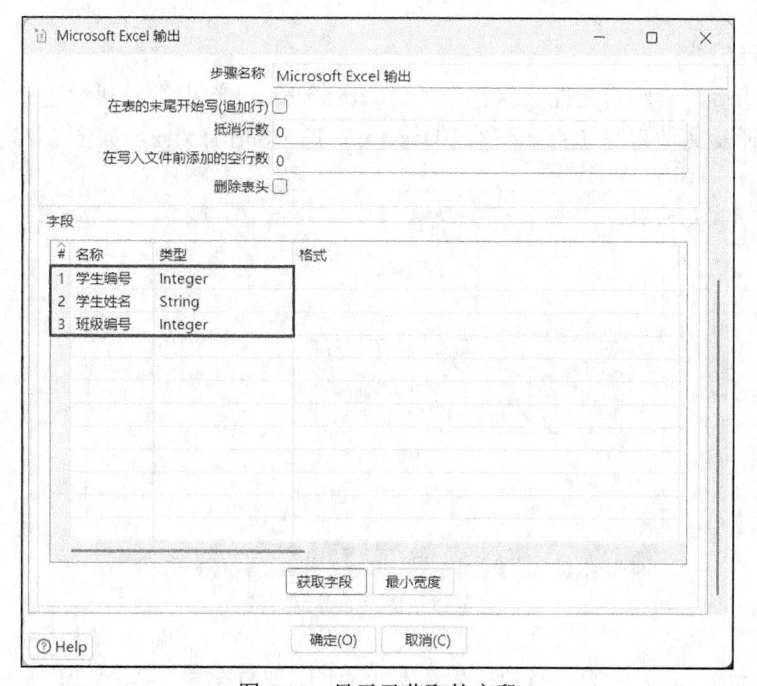

图 3-23　显示已获取的字段

（5）运行转换

如图 3-24 所示，单击“▷”按钮，在弹出的对话框中，单击“启动”按钮运行该程序。

图 3-24　运行程序

4．执行结果

执行完毕后，输出的文件被保存在“Microsoft Excel 输出”步骤设置的路径下。该转换的输出路径及文件为 C:\Users\45812\Desktop\etl\ktr\outfile.xlsx，如图 3-25 所示。

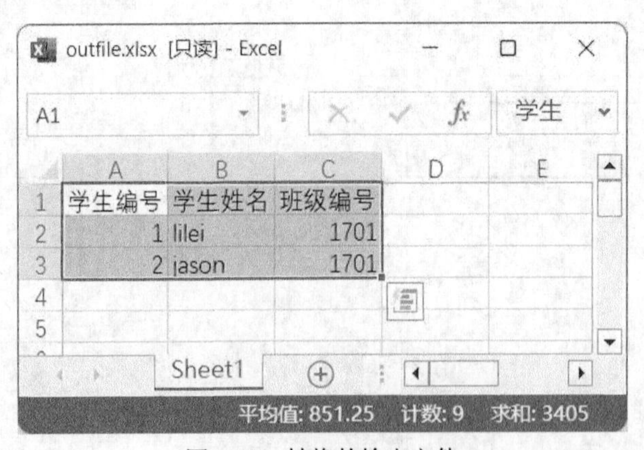

图 3-25　转换的输出文件

对 Kettle 而言，执行的一系列结果在右下方的“执行结果”状态栏中显示。也就是说，“执行结果”状态栏是对转换、作业执行过程的监控。

如图 3-26 所示，“日志”选项卡展示了该转换的执行过程。如果程序运行出错，这里将显示具体的出错信息，设计者可根据错误信息调试程序。

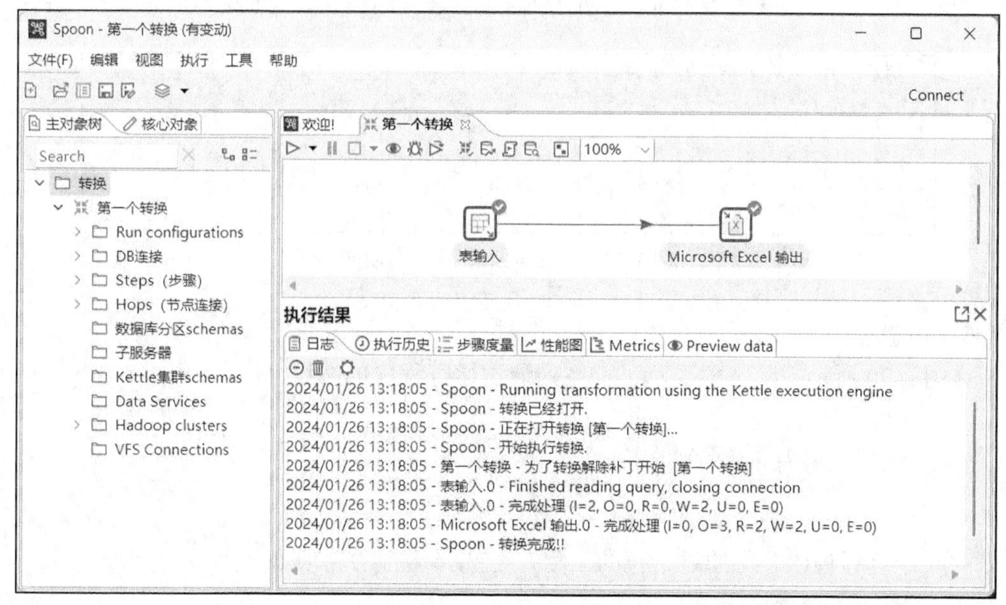

图 3-26　“日志”选项卡

“步骤度量”选项卡如图 3-27 所示，“Metrics”选项卡如图 3-28 所示。它们都展示了该转换执行过程中每个步骤所耗费的时间。设计者可根据这些信息对所设计的转换进行优化，提升转换执行的效率。

#	步骤名称	复制的记录行数	读	写	输入	输出	更新	拒绝	错误	激活	时间	速度 (条记录/秒)	Pri/in/out
1	表输入	0	0	2	2	0	0	0	0	已完成	0.0s	250	-
2	Microsoft Excel 输出	0	2	2	0	3	0	0	0	已完成	0.1s	44	-

图 3-27　“步骤度量”选项卡

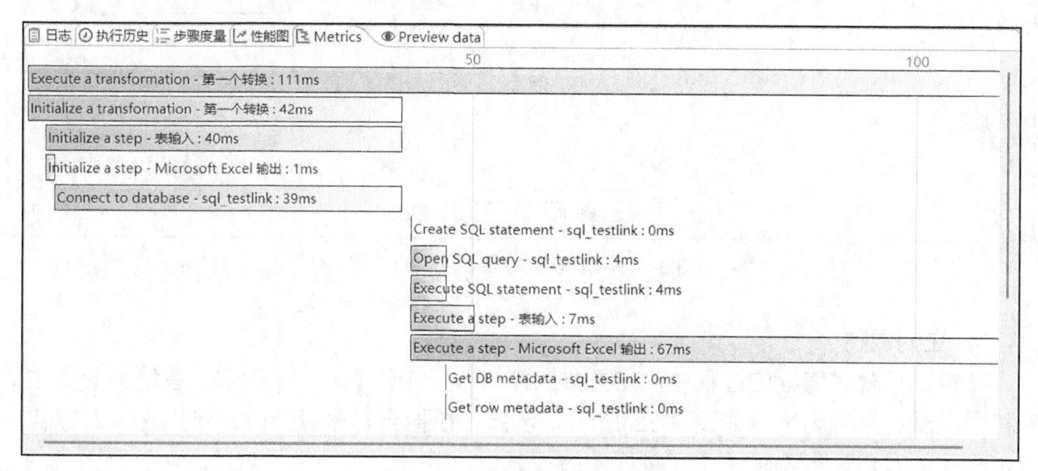

图 3-28　“Metrics”选项卡

此外，“步骤度量”还展示了数据在每个步骤的输入/输出流程，设计者可根据这些信息核实数据的流程是否符合预定的设计流程。

如图 3-29 所示，“Preview data”选项显示该转换中鼠标已选定步骤的输出结果。

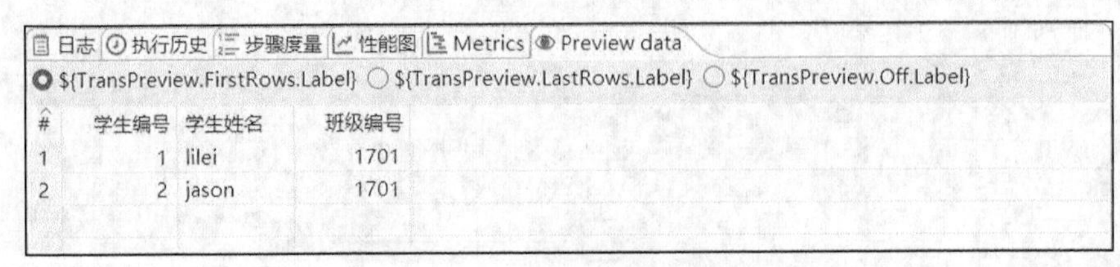

#	学生编号	学生姓名	班级编号
1	1	lilei	1701
2	2	jason	1701

图 3-29　“Preview data”选项卡

5．状态栏

如图 3-30 所示，状态栏显示了一系列调试运行程序的按钮。

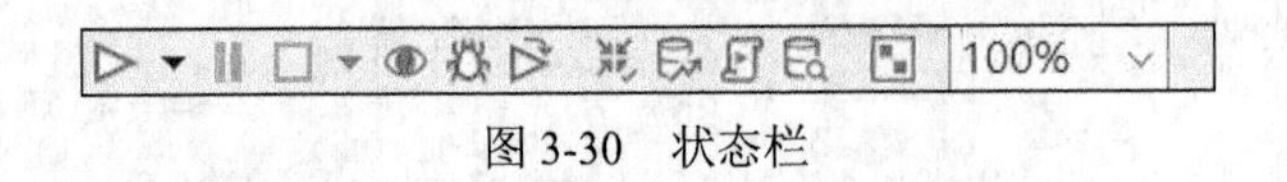

图 3-30　状态栏

：运行程序。可通过下拉的三角符号选择运行的选项。

：暂停正在运行的程序。

：终止正在运行的程序。

：按上一次的执行选项重新执行此程序。

：预览/调试程序。设定调试的条件后，单击“配置”按钮进入调试模式，如图 3-31 所示。例如，调试学生编号为 1 的配置。

图 3-31　调试学生编号为 1 的配置

6．主对象树

在进行可视化编程的过程中，在画布上每增添一个步骤、一个跳等，系统都会在主对象树中记录并呈现出来，如图 3-32 所示。设计者在检查程序设计时，可以在主对象树中双击相关的对象进行编辑，实现对程序的调试。

图 3-32　“主对象树”选项卡

7．参数配置

Kettle 的参数配置分为环境变量配置和命名参数配置两类。环境变量具有全局性质，配置后的环境变量对所有转换、作业都可用、有效；命名参数具有局部性质，仅对当前转换和作业有效。

（1）环境变量配置

环境变量的配置路径及文件为 C:\Users\45812\.kettle\kettle.properties（45812 表示此 Windows 下的用户）。用文本编辑器 Visual Studio Code 打开 kettle.properties 文件，即可用键值对的形式配置环境变量。一个环境变量占一行，键在等号前面，作为配置所使用的环境变量名，等号后面就是这个环境变量的值。转换和作业可以通过“${环境变量名}”或“%%环境变量名%%”的方式来引用 kettle.properties 定义的环境变量。

图 3-33 所示为基于第一个转换案例的配置例子，配置“Microsoft Excel 输出”步骤中的输出路径，用环境变量“GLOBAL_PATH”表示。配置 kettle.properties 完毕后，需要关闭 Kettle 再重新打开，选择配置的全局参数才能生效或可用。

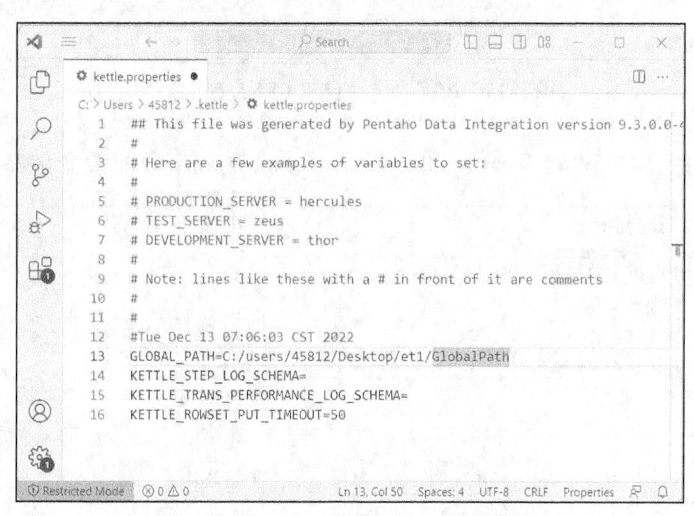

图 3-33　基于第一个转换案例的配置例子

如图 3-34 所示，在“Microsoft Excel 输出”步骤的配置中，用“${ GLOBAL_PATH }”引用环境变量，指定输出的路径为 C:/Users/45812/Desktop/etl/GlobalPath。

图 3-34　引用环境变量参数

当创建同样的第二个转换后，该全局参数同样可为第二个转换所用。

（2）命名参数配置

在当前转换画布的空白处单击鼠标右键，在弹出的快捷菜单中选择“转换设置 CTRL-L”命令，如图 3-35 所示。

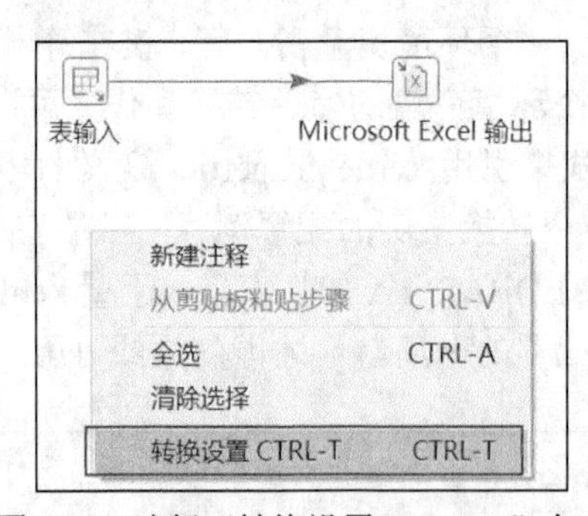

图 3-35　选择“转换设置 CTRL-L”命令

如图 3-36 所示，在“转换属性”的“命名参数”选项卡中配置命名参数的名字和值。

图 3-36　配置命名参数的名字和值

配置后，即可在该转换中使用此命名参数，如图 3-37 所示，输出文件 localoutfile 保存在命名参数指定的路径 C:\Users\45812\Desktop\etl\LocalPath 下。

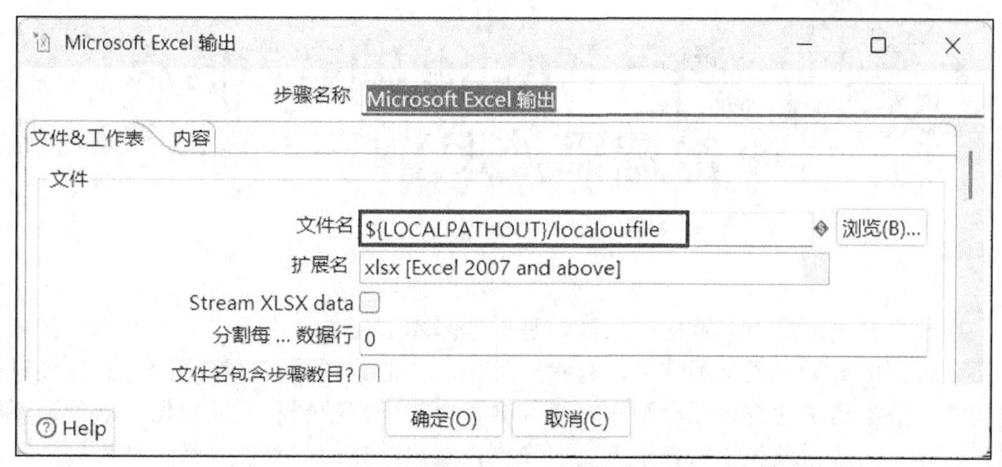

图 3-37　使用命名参数配置“Microsoft Excel 输出”步骤

本章习题

1．什么是转换？

2．Kettle 的参数配置分为哪两类？请简述每一类的作用范围。

3．一个步骤有哪几个关键特性？

4．什么是跳？

第 4 章　基于 Kettle 的客户信息数据预处理

在数据开发项目中，数据的预处理是一项基本的工作，也是一项重要的工作。我们所采集到的数据一般是不完整、有噪声且不一致的。在数据发布之前，必须经过数据清洗。数据清洗就是试图检测和去除数据集中的噪声数据和无关数据，处理遗漏数据，去除空白数据域和知识背景下的白噪声，解决数据的一致性和唯一性问题，从而达到提高数据质量的目的。数据清洗在整个数据分析过程中是不可或缺的一个环节，在实际操作中，它占据分析过程的 50%～80%的时间。经过清洗的数据，最后可以以指定的文件格式导出到指定的存储空间进行数据的发布。

幸运的是，Kettle 提供了一系列的输入/输出和数据清洗步骤来完成这些工作。对每个步骤的具体使用说明，可以双击该步骤，在弹出的步骤配置对话框中单击“help”按钮进行查看。在本章，我们将通过一个综合案例，介绍如何使用 Kettle 进行数据预处理工作，主要从数据的抽取、转换和加载 3 个方面进行讲解。

【学习目标】

（1）学习客户信息数据抽取的方法。

（2）学习客户信息数据清洗的方法。

（3）将客户信息数据加载至 MySQL 数据库。

任务 4.1　客户信息数据抽取

本数据预处理综合案例主要包括客户信息数据、性别参照数据和城市区号参照数据 3 种数据源。在本综合案例中，我们使用 Kettle 提供的输入步骤实现对数据的抽取，主要涉及“CSV 文件输入”步骤、“Excel 输入”步骤和“表输入”步骤。

4.1.1　从文本文件读入性别参照数据

1．问题描述

在本综合案例中，性别参照数据存储在 CSV 文件中。我们使用文本编辑器打开 gender_ref.csv 文件，如图 4-1 所示，可以看到 gender_ref.csv 文件以逗号为分隔符。

```
ID,REF_CODE,SRC_SYS,SRC_CODE
0,F,SystemA,2
1,M,SystemA,1
2,U,SystemA,0
3,F,SystemB,female
4,M,SystemB,male
5,U,SystemB,unknow
```

图 4-1　gender_ref.csv 文件

2．相关知识

CSV 文件是一种较为常见的文本文件。在这种文件里，每个字段或列都使用英文逗号进行分隔。通常，这类文件也被称为逗号分隔符文件。

为了能正确地读取 CSV 文件，我们需要在输入类的步骤中选择文字编码。查看文件的字符编码方法比较多，较方便的一种方法是用 Visual Studio Code 等文本编辑器查看。我们使用 Visual Studio Code 打开该文件，如图 4-2 所示，可在软件的右下角看到本文件的字符编码是 UTF-8 编码。

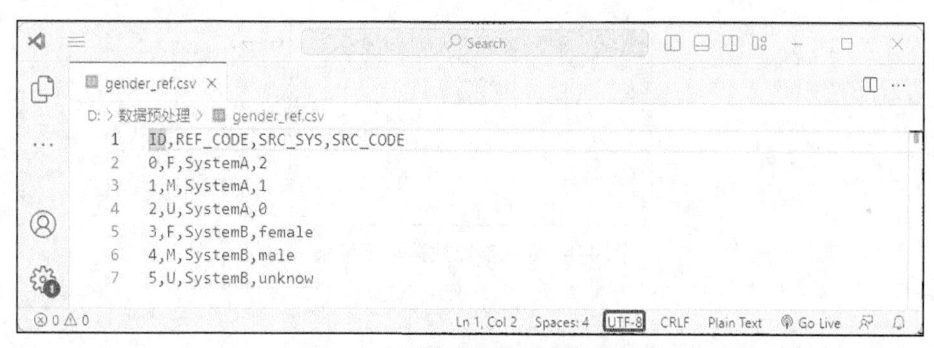

图 4-2　性别参照文件的字符编码

Kettle 提供了“CSV 文件输入”步骤支持该类型文件的处理。在 ETL 工作中，我们常常面临处理 TXT、XML 和 JSON 等文件类型的场景，Kettle 提供了处理这些类型文件的相关步骤，限于篇幅，本书中不再进行介绍，感兴趣的读者可自行查阅相关资料。

3．“CSV 文件输入”步骤的配置

新建一个转换，并将其保存到磁盘上。

① 在“核心对象”的输入文件夹中找到“CSV 文件输入”步骤，将其拖到右侧画布中，命名为“CSV 文件输入–性别参照表”。

② 单击“浏览(B)...”按钮，选择 gender_ref.csv 文件作为输入文件。

“列分隔符”选择逗号（,），因为用文本编辑器打开 gender_ref.csv 文件时，可以看到此文件的分隔符是逗号（见图 4-2）。

勾选“包含列头行”，表示此文件的第一行作为字段名，不在后续输出流中输出。

单击“获取字段”，在此步骤的字段列表中选择此文件的 8 个字段。

配置完成的步骤如图 4-3 所示。

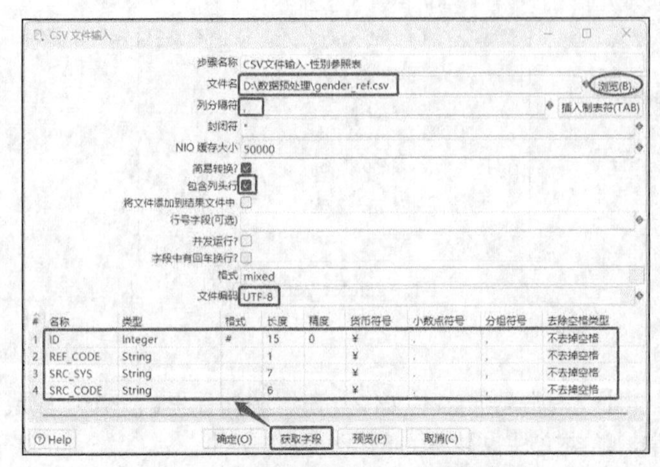

图 4-3 “CSV 文件输入”步骤的配置

③ 单击“预览”按钮，进行数据的预览，预览结果如图 4-4 所示。

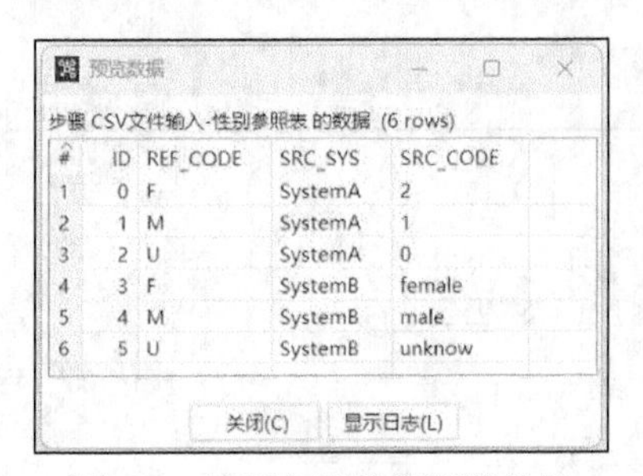

图 4-4 性别参照数据预览结果

4.1.2 从 Excel 文件读入客户信息数据

1. 问题描述

在本综合案例中，客户信息存储在 Excel 文件中，主要包括 Name（姓名）、Age（年龄）、Birth（生日）、Sex（性别）、Salary（工资）、City（城市）、AreaCode（区号）、Email（邮箱）和 Hobby（爱好）共 9 列数据。我们使用 Office 软件打开 user.xlsx 文件，可以看到客户信息如图 4-5 所示。

Name	Age	Birth	Sex	Salary	City	AreaCode	Email	Hobby
Chandler	31	1992/5/4	male		BJ-BEIJING	10	Chandlertest@gmail.com	篮球，打游戏
Joeey	29	1994/7/18	male	4000	ST-ShanTou	021	Joeeytest@gmail.com	足球，跑步
Rachel	30	1993/4/15	female	6000	CQ-Chongqing	0023	Racheltest@gmail.com	乒乓球，跳舞，跑步
Phoebe	28	1995/2/2	female	4000	TJ-TIANJIN	0755	Phoebe@gmail.com	跑步，太极拳
Ross	30	1993/6/25	male	10000	CQ-Chongqing	0023	Rosstest@gmail.com	羽毛球，游泳
Joey	29	1994/7/18	male	4000	ST-ShanTou	021	Joeytest@gmail.com	足球，跑步
Phoebee	28	1995/2/2	female	4000	TJ-TIANJIN	0755	Phoebe@gmail.com	跑步，太极拳
Rachel	30	1993/4/15	female	6000	CQ-Chongqing	0023	Racheltest@gmail.com	乒乓球，跳舞，跑步
Chandler	31	1992/5/4	male		BJ-BEIJING	10	Chandlertest@gmail.com	篮球，打游戏

图 4-5 客户信息

2. 相关知识

Excel 数据可分为结构化的表格数据和非结构化的表格数据。

对非结构化的表格数据，有可能表里包含有多个字段值的列或者有重复的一组字段等。使用 Kettle 读取后还需要转化为结构化的表格数据，才能进一步处理。而且，Excel 作为常用的办公软件，很难要求所有的人员按数据的格式要求规范地输入数据。因此，在数据导入时，我们应尽量避免把 Excel 文件作为输入数据源。

尽管如此，我们在数据预处理过程中，有可能要处理人们所常用的 Excel 文件，Kettle 也提供了“Excel 输入”“Excel 输出”和“Microsoft Excel 输出”步骤来处理 Excel 文件的导入与导出。对“Excel 输出”步骤，Kettle 仅能输出 Excel 97 版本的文件；而“Excel 输入”和“Microsoft Excel 输出”步骤则可以设置文件类型，文件类型可以选择 Excel 97 版本或 Excel 2007 版本的文件。

接下来，我们使用“Excel 输入”步骤从 user.xlsx 文件中读入客户信息，并对数据进行预览。

3. “Excel 输入”步骤的配置

在上述转换文件中，创建一个“Excel 输入”步骤，双击后，将步骤名称重命名为“Excel 输入–用户信息表”，并通过可视化编程的方式进行步骤配置。

① “文件”选项卡的配置如图 4-6 所示。

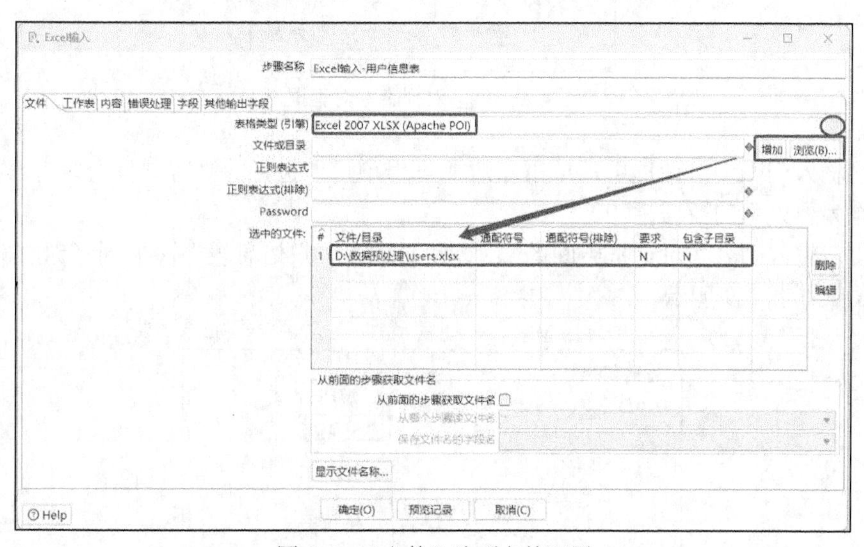

图 4-6 “文件”选项卡的配置

“表格类型（引擎）”配置为“Excel 2007 XLSX (Apache POI)”。可通过单击下拉按钮 ⌄，选择配置值。选择该配置值是因为输入的文件扩展名为 xlsx，属于 Excel 2007 以上版本的文件。

单击“浏览(B)...”按钮，选择路径“D:\数据预处理\”下的 users.xlsx 文件作为输入文件，然后单击“增加”按钮，把文件增加到“选中的文件”列表中。

② “工作表”选项卡的配置如图 4-7 所示。

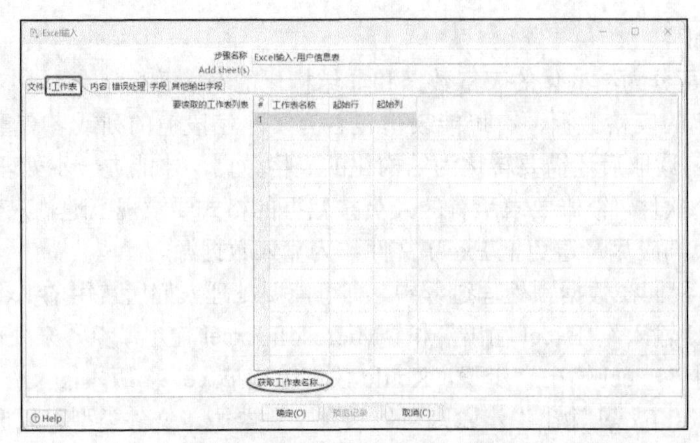

图 4-7 “工作表”选项卡的配置

单击“获取工作表名称...”按钮，系统将打开如图 4-8 所示的“输入列表”对话框。

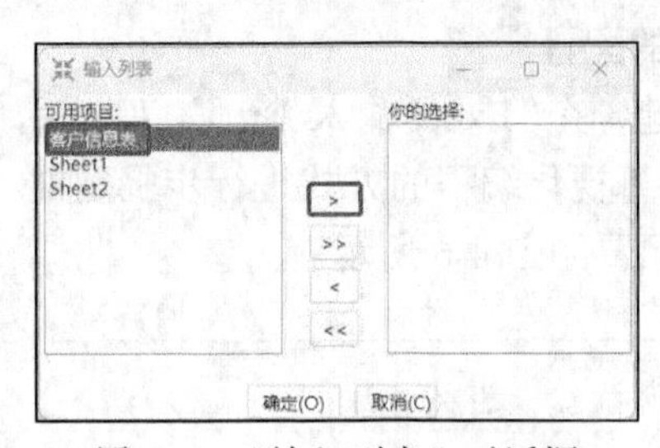

图 4-8 “输入列表”对话框

在“输入列表”对话框中，单击左边“可用项目”栏目的“客户信息表”，选择客户信息表作为要处理的数据源。

单击“输入列表”对话框中间的 > 按钮，把“客户信息表”添加到“你的选择”栏目中，结果如图 4-9 所示。

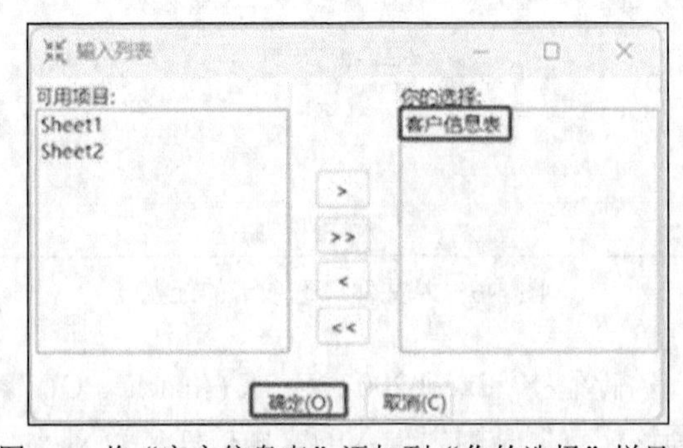

图 4-9 将“客户信息表”添加到“你的选择”栏目中

单击“确定(O)”按钮，完成工作表的选择配置，界面将退回到“工作表”选项卡。

如图 4-10 所示，在“要读取的工作表列表”中，“起始行”和“起始列”都填 0，因为表格的数据是从第 0 行第 0 列开始的。

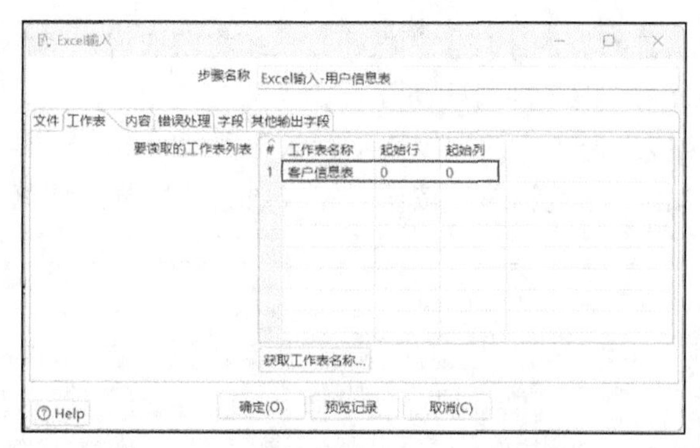

图 4-10　设置“起始行”和“起始列”

③ “内容”选项卡的配置如图 4-11 所示。

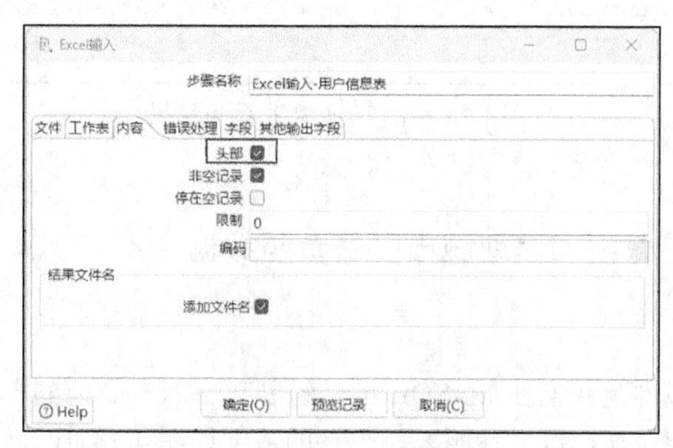

图 4-11　“内容”选项卡的配置

“内容”选项卡采用默认的配置即可。勾选“头部”，意味着表格的第一行作为字段。表格文字的“编码”采用默认的编码即可。

④ “错误处理”选项卡的配置采用默认的配置即可。

⑤ “字段”选项卡的配置如图 4-12 所示。

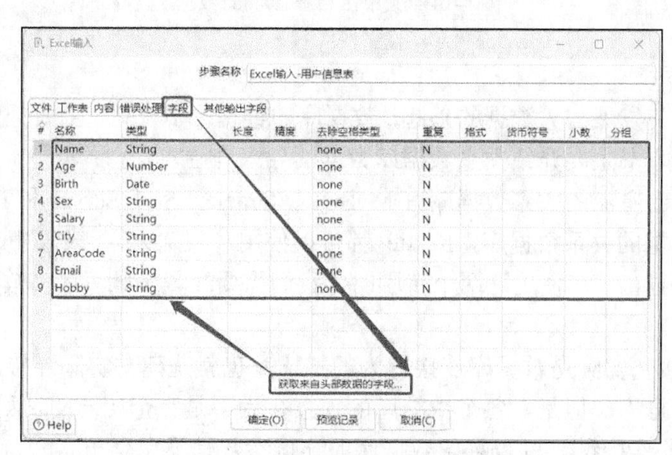

图 4-12　“字段”选项卡的配置

单击“获取来自头部数据的字段...”按钮，系统将获取客户信息表的所有字段，获取到的字段及配置信息将在字段列表中显示。

⑥ “其他输出字段”选项卡的配置采用默认配置即可。

⑦ 数据预览。单击“预览记录”按钮，完成数据的预览，预览结果如图 4-13 所示。

预览数据

步骤 Excel输入-用户信息表 的数据 (9 rows)

#	Name	Age	Birth	Sex	Salary	City	AreaCode	Email	Hobby
1	Chandler	31.0	1992/05/04 00:00:00.000	male	<null>	BJ-BEIJING	10	Chandlertest@gmail.com	篮球，打游戏
2	Joeey	29.0	1994/07/18 00:00:00.000	male	4000.0	ST-ShanTou	021	Joeeytest@gmail.com	足球，跑步
3	Rachel	30.0	1993/04/15 00:00:00.000	female	6000.0	CQ-Chongqing	0023	Racheltest@gmail.com	乒乓球，跳舞，跑步
4	Phoebe	28.0	1995/02/02 00:00:00.000	female	4000.0	TJ-TIANJIN	0755	Phoebe@gmail.com	跑步，太极拳
5	Ross	30.0	1993/06/25 00:00:00.000	male	10000.0	CQ-Chongqing	0023	Rosstest@gmail.com	羽毛球，游泳
6	Joey	29.0	1994/07/18 00:00:00.000	male	4000.0	ST-ShanTou	021	Joeytest@gmail.com	足球，跑步
7	Phoebee	28.0	1995/02/02 00:00:00.000	female	4000.0	TJ-TIANJIN	0755	Phoebe@gmail.com	跑步，太极拳
8	Rachel	30.0	1993/04/15 00:00:00.000	female	6000.0	CQ-Chongqing	0023	Racheltest@gmail.com	乒乓球，跳舞，跑步
9	Chandler	31.0	1992/05/04 00:00:00.000	male	<null>	BJ-BEIJING	10	Chandlertest@gmail.com	篮球，打游戏

关闭(C)

图 4-13　用户信息数据预览结果

4.1.3　从 MySQL 数据库读取城市区号参照数据

1．问题描述

本案例的前提条件是我们在 MySQL 上已经创建了 sql_test 数据库，并使用给定的建表语句在此库上创建了城市区号参照表，表格的数据如图 4-14 所示。

区号	城市
010	BEIJING
0023	CHONGQING
0755	TIANJIN
021	SHANGHAI

图 4-14　城市区号参照表的数据

2．相关知识

随着互联网的发展与大数据的兴起，数据库的类型已多样化，主要分为关系数据库和非关系数据库。本书主要介绍关系数据库数据的导入与导出。

当前，市场上主流的关系数据库有 MySQL、Oracle、SQL Server 和 DB2 等。

面对这些类型的关系数据库，Kettle 都可以使用“表输入”“表输出”这两个步骤完成数据的导入与导出。在使用这两个步骤时，我们需要配置步骤里的“数据库连接”选项以连接到数据库。

“数据库连接”实际是数据库连接行为的描述，也就是建立实际连接所需要的参数。尽管都是关系数据库，但是，各个数据库的连接行为不是完全相同的。如图 4-15 所示，MySQL 数据库的连接参数与 Oracle 数据库的连接参数是不完全相同的。

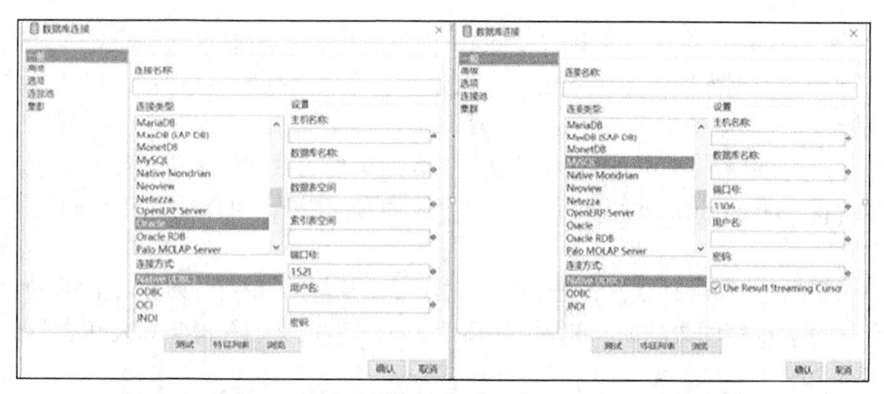

图 4-15 MySQL 数据库的连接参数与 Oracle 数据库的连接参数

在“数据库连接”窗口中，我们主要设置下面 3 个选项。

① 连接名称：设定一个在作业或转换范围内唯一的名称。

② 连接类型：从数据库列表中选择要连接的数据库类型。根据选中数据库类型的不同，要设置的访问方式和连接参数也不同。

③ 连接方式：在列表里可以选择可用的连接方式。一般使用 JDBC 连接，也可以使用 ODBC 数据源、JNDI 数据源、Oracle 的 OCI 连接。

根据选择的数据库不同，右侧面板的连接参数设置也不同。例如，在图 4-15 中，相对于 MySQL，Oracle 数据库连接参数中，可以设置“数据表空间”选项。

“一般”选项卡常用的连接参数如下。

① 主机名称：数据库服务器的主机名称或 IP 地址。

② 数据库名称：要访问的数据库名称。

③ 端口号：默认是选中的数据库服务器的默认端口号。

④ 用户名和密码：数据库服务器的用户名和密码。

对大多数用户来说，使用数据库连接窗口的“一般”选项卡就足够了，但偶尔可能需要设置对话框里的“高级”选项卡的内容。“高级”选项卡如图 4-16 所示。

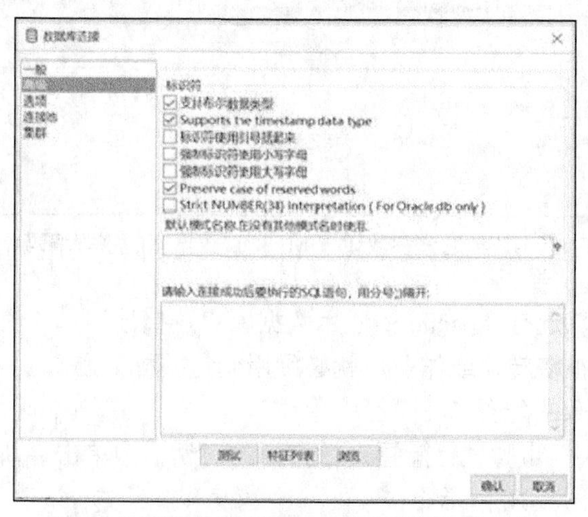

图 4-16 “数据库连接”中的“高级”选项卡

① 支持布尔数据类型：对布尔（bool）数据类型，大多数数据库的处理方式都不相同，即使同一种数据库的不同版本也不一定相同。许多数据库根本不支持布尔数据类型。在默认情况下，Kettle 使用一个字符的字段（char1）的不同值（Y 或 N）来代替布尔字段。如果选中了这个选项，Kettle 就会为支持布尔数据类型的数据库生成相应的 SQL 语句。

② Supports the timestamp date type：对字段为时间戳类型的数据，Kettle 能自动识别、读取。

③ 标识符使用引号括起来：强迫 SQL 语句里的所有标识符（列名、表名）加双引号，一般用于区分大小写的数据库，或者用户怀疑 Kettle 里定义的关键字列表和实际数据库不一致。

④ 强制标识符使用小写字母：将 SQL 语句里所有标识符（表名和列名）转为小写。

⑤ 强制标识符使用大写字母：将 SQL 语句里所有标识符（表名和列名）转为大写。

⑥ Preserve case of reserved words：保存一些 SQL 保留关键字。

⑦ 默认模式名称：当不明确指定模式（有些数据库里叫目录）时，默认的模式名称。

⑧ 请输入连接成功后要执行的 SQL 语句：该语句用于连接后修改某些参数，如 Session 级别的变量或调试信息等。

除了这些高级选项，在“数据库连接”对话框的“选项”标签下，我们还可以设置数据库的特定参数，如一些连接参数。为便于使用，对某些数据库（如 MySQL），Kettle 提供了一些默认的连接参数和值。各个数据库详细的参数列表，请参考数据库 JDBC 驱动手册。例如 MySQL 数据库，对用户来说，比较实用的一个选项就是通过参数设置数据库的字符编码，如图 4-17 所示。

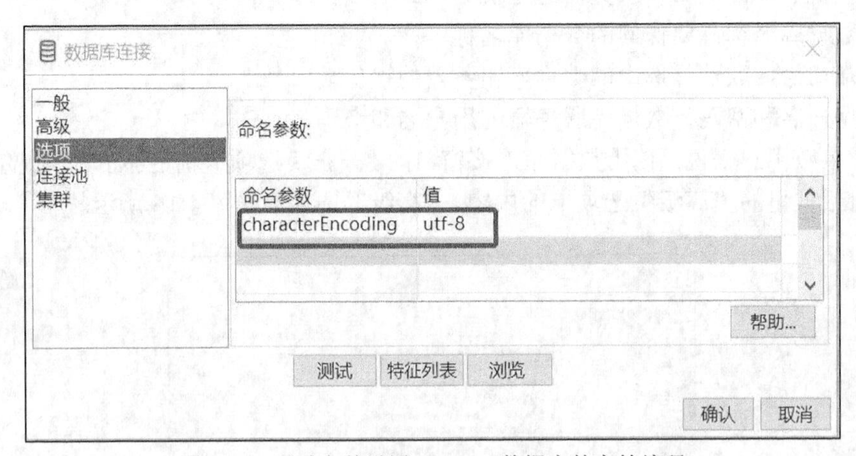

图 4-17　通过参数设置 MySQL 数据库的字符编码

最后，我们还可以选择 Apache 的通用数据库“连接池”和“集群”的选项。如果用户需要在集群中运行很多转换或作业，就必须用到这些配置了。

3．“表输入”步骤的配置

① 双击“表输入”步骤进行配置，在打开的对话框中单击“新建...”按钮以配置数据库的连接信息，如图 4-18 所示。

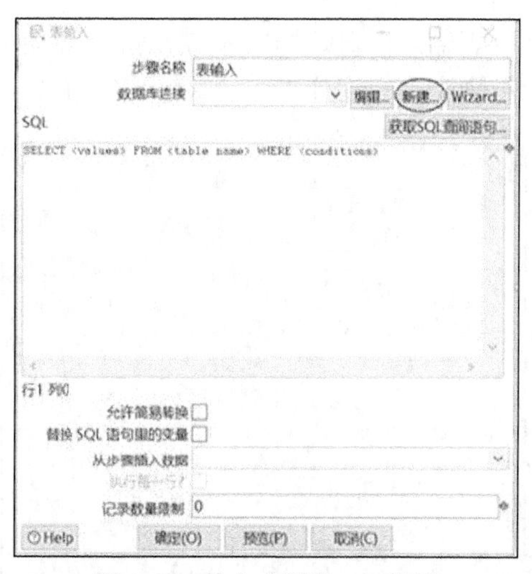

图 4-18　单击“新建...”按钮

如图 4-19 所示，我们给连接名称任意起个名字，在这里命名为“sql_testlink”。

“连接类型”选择 MySQL，因为我们需要连接到 MySQL 数据库。

“主机名称”为 MySQL 服务端的 IP，如果 Kettle 和 MySQL 服务端都安装在同一 PC 中，则配置为 localhost。

“数据库名称”为 MySQL 服务端的数据库，需要在 MySQL 客户端上提前创建好。这里配置为“sql_test”。

“端口号”配置为默认的端口。

输入登录 MySQL 的用户名和密码。单击“测试”按钮，如果参数正确，系统将弹出提示正确连接到数据库的对话框。至此，数据库的连接配置已完成。

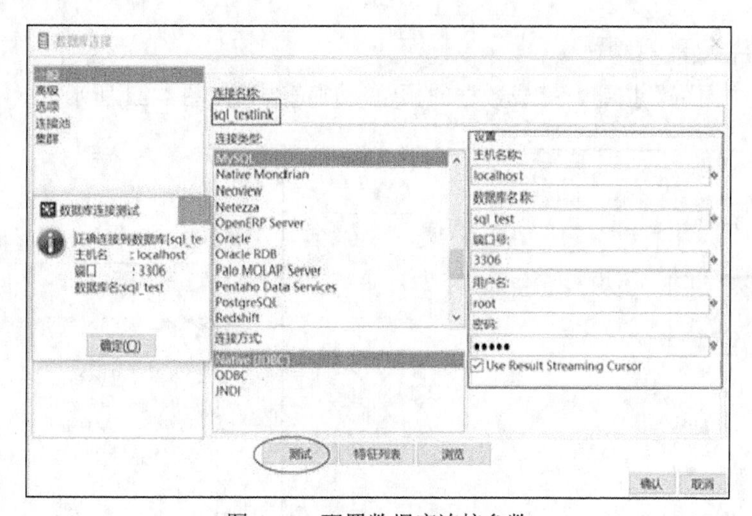

图 4-19　配置数据库连接参数

然后单击“数据库连接测试”对话框的“确定”按钮，关闭此对话框。单击“数据库连接”对话框的“确认”按钮，关闭“数据库连接”对话框。

此时，界面将退回到“表输入”对话框的配置界面，“表输入”对话框的“数据库连接”下拉栏目中，会显示刚刚配置的连接“sql_testlink”，如图 4-20 所示。

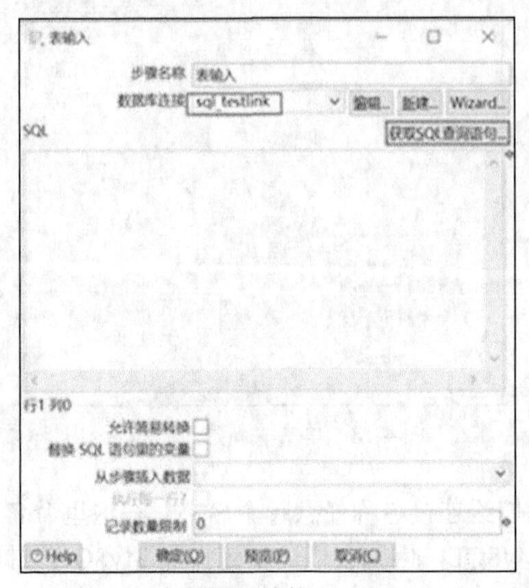

图 4-20　新建数据连接“sql_testlink”

如果用户需要修改数据库连接信息，可以单击“编辑...”按钮，在打开的对话框中进行修改。

② 如图 4-21 所示，在“表输入”对话框的“SQL”栏目中，输入如下 SQL 语句，获取关系表数据。

```
SELECT
  区号
, 城市
FROM test.城市区号参照表
```

③ 单击“预览”按钮，完成数据的预览，预览结果如图 4-22 所示。

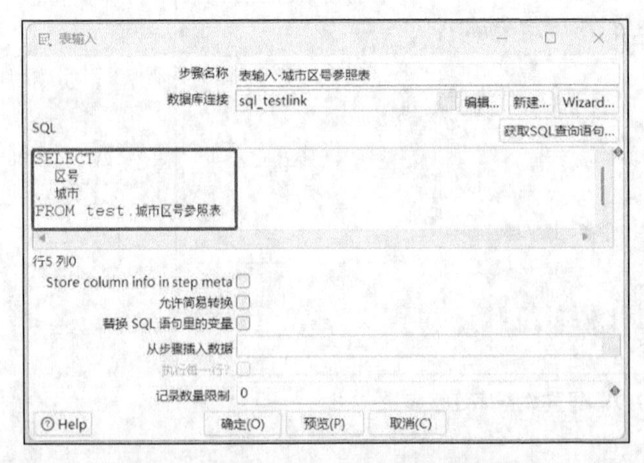

图 4-21　输入 SQL 语句获取关系表数据

#	区号	城市
1	010	BEIJING
2	0023	CHONGQING
3	0755	TIANJIN
4	021	SHANGHAI

图 4-22　城市区号参照数据预览结果

任务 4.2　客户信息数据清洗

4.2.1　数据排序

Kettle 提供了对数据进行排序的步骤，该步骤在转换文件夹中，名字为“排序记录”，此步骤根据指定的字段以及按升序或降序对行进行排序。在本案例中，我们根据客户的 Name 字段进行排序，具体配置如图 4-23 所示。

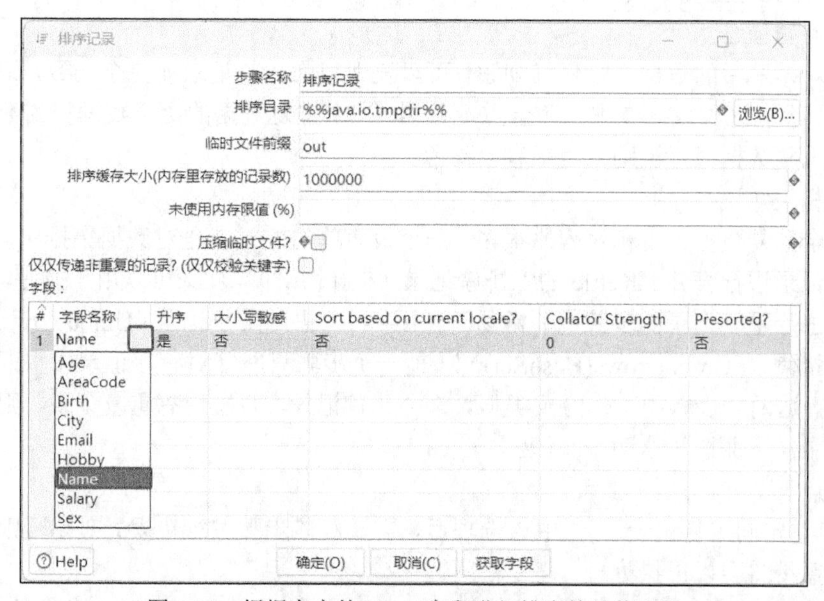

图 4-23　根据客户的 Name 字段进行排序的具体配置

配置完排序记录步骤后，单击“确定”按钮，返回到画布。我们可以将鼠标光标放在排序记录步骤上，单击鼠标右键，选择“Preview…”对排序结果进行预览，如图 4-24 所示。

预览数据

步骤 排序记录 的数据 (9 rows)

#	Name	Age	Birth	Sex	Salary	City	AreaCode	Email	Hobby
1	Phoebe	28.0	1995/02/02 00:00:00.000	female	4000.0	TJ-TIANJIN	0755	Phoebe@gmail.com	跑步，太极拳
2	Phoebee	28.0	1995/02/02 00:00:00.000	female	4000.0	TJ-TIANJIN	0755	Phoebe@gmail.com	跑步，太极拳
3	Chandler	31.0	1992/05/04 00:00:00.000	male	<null>	BJ-BEIJING	10	Chandlertest@gmail.com	篮球，打游戏
4	Chandler	31.0	1992/05/04 00:00:00.000	male	<null>	BJ-BEIJING	10	Chandlertest@gmail.com	篮球，打游戏
5	Joeey	29.0	1994/07/18 00:00:00.000	male	4000.0	ST-ShanTou	021	Joeeytest@gmail.com	足球，跑步
6	Joey	29.0	1994/07/18 00:00:00.000	male	4000.0	ST-ShanTou	021	Joeytest@gmail.com	足球，跑步
7	Rachel	30.0	1993/04/15 00:00:00.000	female	6000.0	CQ-Chongqing	0023	Racheltest@gmail.com	乒乓球，跳舞，跑步
8	Rachel	30.0	1993/04/15 00:00:00.000	female	6000.0	CQ-Chongqing	0023	Racheltest@gmail.com	乒乓球，跳舞，跑步
9	Ross	30.0	1993/06/25 00:00:00.000	male	10000.0	CQ-Chongqing	0023	Rosstest@gmail.com	羽毛球，游泳

关闭(C)

图 4-24　排序结果预览

4.2.2 去除重复数据

在现实世界中的一个实体，理论上在数据库或者数据仓库中应该只有一条与之对应的记录。很多原因（如数据录入出错、数据不完整、数据缩写及多个数据集成过程中，由于不同系统对数据的表示不尽相同）会导致集成后同一实体对应多条记录。在数据清洗的过程中，重复记录的检测与清除是一项非常重要的工作。数据排重首先要解决的问题是如何识别重复数据，其次是如何合并这些重复数据。

重复数据分为两类，一类是完全重复数据，另一类是不完全重复数据。

1. 去除完全重复数据

（1）问题描述

通过对排序后的数据进行仔细观察，可以发现记录 3 与记录 4 完全一致，记录 7 和记录 8 完全一致。这种数据被称为完全重复数据，完全重复数据的两个数据行的数据完全一致，这类重复数据很好辨别，也很容易清除。

（2）相关知识

对完全重复数据去重相对容易很多，一个最简单的方式就是对数据集排序，然后通过比较相邻记录进行合并，Kettle 的“排序记录（Sort rows）”步骤可以用于排序。Kettle 提供的两个去除重复记录的步骤也非常易于使用——“去除重复记录（Unique rows）”和“唯一行（哈希值）（Unique rows(HashSet)）”。前一个步骤只能针对有序记录去重，后一个步骤不需要。这两个步骤的工作方式类似，都会比较记录，若发现有重复记录，则保留其中的一条记录。下面比较这两个步骤。

相同点

①“重定向重复记录”：选中该选项后，需要对该步骤进行错误处理，否则一旦有重复记录，系统将会以出错处理。

②“用来比较的字段”：设置哪些字段参与比较。若留空，则表示整条记录参与比较。

不同点

①“使用存储的记录值进行比较?”选项只在“唯一行（哈希值）”步骤中有设置，选中后，会附加比较存储在内存中的记录值，这样可以防止哈希碰撞冲突。

②“唯一行（哈希值）”步骤会将所有记录的比较字段值存储在内存中。

③“增加计数器到输出”选项只在“去除重复记录”步骤中有设置，选中后，该步骤将对重复记录计数，并根据“计数器字段”设置的字段名输出到下一个步骤。

④“忽略大小写”只在“去除重复记录”步骤中有设置，在添加要比较的字段后面，可以设置“忽略大小写”为“Y”状态，从而在比较该字段时忽略大小写。

⑤“去除重复记录”步骤要求输入的数据是事先排好序的，因为它是通过比较相邻记录的值来判断是否重复的；“唯一行（哈希值）”步骤对记录的顺序没有要求，它可以在内存中操作。

（3）方法一

① 我们使用“唯一行（哈希值）”步骤对数据去重。在核心对象的转换文件夹中找到

“唯一行（哈希值）”步骤，将其拖到右侧的画布中，将“Excel 输入–用户信息表”步骤的输出作为其输入，转换设计如图 4-25 所示。

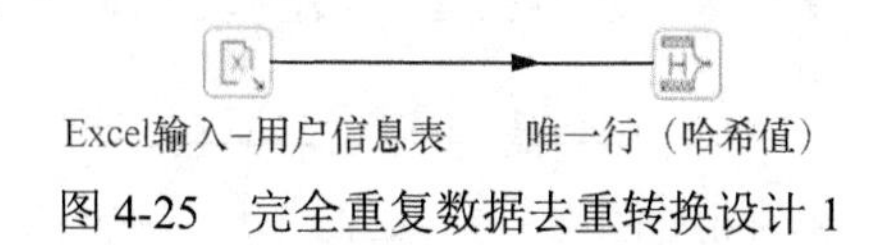

图 4-25 完全重复数据去重转换设计 1

该步骤可进行如下配置。

使用存储的记录值进行比较：选择此选项可将每条记录的选定字段的值存储在内存中。存储行值需要更多内存，但如果存在哈希冲突，它可以防止可能的误报。

重定向重复记录：选择此选项可将重复行作为错误处理并将其重定向到该步骤的错误流。如果不选择此选项，则重复的行将被删除。

错误描述：指定当步骤检测到重复行时显示的错误处理描述。仅当选择“重定向重复记录”时，此描述才可用。

用来比较的字段：指定要查找唯一值的字段名称，或者选择获取已插入输入流中的所有字段。

② 在此处我们仅选择 Name 字段作为用来比较的字段，具体配置如图 4-26 所示。

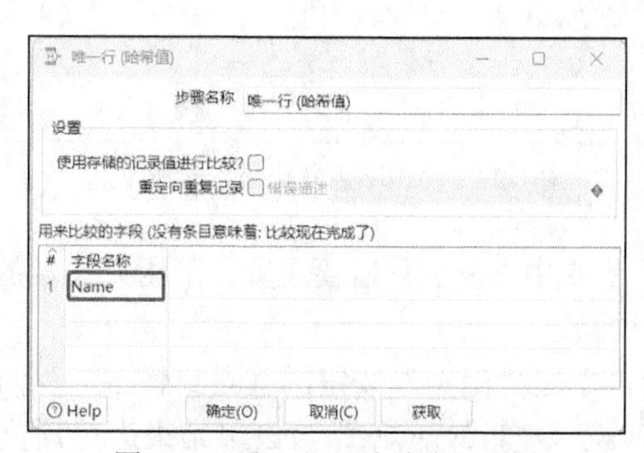

图 4-26 唯一行（哈希值）配置

③ 配置完该步骤后，单击“确定”按钮，返回到画布。我们可以将鼠标光标放在该步骤上，单击鼠标右键，选择“Preview…”对去重结果进行预览，可以发现两条重复记录已被去除，结果如图 4-27 所示。

预览数据

步骤 唯一行 (哈希值) 的数据 (7 rows)

#	Name	Age	Birth	Sex	Salary	City	AreaCode	Email	Hobby
1	Chandler	31.0	1992/05/04 00:00:00.000	male	<null>	BJ-BEIJING	10	Chandlertest@gmail.com	篮球，打游戏
2	Joeey	29.0	1994/07/18 00:00:00.000	male	4000.0	ST-ShanTou	021	Joeeytest@gmail.com	足球，跑步
3	Rachel	30.0	1993/04/15 00:00:00.000	female	6000.0	CQ-Chongqing	0023	Racheltest@gmail.com	乒乓球，跳舞，跑步
4	Phoebe	28.0	1995/02/02 00:00:00.000	female	4000.0	TJ-TIANJIN	0755	Phoebe@gmail.com	跑步，太极拳
5	Ross	30.0	1993/06/25 00:00:00.000	male	10000.0	CQ-Chongqing	0023	Rosstest@gmail.com	羽毛球，游泳
6	Joey	29.0	1994/07/18 00:00:00.000	male	4000.0	ST-ShanTou	021	Joeytest@gmail.com	足球，跑步
7	Phoebee	28.0	1995/02/02 00:00:00.000	female	4000.0	TJ-TIANJIN	0755	Phoebe@gmail.com	跑步，太极拳

关闭(C)

图 4-27 去重后的数据预览结果

（4）方法二

① Kettle 提供了对完全重复数据去重的另一种方法，用“排序记录”步骤对这个无序数据排序后通过“去除重复记录”步骤排重。转换设计如图 4-28 所示。

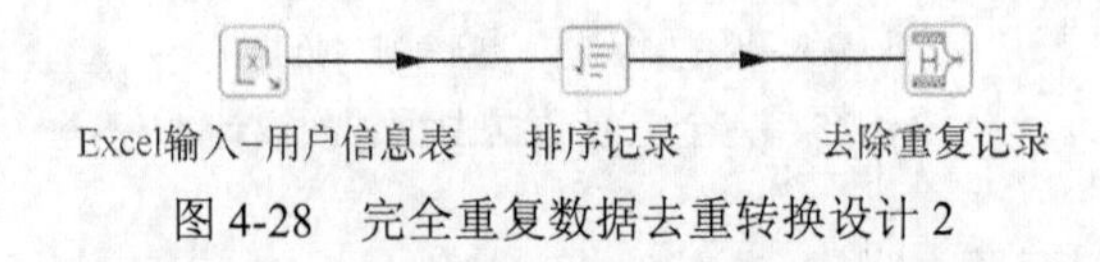

图 4-28　完全重复数据去重转换设计 2

② 在 4.2.1 小节中，我们已经使用“排序记录”步骤对数据进行了排序，我们只需对“去除重复记录”步骤进行配置，步骤配置如图 4-29 所示。

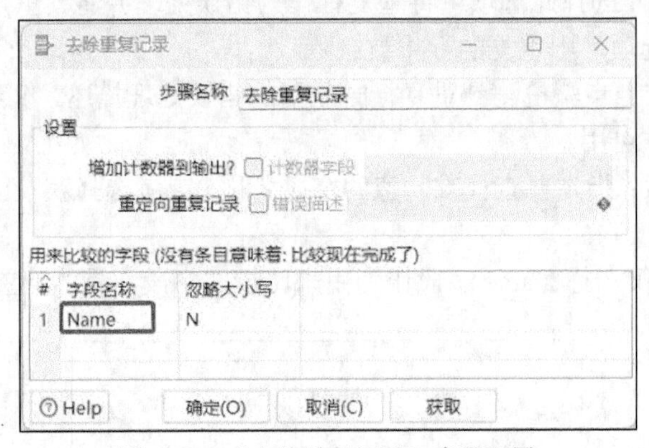

图 4-29　“去除重复记录”步骤配置

在“去除重复记录”步骤中，我们只需要设置一下用来比较的字段即可，在这里我们选择使用 Name 字段进行比较。

③ 配置完该步骤后，单击“确定”按钮，返回到画布。我们可以将鼠标光标放在该步骤上，单击鼠标右键，选择“Preview...”对去重结果进行预览，可以发现去重结果与“方法一”一致。

2．去除不完全重复数据

（1）问题描述

在前面的工作中，我们对完全重复数据进行了去重处理。接下来我们对不完全重复数据进行去重。不完全重复数据是指客观上表示现实世界中的同一实体，但由于表达方式不同或拼写错误等原因，导致数据存在多条重复。例如，在图 4-27 中，编号 2 与编号 6 两条记录的 Name 相似，但是电子邮件地址是不一样的，这两条记录应该指向的不是同一人。编号 4 与编号 7 两条记录的 Name 相似，但是他们的电子邮件地址是一样的，很容易看出这两条记录指向的应该是同一人。

（2）相关知识

对不完全重复数据，检查可能的重复记录需要保证有充足的计算能力，因为检查一条记录就需要遍历整个数据集，也就是说对整个数据集的检查需要所有记录之间进行两两匹配，其计算复杂度为 $O(n^2)$ 。对可能重复记录的检测需要使用模糊匹配的逻辑，它可以计算字符串的相似度。首先通过模糊匹配找出疑似重复数据，然后结合其他参考字段做数据排重。

（3）转换设计

去除不完全重复数据是一项相对困难的工作，前面已经讲过对不完全重复数据去除的整体思路，下面将结合一个示例来讲解。为了对所有记录进行两两匹配，我们使用去除了完全重复记录后的数据来计算不完全重复记录。

现在要设计一个转换来解决这个问题，思路如下：首先根据“Name”字段进行模糊查找，找出疑似重复数据的记录，然后根据参考字段“Email”进一步检测数据的重复性，最后去除或者合并这些极有可能重复的记录。本例分如下 5 步来完成这个转换。

① 输入。要使用“模糊匹配”步骤，需要有两个数据流：一个是主数据流（Main stream），另一个是匹配数据流（Lookup stream）。主数据流与匹配数据流均为去除完全重复记录后的数据，需要注意，需要将“Excel 输入–用户信息表”步骤的数据流以复制的方式输出到“排序记录”步骤和“唯一行（哈希值）”步骤。我们使用“唯一行（哈希值）”步骤去重后的数据作为主数据流。“去除重复记录”步骤去重后的数据作为匹配数据流。匹配数据流的跳上会有一个带有“i”的圆圈，如图 4-30 所示。

② 模糊匹配。前面已经提到过这个步骤，这里先了解下“模糊匹配”步骤的工作方式：首先从数据流里读取输入字段，然后使用选中的一种模糊匹配算法查询另一数据流里的一个字段，最后返回匹配结果。

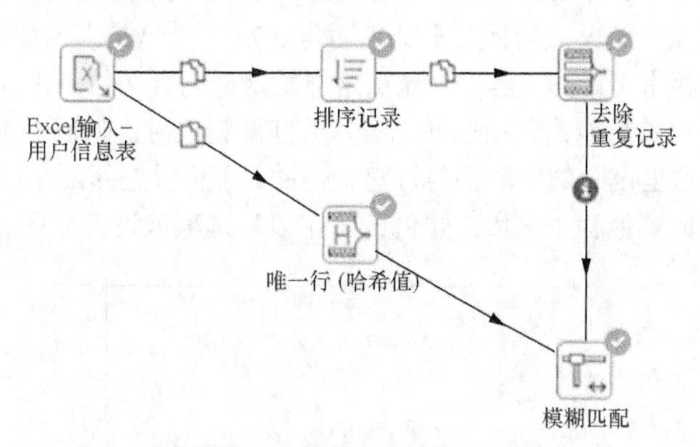

图 4-30　模糊匹配转换设计

该步骤的设置主要分如下两个方面。

- 常规设置：这里要设置一个查询数据流的步骤（Lookup step）和字段（Lookup field），设置一个主数据流的字段（Main stream field），此外需要配置模糊匹配时所使用的算法（Algorithm）。我们在此处选择 Jaro 算法。Jaro 用于计算两个字符串的相似度，其值为 0～1 的小数，值越大相似度越高，完全相同的两个字符串值为 1，无任何相似度时值为 0，具体算法的内容请读者查阅相关图书。本例的“一般”选项卡设置如图 4-31 所示。

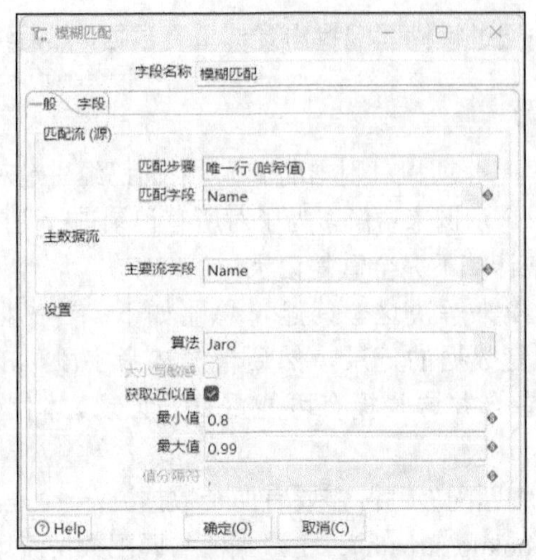

图 4-31 “一般”选项卡设置

由于后面要用到 Email 字段作为参考字段，在模糊查询的时候直接返回了 Email 字段。本例的模糊匹配算法选用 Jaro 算法。这里要特别注意一点，图 4-31 中选中了“获取近似值”选项，这一点非常重要。选中该选项后，可以只返回一个最相似的数值。如果不选中这个选项，就会出现在相似度范围内的多个数值，多个数值由指定的分隔符（Values separator）连接在一起。

另外，我们知道 Jaro 算法的相似度值介于 0～1，1 表示完全匹配，0 表示无任何相似。但示例中设置的相似度最大值为什么不是 1 而是 0.99 呢？这是因为如果设置成 1，那每条数据的匹配结果将极有可能是它自身，显然这样做是毫无意义的。最小匹配值设的是 0.8，这样就不会使所有记录都能找到相似的记录，无匹配记录时，返回的各字段都为 NULL。

- 字段设置：这里设置的字段都是针对输出的，可以设置匹配字段名、值字段名，以及匹配记录的其他相关字段。本例的“字段”选项卡设置如图 4-32 所示。

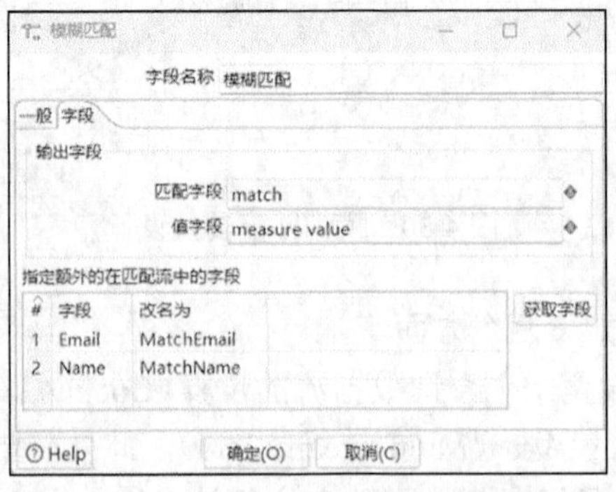

图 4-32 “字段”选项卡设置

理解了模糊匹配的设置，更直观的是结合输出结果查看，这时可以预览一下该步骤的输出结果。如果设置没错，我们会看到图 4-33 所示的结果，模糊匹配为 4 条记录分别找到了具有较高相似度的记录，并计算出了它们的相似度值。

预览数据

步骤 模糊匹配 的数据 (7 rows)

#	Name	Age	Birth	Sex	Salary	City	AreaCode	Email	Hobby	match	measure value	MatchEmail	MatchName
1	Chandler	31.0	1992/05/04 00:00:00.000	male	<null>	BJ-BEIJING	10	Chandlertest@gmail.com	篮球，打游戏	<null>	<null>	<null>	<null>
2	Joeey	29.0	1994/07/18 00:00:00.000	male	4000.0	ST-ShanTou	021	Joeeytest@gmail.com	足球，跑步	Joey	0.9444444444	Joeytest@gmail.com	Joey
3	Rachel	30.0	1993/04/15 00:00:00.000	female	6000.0	CQ-Chongqing	0023	Racheltest@gmail.com	乒乓球，跳舞，跑步	<null>	<null>	<null>	<null>
4	Phoebe	28.0	1995/02/02 00:00:00.000	female	4000.0	TJ-TIANJIN	0755	Phoebe@gmail.com	跑步，太极拳	Phoebee	0.9444444444	Phoebe@gmail.com	Phoebee
5	Ross	30.0	1993/06/25 00:00:00.000	male	10000.0	CQ-Chongqing	0023	Rosstest@gmail.com	羽毛球，游泳	<null>	<null>	<null>	<null>
6	Joey	29.0	1994/07/18 00:00:00.000	male	4000.0	ST-ShanTou	021	Joeytest@gmail.com	足球，跑步	Joeey	0.9444444444	Joeeytest@gmail.com	Joeey
7	Phoebee	28.0	1995/02/02 00:00:00.000	female	4000.0	TJ-TIANJIN	0755	Phoebe@gmail.com	跑步，太极拳	Phoebe	0.9444444444	Phoebe@gmail.com	Phoebe

关闭(C)

图 4-33　模糊匹配结果预览

③ 选出疑似重复记录。由于我们选用 Email 作为参考字段，不妨用“过滤记录”步骤，只需要将其条件设置成“Email = MatchEmail”即可，如图 4-34 所示。另外，图中还提示需要两个输出步骤的设置，一个是值为真的数据发送到的步骤，另一个是值为假的数据发送到的步骤。这两个也可以不设置，在后面创建跳（Hop）的时候选定即可。

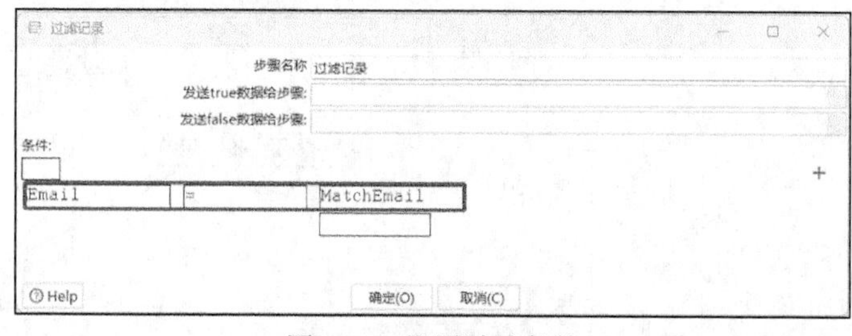

图 4-34　设置过滤条件

④ 去重。上一步已经把可能的重复记录过滤出来，如何将它们的重复数据去除呢？这里我们仍然采用“过滤记录”步骤去重。新建一个“过滤记录”步骤，命名为“过滤记录-保留其中一个”，为上一个步骤建一个跳到此步骤，并选择结果为真（Result is TRUE）的方式。假设我们的去重条件是“对有疑似重复的记录，保留 Name 值最小的”，只需要将其条件设为“Name < MatchName”即可，配置如图 4-35 所示。

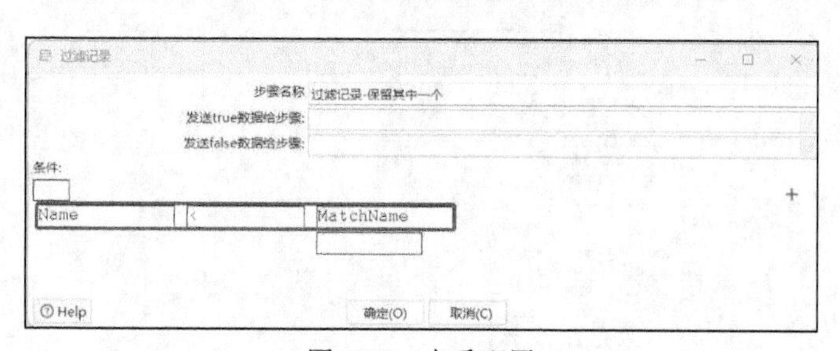

图 4-35　去重配置

这里要注意，实际情况中的去重是一个非常复杂的问题。首先，如何设计查找疑似重复数据的方法。其次，对找出的疑似重复数据，如何确定以哪条数据为准，该以什么样的方式去合并这些疑似重复数据，这时需要结合多方面的因素去考虑，例如对各个字段的相似度进行加权评估。

⑤ 输出。在 Kettle 核心对象的输出文件夹中找到“Microsoft Excel 输出”步骤，将其拖动到画布中，命名为“Microsoft Excel 输出-去重结果”。对③的步骤创建一个跳到该

输出步骤，并选择结果为假（Result is FALSE）的方式。对④的步骤创建一个跳到该输出步骤，并选择结果为真（Result is TRUE）的方式，如图 4-36 所示。

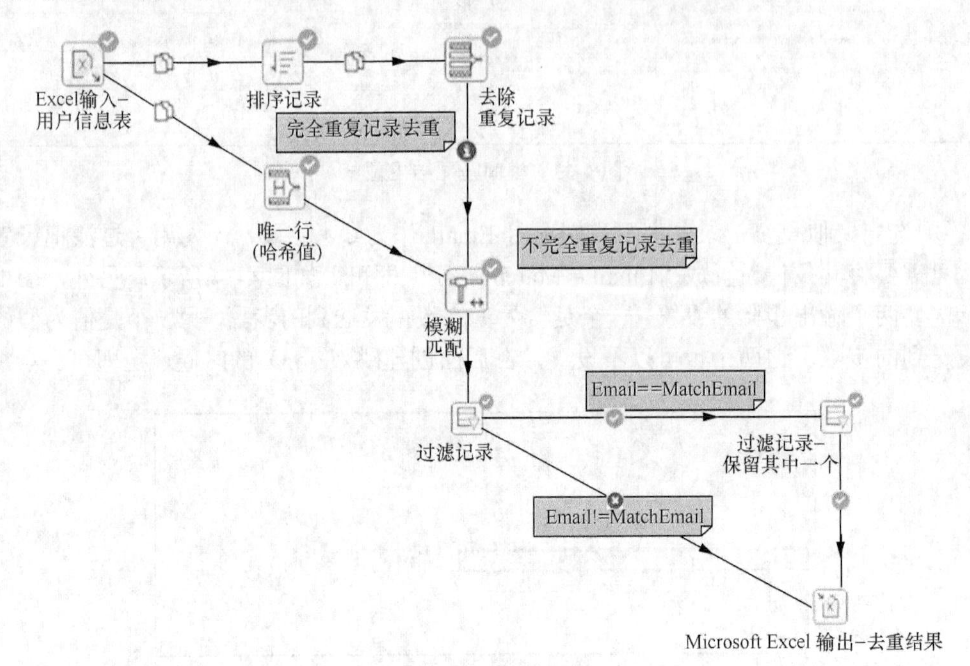

图 4-36　输出配置

在“Microsoft Excel 输出-去重结果”步骤的“文件&工作表”选项卡中配置去重结果的存放文件名及其扩展名。这里我们选择“Excel xlsx[2007 and above]”版本，在工作表名处配置一下工作表的名称，如图 4-37 所示。

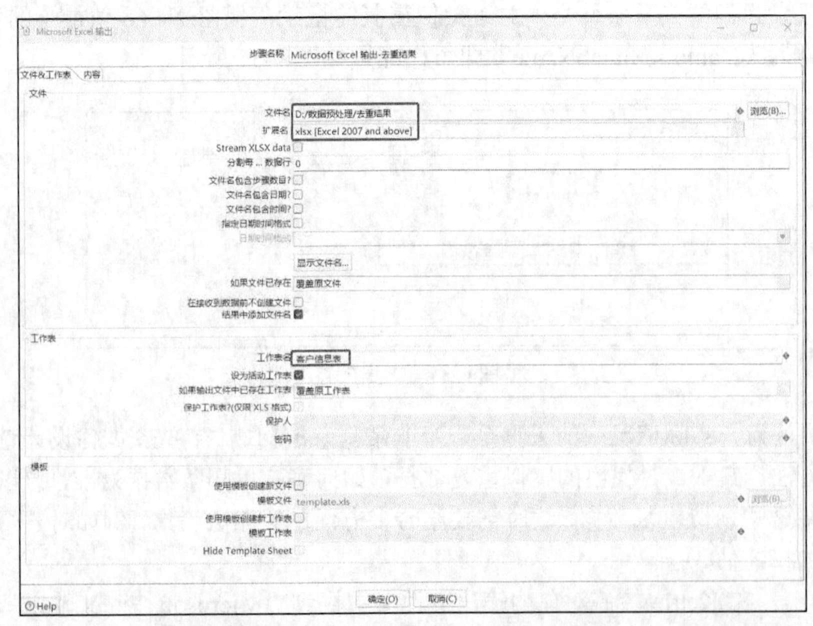

图 4-37　“文件&工作表”选项卡配置

在“内容”选项卡中，单击“获取字段”按钮，会获取到前面步骤中数据的字段，在这里我们修改一下 Birth 字段的格式为 m/d/yy，如图 4-38 所示。

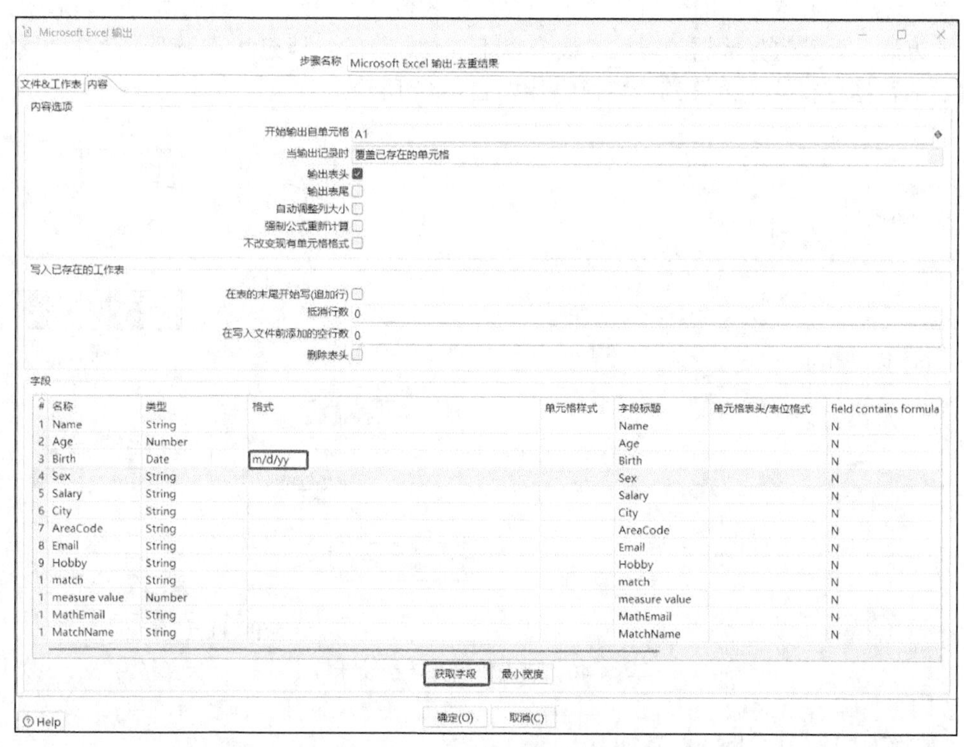

图 4-38　“内容”选项卡配置

“Microsoft Excel 输出-去重结果”步骤的输出字段可以只选择原始输入的几个字段，在这里我们选择原始输入的所有字段，在后续处理中我们借助“字段选择”步骤再进行相关处理。

打开“Microsoft Excel 输出-去重结果”步骤的输出，可以看到图 4-39 所示的结果，限于图片大小，我们只截取了表格中的前 9 列数据。

Name	Age	Birth	Sex	Salary	City	AreaCode	Email	Hobby
Chandler	31	1992/5/4	male		BJ-BEIJING	10	Chandlertest@gmail.com	篮球，打游戏
Joeey	29	1994/7/18	male	4000	ST-ShanTou	021	Joeeytest@gmail.com	足球，跑步
Rachel	30	1993/4/15	female	6000	CQ-Chongqing	0023	Racheltest@gmail.com	乒乓球，跳舞，跑步
Ross	30	1993/6/25	male	10000	CQ-Chongqing	0023	Rosstest@gmail.com	羽毛球，游泳
Joey	29	1994/7/18	male	4000	ST-ShanTou	021	Joeytest@gmail.com	足球，跑步
Phoebee	28	1995/2/2	female	4000	TJ-TIANJIN	0755	Phoebe@gmail.com	跑步，太极拳

图 4-39　去重转换的输出结果

4.2.3　处理缺失值

通过观察去重后的结果，我们可以发现 Chandler 的 Salary 取值为空。当数据缺失比例很小时，可直接将缺失记录删除或进行手工处理。但在实际业务数据中，缺失数据往往占有相当的比重，这种情况下手工处理会非常低效，如果直接删除缺失记录，则会丢失大量信息，这样的数据得出的分析结论也会存在较大偏差。因此，对缺失值的处理通常采用编程的方式。处理缺失数据的方法主要有以下 3 种：删除、填充和不处理。此处，我们对去重后的数据进行缺失值填充，转换设计如图 4-40 所示。

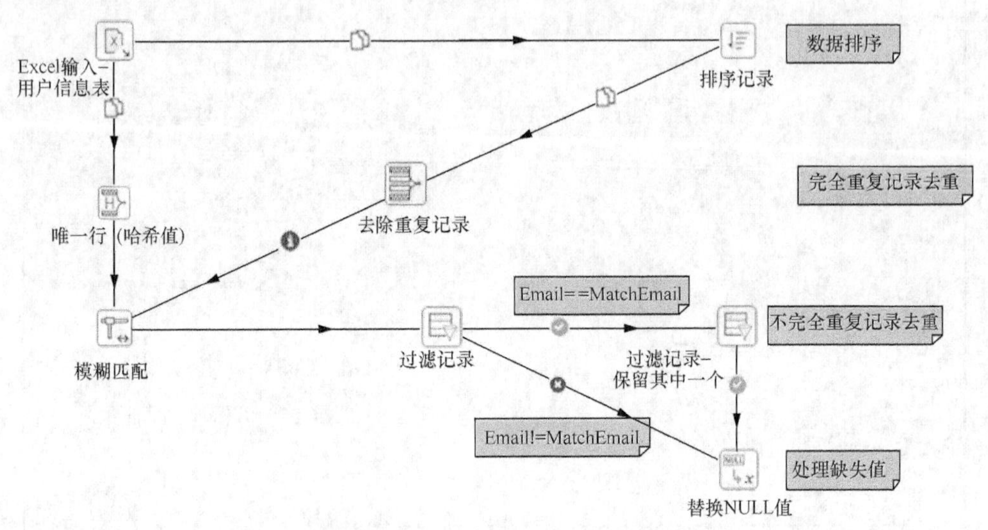

图 4-40　缺失值填充转换设计

“替换 NULL 值”步骤配置如下。

① 在“替换 NULL 值”步骤的字段区域，单击字段列的第一行单元格，选择需要填充的字段 Salary，然后为其设置一个默认值 4000，如图 4-41 所示。

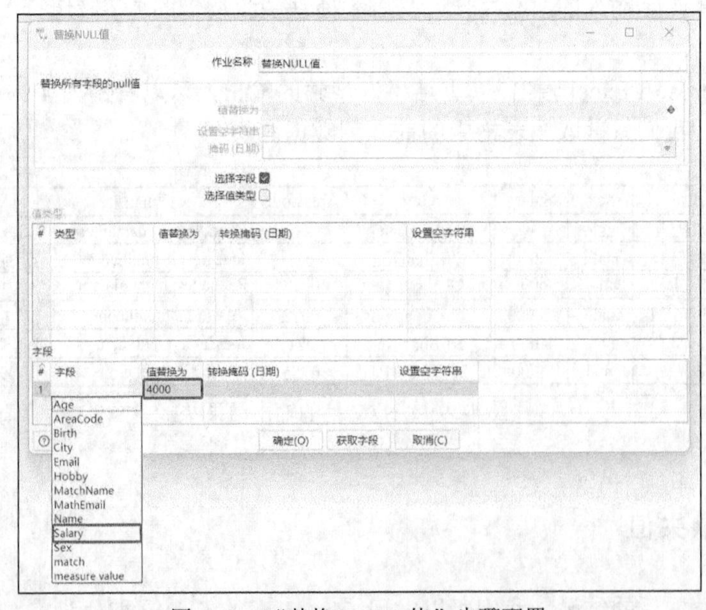

图 4-41　“替换 NULL 值”步骤配置

② 配置完该步骤后，单击“确定”按钮，返回到画布。我们可以将鼠标光标放在该步骤上，单击鼠标右键，选择“Preview...”对替换 NULL 值结果进行预览，可以发现 Salary 为空的记录已被填充默认值 4000。

4.2.4　字段清洗

1．问题描述

观察处理后的数据可以发现数据列存在以下几个问题。

① 通常情况下，在记录用户的性别时，使用 Gender 而不是使用 Sex。

② 数据中存在 Age 和 Birth 列，数据列存在冗余，我们可以借助 Birth 计算出客户的 Age，所以可以将 Age 列删除；我们在不完全去重过程中，构造了辅助去重的 match、measure value、MatchName、MatchEmail 列，可以将辅助列删除。

③ Birth 类型为 Date 类型，我们将其格式修改为“MM/dd/yyyy”的形式；Salary 列的类型应该为 Number 类型，而不应该是 String 类型。

④ 对于用户的 Hobby，为了便于后续处理，我们根据 Hobby 列中兴趣爱好的个数，将该列拆分为多个字段。

面对这些问题，Kettle 提供了字段清洗相关的步骤。

2．相关知识

关于字段的清洗，Kettle 中的 4 个常用步骤为：“拆分字段成多行（Split fileds to rows）”“拆分字段（Split fields）”“合并字段（Concat fields）”和“字段选择（Select values）”。下面我们重点介绍一下“字段选择（Select values）”和“拆分字段（Split fields）”步骤。

（1）字段选择（Select values）

该步骤可以对字段进行选择、删除和重命名等操作，还可以更改字段的数据类型、长度和精度等元数据。

（2）拆分字段（Split fields）

① 将指定的输入字段根据分隔符拆分成多个字段。

② 被拆分的字段将不复存在。

③ 分隔符不支持正则表达式。

3．转换设计

在本案例中，我们将使用“字段选择”步骤和“拆分字段”步骤进行字段清洗工作，下面为具体操作步骤。

步骤 1：“字段选择”步骤可以对输入流的字段做选择、删除和重命名等操作，还可以更改字段的数据类型和精度等。该步骤将所有的功能组织在了 3 个选项卡里，我们将采取如下的流程完成问题描述中前 3 个问题的处理：①在“选择和修改”选项卡中将“Sex”字段重命名为“Gender”；②在“移除”选项卡里添加需要删除的字段，将多余的字段删除掉；③在“元数据”选项卡中修改“Birth”字段的日期格式形式，以及对“Salary”字段的数据类型做更改。下面具体介绍整个清洗过程。

① 在“选择和修改”选项卡，单击“获取选择的字段”按钮，这时将自动添加输入到该步骤的所有字段。只需要将“Sex”字段对应的“改名成”选项设置成“Gender”。具体设置如图 4-42 所示。

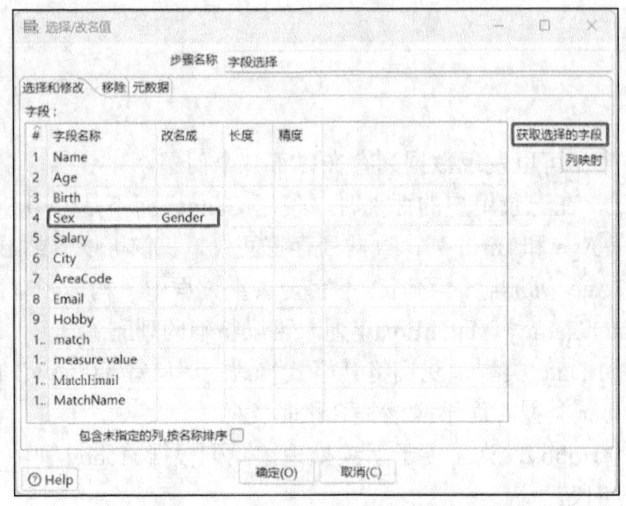

图 4-42　“选择和修改”选项卡设置

② 单击“移除”选项卡，该选项卡里添加的字段将在该步骤的输出流中被删除掉。我们可以在该页面上添加需要删除的字段。具体设置如图 4-43 所示。

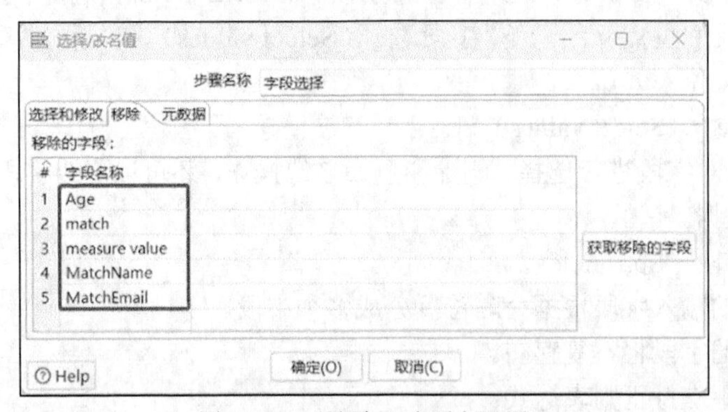

图 4-43　“移除”选项卡设置

需要注意的是，该选项卡的设置能顺利执行的前提是“选择和修改”选项卡未做任何设置，或者该选项卡内的字段在“选择和修改”选项卡里有选择并且没有重命名。本例在设置“移除”选项卡时，未对“选择和修改”选项卡做任何设置。

另外，这里也可以用另外一种做法：只需要在“选择和修改”选项卡中选中除 Age、match、measure value、MatchName 和 MatchEmail 字段之外的其他字段。读者可以自己去尝试一下，这里不做演示。

③ 打开“元数据”选项卡，“Birth”字段因为只改变数据格式，所以其数据类型（Type）仍选择为“Date”，只需要将格式（Format）设置为“MM /dd /yyyy”即可；对“Salary”

字段，将其数据类型更改为“Number”，并将其格式设置为“0.00”以保留两位小数。具体设置如图 4-44 所示。

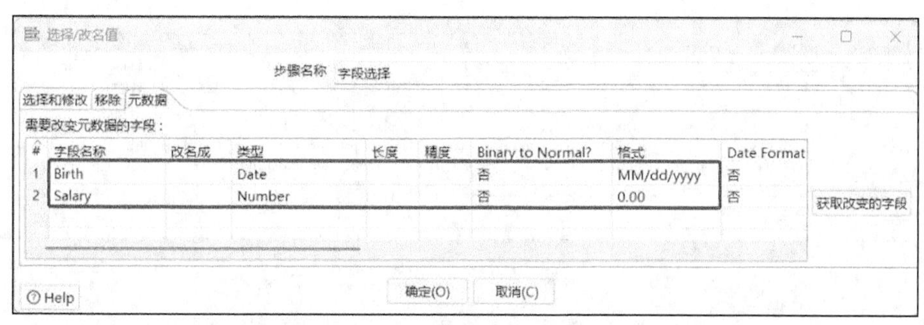

图 4-44　“元数据”选项卡设置

同样需要注意的是，该选项卡的设置能顺利执行的前提有两点：“选择和修改”选项卡未做任何设置，或者该选项卡内的字段在“选择和修改”选项卡里有选择并且没有重命名；该选项卡内的字段不能在“移除”选项卡里出现。

预览该步骤，我们可以看到图 4-45 所示的结果。

预览数据

步骤 字段选择 的数据 (6 rows)

#	Name	Birth	Gender	Salary	City	AreaCode	Email	Hobby
1	Phoebe	02/02/1995	female	4000.00	TJ-TIANJIN	0755	Phoebe@gmail.com	跑步，太极拳
2	Chandler	05/04/1992	male	4000.00	BJ-BEIJING	10	Chandlertest@gmail.com	篮球，打游戏
3	Joeey	07/18/1994	male	4000.00	ST-ShanTou	021	Joeeytest@gmail.com	足球，跑步
4	Rachel	04/15/1993	female	6000.00	CQ-Chongqing	0023	Racheltest@gmail.com	乒乓球，跳舞，跑步
5	Ross	06/25/1993	male	10000.00	CQ-Chongqing	0023	Rosstest@gmail.com	羽毛球，游泳
6	Joey	07/18/1994	male	4000.00	ST-ShanTou	021	Joeytest@gmail.com	足球，跑步

关闭(C)

图 4-45　“字段选择”预览结果

步骤 2：“拆分字段”步骤是将一个字段拆分成多个字段，数据的行数不会发生变化。现在我们借助“拆分字段”步骤来解决问题描述的第 4 个问题，即根据分隔符将字段“Hobby”拆分为新字段“Hobby1”“Hobby2”“Hobby3”。但注意，这个步骤的分隔符不支持正则表达式。具体设置如图 4-46 所示。

拆分字段

步骤名称 拆分字段

需要拆分的字段

分隔符 ,

Enclosure

字段

#	新的字段	ID	移除ID?	类型	长度	精度	格式	分组符号	小数点符号	货币符号	Nullif	缺省	去除空格类型
1	Hobby1		N	String									不去掉空格
2	Hobby2		N	String									不去掉空格
3	Hobby3		N	String									不去掉空格

Help　确定(O)　取消(C)

图 4-46　“拆分字段”步骤配置

步骤 3：执行转换，“拆分字段”步骤的输出结果如图 4-47 所示。

预览数据

步骤 拆分字段 的数据 (6 rows)

#	Name	Birth	Gender	Salary	City	AreaCode	Email	Hobby1	Hobby2	Hobby3
1	Phoebe	02/02/1995	female	4000.00	TJ-TIANJIN	0755	Phoebe@gmail.com	跑步	太极拳	<null>
2	Chandler	05/04/1992	male	4000.00	BJ-BEIJING	10	Chandlertest@gmail.com	篮球	打游戏	<null>
3	Joeey	07/18/1994	male	4000.00	ST-ShanTou	021	Joeeytest@gmail.com	足球	跑步	<null>
4	Rachel	04/15/1993	female	6000.00	CQ-Chongqing	0023	Racheltest@gmail.com	乒乓球	跳舞	跑步
5	Ross	06/25/1993	male	10000.00	CQ-Chongqing	0023	Rosstest@gmail.com	羽毛球	游泳	<null>
6	Joey	07/18/1994	male	4000.00	ST-ShanTou	021	Joeytest@gmail.com	足球	跑步	<null>

关闭(C)

图 4-47 “拆分字段”步骤输出结果

字段清洗转换的设计流程如图 4-48 所示。

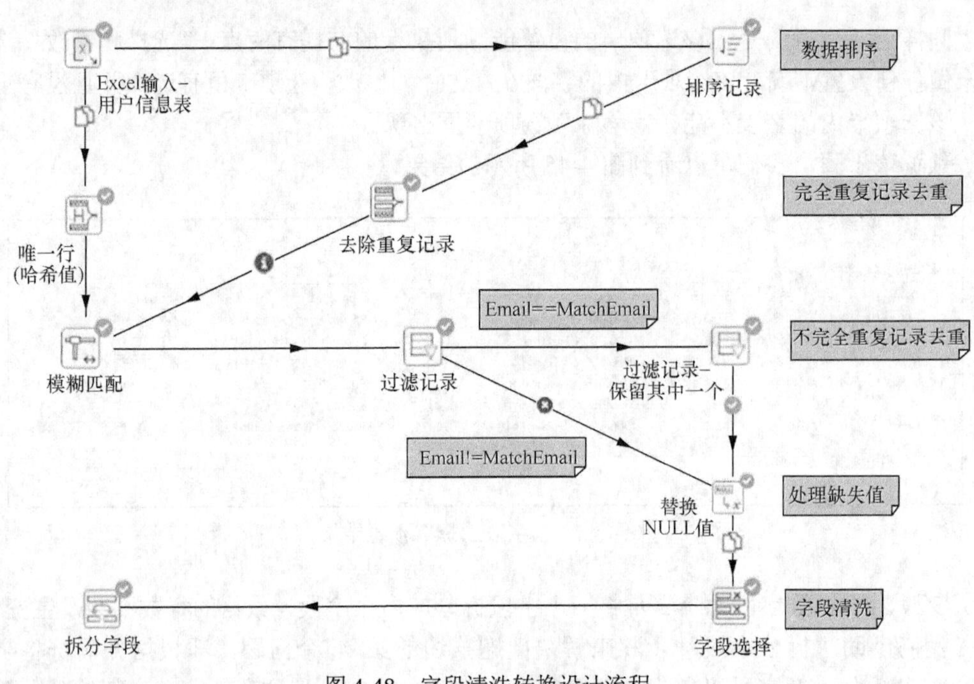

图 4-48 字段清洗转换设计流程

4.2.5 字符串清洗

1. 问题描述

观察字段清洗后的数据可以看出，数据不是很规则，主要原因如下。

① Name 字段有些无效的空白字符。

② AreaCode 字段没有统一以一个数字“0”开始，如第 2 条记录的前面没有“0”，第 4 条记录、第 5 条记录的前面有两个“0”。

③ City 字段里大小写不统一，并且我们可能并不需要前面的城市名缩写。

2．相关知识

在对字符串进行清洗之前，我们先来了解“字符串剪切（Strings cut）”“字符串替换（Replace in string）”和“字符串操作（String operations）”这 3 个步骤的功能。首先来看一下它们的一个相似的设置。这 3 个步骤都允许设置一个输出字段（Out stream field）来存储处理后的字符串，如果不设置输出字段，则处理后的字符串将覆盖输入字段（In stream field）。接下来了解一下 3 个步骤的具体功能。

（1）字符串剪切（Strings cut）

该步骤的功能相对单一，其功能就是对输入字段的字符串，根据设置的剪切位置（Cut from 和 Cut to）做剪切。

（2）字符串替换（Replace in string）

该步骤的功能可以简单地理解为对字符串进行查找替换，但是由于它支持正则表达式，因此真正的功能远比字面的要强大许多。

（3）字符串操作（String operations）

该步骤提供了很多常规的字符串操作功能。下面对一些常用功能做简单的介绍。

① 字符串首尾空白字符去除：“Trim type”对应有“left（首）”“right（尾）”“both（首尾）”3 个选项供选择，不需要去除时选“none”。

② 大小写：“Lower/Upper”提供大小写转换功能，“InitCap”提供单词首字母大写设置。

③ 填充字符设置：“Padding”设置左/右填充方式，“Pad char”设置填充字符，“Pad Length”设置填充长度。

④ 数字移除/提取：“Digits”设置数字字符的操作方式，移除或者提取。

⑤ 删除特殊字符：“Remove Special character”设定的特殊字符将在字符串中被删除。注意，“Trim type”与它的区别是，“Trim type”只能对字符串首尾的空白字符做删除，不会影响字符串内的内容。

3．转换设计

了解了以上 3 个步骤的具体功能后，我们希望能通过如下 3 个阶段来完成该数据中字符串的清洗工作。

首先，通过“字符串操作”步骤来初步清洗数据，利用该步骤的“Trim type”功能，将 Name 字段前后的无效空白符清洗掉；利用“Digits”功能，将 AreaCode 字段的非数字字符清洗掉；利用“Lower/Upper”功能，将 City 字段的大小写统一成大写状态。

其次，由于“字符串替换”步骤支持正则表达式，我们可以将 AreaCode 字段的开始部分统一替换成“0”。

最后，我们希望将 City 字段中城市名前面的缩写去掉，这里同样可以使用“字符串替换”步骤来完成。在本书中，为了介绍“剪切字符串”步骤，我们添加“剪切字符串”步骤来做清洗。

经过上面的 3 个阶段基本可以完成该示例的字符串清洗工作，现在来具体实现 3 个清洗过程。

① 对“字符串操作”步骤做如下设置：对 Name 字段，设置“Trim type”为“both”状态，以去除首尾的空白字符；对 City 字段，设置“Lower/Upper”为“upper”状态，将其全部转换成大写状态；对 AreaCode 字段，设置“Digits”为“only”状态，以过滤掉无效的字母。具体设置如图 4-49 所示。

图 4-49 “字符串操作”的具体设置

预览“字符串操作”步骤，可以看到图 4-50 所示的结果。

预览数据

步骤 字符串操作 的数据 (6 rows)

#	Name	Birth	Gender	Salary	City	AreaCode	Email	Hobby1	Hobby2	Hobby3
1	Chandler	05/04/1992	male	4000.00	BJ-BEIJING	10	Chandlertest@gmail.com	篮球	打游戏	<null>
2	Joeey	07/18/1994	male	4000.00	ST-SHANTOU	021	Joeeytest@gmail.com	足球	跑步	<null>
3	Rachel	04/15/1993	female	6000.00	CQ-CHONGQING	0023	Racheltest@gmail.com	乒乓球	跳舞	跑步
4	Phoebe	02/02/1995	female	4000.00	TJ-TIANJIN	0755	Phoebe@gmail.com	跑步	太极拳	<null>
5	Ross	06/25/1993	male	10000.00	CQ-CHONGQING	023	Rosstest@gmail.com	羽毛球	游泳	<null>
6	Joey	07/18/1994	male	4000.00	ST-SHANTOU	021	Joeytest@gmail.com	足球	跑步	<null>

关闭(C)

图 4-50 “字符串操作”步骤结果预览

现在已经完成了第一阶段的清洗任务，接下来，我们继续完善清洗工作。AreaCode 字段的非数字字符已经被清洗掉，但仍有一个问题，区号前面没有统一用一个数字“0”开始。这个时候，我们可以用“字符串替换”步骤来解决这个问题。

② 对“字符串替换”步骤做如下设置：设置“使用正则表达式”为“是”状态，表示将使用正则表达式进行查找替换；“搜索”设置为如下正则表达式。

```
^([0]*)
```

该表达式表示一个字符串的开始部分，该部分由任意个数字“0”组成；“使用...替换”设置为“0”。关于正则表达式，请读者自己参阅相关图书，这里不做介绍。“字符串替换”步骤的具体设置如图 4-51 所示。

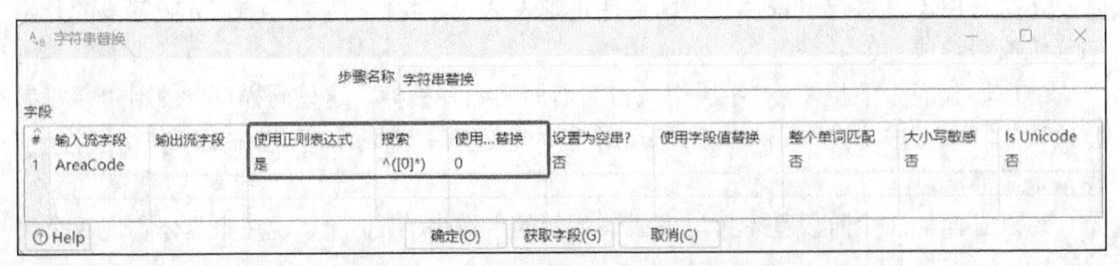

图 4-51 “字符串替换”步骤的具体设置

预览“字符串替换”步骤，可以看到图 4-52 所示的结果。

预览数据

步骤 字符串替换 的数据 (6 rows)

#	Name	Birth	Gender	Salary	City	AreaCode	Email	Hobby1	Hobby2	Hobby3
1	Chandler	05/04/1992	male	4000.00	BJ-BEIJING	010	Chandlertest@gmail.com	篮球	打游戏	<null>
2	Joeey	07/18/1994	male	4000.00	ST-SHANTOU	021	Joeeytest@gmail.com	足球	跑步	<null>
3	Rachel	04/15/1993	female	6000.00	CQ-CHONGQING	023	Racheltest@gmail.com	乒乓球	跳舞	跑步
4	Ross	06/25/1993	male	10000.00	CQ-CHONGQING	023	Rosstest@gmail.com	羽毛球	游泳	<null>
5	Joey	07/18/1994	male	4000.00	ST-SHANTOU	021	Joeytest@gmail.com	足球	跑步	<null>
6	Phoebe	02/02/1995	female	4000.00	TJ-TIANJIN	0755	Phoebe@gmail.com	跑步	太极拳	<null>

关闭(C)

图 4-52　“字符串替换”步骤结果预览

③ 现在我们来完成该案例清洗的最后一个过程——删除城市名前面的缩写。前面已经说过，其实这部分清洗工作完全可以放在前一过程的“字符串替换”步骤来完成，为了介绍“字符串剪切”步骤，这里添加“字符串剪切”步骤来做清洗。这里假设我们的城市名缩写都是两个字母，并且用符号“-”与城市名相连，城市名长度不超过 100 个字符。我们将“起始位置”设为 3，表示从字符串的第 3 个字符开始剪切（以 0 开始计数）；“结束位置”设为 100，表示最多剪切至第 99 个字符。具体设置如图 4-53 所示。

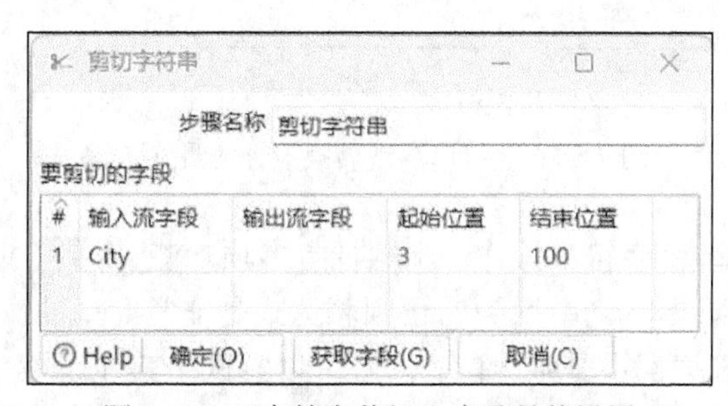

图 4-53　“字符串剪切”步骤具体设置

预览“字符串剪切”步骤，可以看到图 4-54 所示的结果。

预览数据

步骤 剪切字符串 的数据 (6 rows)

#	Name	Birth	Gender	Salary	City	AreaCode	Email	Hobby1	Hobby2	Hobby3
1	Chandler	05/04/1992	male	4000.00	BEIJING	010	Chandlertest@gmail.com	篮球	打游戏	<null>
2	Joeey	07/18/1994	male	4000.00	SHANTOU	021	Joeeytest@gmail.com	足球	跑步	<null>
3	Rachel	04/15/1993	female	6000.00	CHONGQING	023	Racheltest@gmail.com	乒乓球	跳舞	跑步
4	Phoebe	02/02/1995	female	4000.00	TIANJIN	0755	Phoebe@gmail.com	跑步	太极拳	<null>
5	Ross	06/25/1993	male	10000.00	CHONGQING	023	Rosstest@gmail.com	羽毛球	游泳	<null>
6	Joey	07/18/1994	male	4000.00	SHANTOU	021	Joeytest@gmail.com	足球	跑步	<null>

关闭(C)

图 4-54　“字符串剪切”步骤结果预览

现在我们将几个步骤组合起来，字符串清洗转换设计的最终流程如图 4-55 所示。

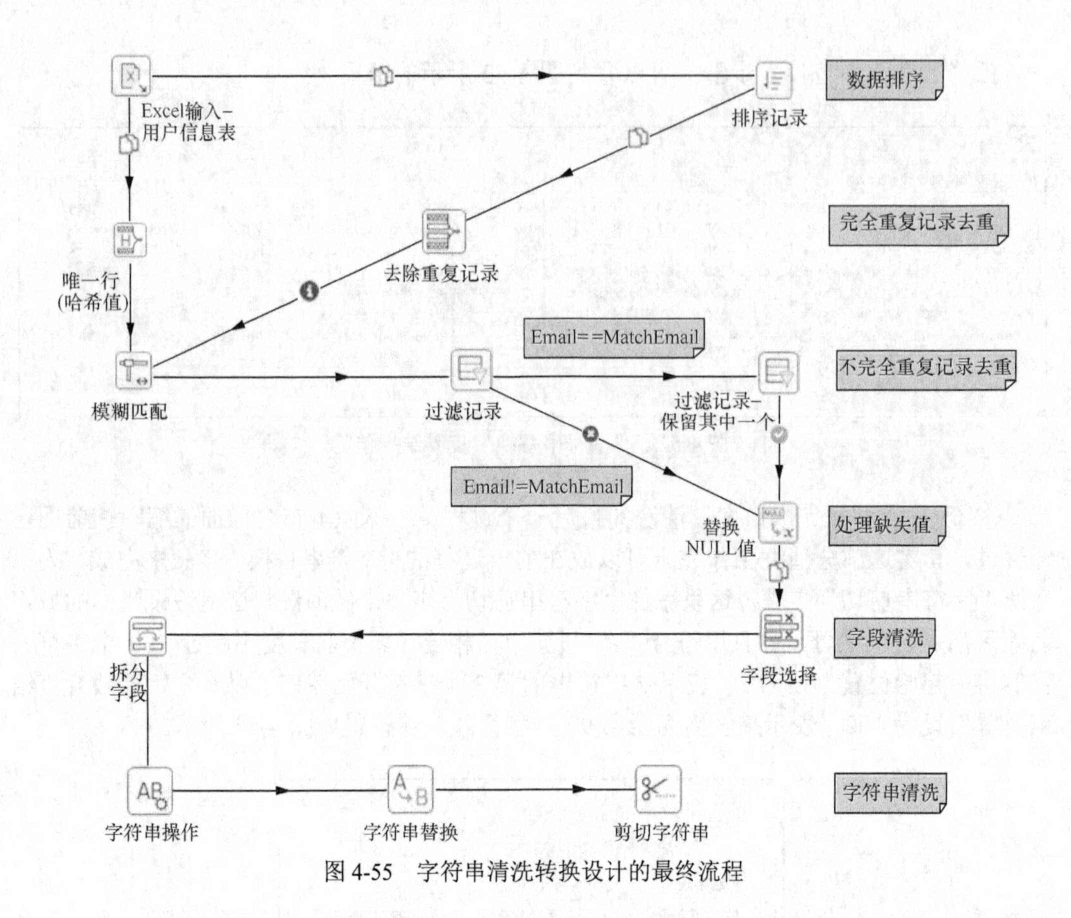

图 4-55 字符串清洗转换设计的最终流程

由上面的案例可知，“字符串操作”步骤拥有多项功能，“字符串替换”步骤的正则表达式简洁而强大。当然，本案例中用到的正则表达式是非常简单的。读者一定要多加尝试，因为很多问题的解决方案都不是唯一的。读者可以尝试用其他步骤来完成案例中“字符串剪切”步骤的清洗工作，例如可以使用功能强大的“计算器（Calculator）”步骤，在 4.2.6 小节将提及该步骤。

4.2.6 处理异常数据

参照表的用途很多，其中最常见的用法就是用参照表来做查询和校验。本小节主要介绍参照表如下两个方面的用途：一是使用参照表校验数据的准确性，二是使用参照表使数据一致。

1. 使用参照表校验数据的准确性

（1）问题描述

由于各种原因，客户信息表的区号与城市存在错误信息，我们无法从这张表中直接计算出区号与城市的准确程度，必须借助外部的一张参照表，希望通过区号（AreaCode）查询这张参照表，返回对应的城市（City）名，然后通过一个可以计算相似度的步骤，计算出原城市名和查询出来的城市名的相似度，这个相似度的值基本可以反映区号与城市的准确程度。

（2）转换设计

有了上面的思路，现在来梳理一下转换的整体流程：第一步，设计两个输入，一个是客户信息表，也就是源数据表，另一个是参照表，用于查询；第二步，添加一个查询步骤，它会根据区号查找参照表里的城市名；第三步，对查询出来的城市名与原城市名做一个对比，计算出相似度。转换中涉及一些新的步骤，如查询步骤、比较相似度的步骤，这些步骤将在具体实现中进行讲解。

现在，我们根据上面的整体流程来实现该转换。

① 输入。使用 4.2.5 小节处理后的数据作为输入数据。

② 查询。这里要添加一个新的步骤——“流查询”步骤，我们修改步骤名称为“流查询–区号”。该步骤允许用户通过转换其他步骤中的信息来查询数据，主要有 3 个方面需要设置。

- 查询步骤（Lookup step），即哪个步骤作为参照表进行查询，当设置成功后，查询步骤到该步骤的跳上会出现“i”字样。
- 查询值所需的关键字，“字段”设置源数据里的字段，“查询字段”设置参照表对应的字段。
- 指定用来接收的字段。这里设置查询参照表时，希望参照表返回的字段名（Field），还可以在“新的名称”处为返回的字段重新命名，以及没查询到字段时返回的默认值。

本例中，我们需要将“Lookup step”设置成“表输入–城市区号参照表”，即在 4.1.3 小节中从 MySQL 数据库中读入的城市区号参照数据；源数据里查询的字段设为“AreaCode”，参照表里的查询字段设为“区号”；参照表返回的字段 Field 设为“城市”，并将其重命名为“城市 Ref”作为返回字段名，返回字段的类型设为“String”，返回的默认值设为“******”。

需要注意的是，这里将返回的默认值设为“******”有两个目的：一方面，系统检查数据时很容易找到这些异常数据；另一方面，计算相似度时，该默认值不会与源数据有相似性。该步骤的具体设置如图 4-56 所示。

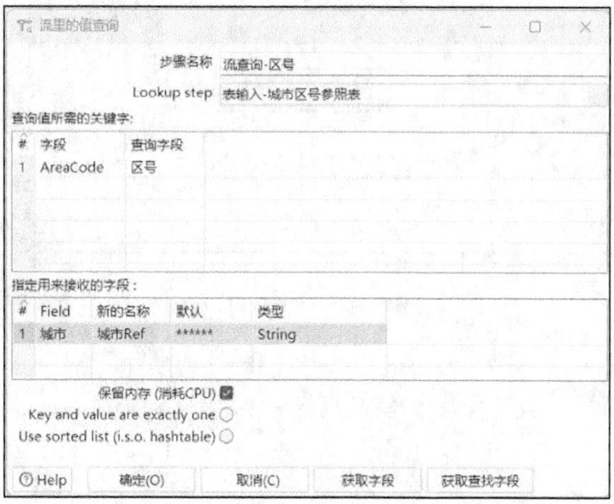

图 4-56　“流查询–区号”步骤配置

③ 计算相似度。“计算器”是一个功能丰富的步骤，这里用“计算器”步骤来计算相似度。用法很简单，在“新字段”处添加一个记录相似度的字段名“Score”，在“计算”

处选择一个计算方式，这里选择“Jaro similitude between String A and String B”，然后在“字段 A”和“字段 B”字段里选择要比较的两个字段——“City”和“城市 Ref”。该步骤的具体设置如图 4-57 所示。

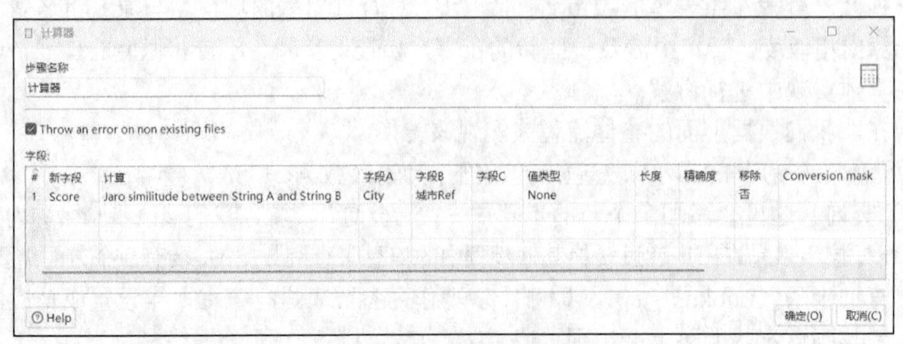

图 4-57 “计算器”步骤配置

到这里，使用参照表校验数据准确性的转换设计已经完成，转换的流程如图 4-58 所示。

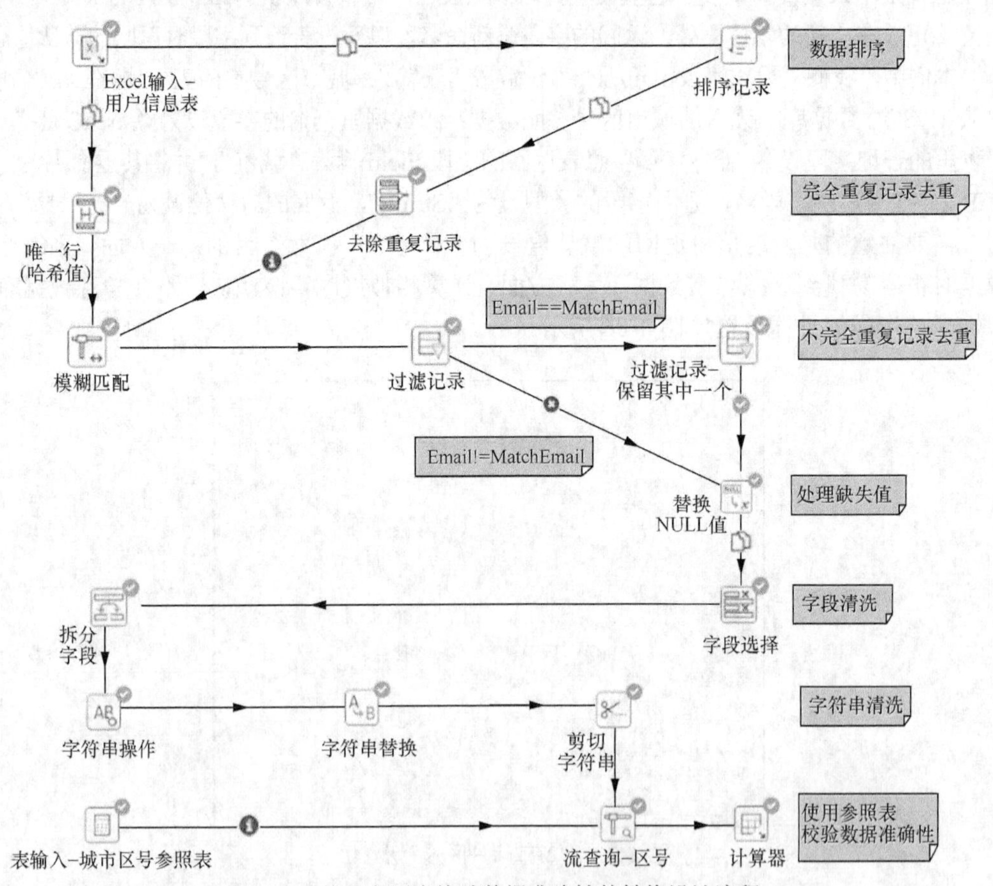

图 4-58 使用参照表校验数据准确性的转换设计流程

预览“计算器”步骤，可以看到图 4-59 所示的结果。

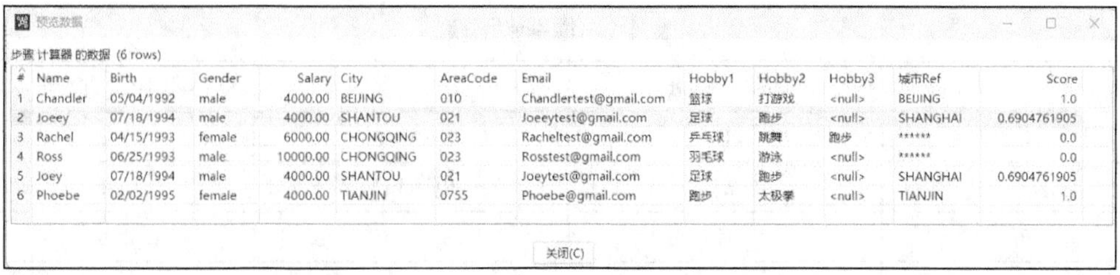

预览数据

步骤 计算器 的数据 (6 rows)

#	Name	Birth	Gender	Salary	City	AreaCode	Email	Hobby1	Hobby2	Hobby3	城市Ref	Score
1	Chandler	05/04/1992	male	4000.00	BEIJING	010	Chandlertest@gmail.com	篮球	打游戏	<null>	BEIJING	1.0
2	Joeey	07/18/1994	male	4000.00	SHANTOU	021	Joeeytest@gmail.com	足球	跑步	<null>	SHANGHAI	0.6904761905
3	Rachel	04/15/1993	female	6000.00	CHONGQING	023	Racheltest@gmail.com	乒乓球	跳舞	跑步	******	0.0
4	Ross	06/25/1993	male	10000.00	CHONGQING	023	Rosstest@gmail.com	羽毛球	游泳	<null>	******	0.0
5	Joey	07/18/1994	male	4000.00	SHANTOU	021	Joeytest@gmail.com	足球	跑步	<null>	SHANGHAI	0.6904761905
6	Phoebe	02/02/1995	female	4000.00	TIANJIN	0755	Phoebe@gmail.com	跑步	太极拳	<null>	TIANJIN	1.0

关闭(C)

图 4-59　“计算器”步骤数据预览结果

案例中的③使用了“计算器”步骤的 Jaro 算法计算两个字符串的相似度。在 Kettle 里有两个步骤可以计算相似度，一个是“计算器（Calculator）”，另一个是“模糊匹配（Fuzzy match）”。两个步骤有很多算法几乎一致，但二者的工作方式不同：“计算器”步骤比较一行里的两个字段，而“模糊匹配”步骤使用查询的方式，这点从它所在的查询目录就可以看出，它从字典表中查询出相似度在一定范围内的记录。这里简单介绍一下这些算法。

① Levenshtein 和 Damerau-Levenshtein：根据编辑一个字符串到另一个字符串所需要的步骤数，来计算两个字符串之间的距离。两个算法的区别在于前一个算法编辑步骤只包含插入、删除和更新字符，后一个算法还包括调换字符位置的步骤。例如，“ACCEF”到“ABCEF”的距离为 1（更新字符 C 为 B），而“ABCDE”到“*******”的距离为 7（更新 5 个*，插入 2 个*）。

② Jaro 和 Jaro-Winkler：用于计算两个字符串的相似度，其值为 0～1 的小数。值越大相似度越高，完全相同的两个字符串值为 1，无任何相似度时值为 0。后一个算法是前一个算法的扩展，它给予起始部分就相同的字符串更高的分数。具体算法的内容请读者查阅相关图书。

③ Needleman-Wunsch：该算法以差异扣分的方式来计算距离，它主要应用于生物信息学领域。例如，“ACCEF”到“ABCEF”的距离为-1。

上面 5 个算法在两个步骤里都有，此外，“模糊匹配”步骤里还有其他算法：Pair letters Similarity（将两个字符串分隔成多个字符对，然后比较这些字符对）、Metaphone、Double Metaphone、Soundex 和 RefinedSoundEx。后面 4 个算法都利用单词的发音来做匹配，也被称为语音算法。语音算法的缺陷是它以英语为基础，对其他语种不支持。

2．使用参照表使数据一致

（1）问题描述

不同的系统对性别的记录可能不一样，有的系统用 M 表示男，F 表示女；有的可能用数字 0 表示男，1 表示女，或者 1 表示男，2 表示女；而有些系统则用 Male 和 Female 表示。对未知性别的表示也不尽相同，使用 Unknown、0、NULL 和 U 等都可以表示。

当我们要将不同来源的数据整合到一起时，需要有一张主表，如表 4-1 所示，将不同的编码映射到规范的编码上。这就要求源系统中的每个可能值都要映射到唯一的一组值。“REF_CODE”是我们需要的标准值（这里以“F”表示女性，“M”表示男性，“U”表示未知），“SRC_SYS”字段表示数据来源于哪个系统，“SRC_CODE”包含源系统里的可能值。我们已经在 4.1.1 小节中使用 Kettle 读取了该参照数据。

表 4-1　性别参照表

ID	REF_CODE	SRC_SYS	SRC_CODE
0	F	SystemA	2
1	M	SystemA	1
2	U	SystemA	0
3	F	SystemB	female
4	M	SystemB	male
5	U	SystemB	unknown

（2）转换设计

现在假设客户信息数据为 SystemB 系统的数据，我们想将该数据中的性别字段统一用 F、M、U 来表示。

先来梳理一下本案例的流程：第一步，设计两个输入，一个是客户信息表，也就是源数据表，另一个是参照表，用于查询；第二步，根据源数据来自哪个系统，过滤参照表的数据；第三步，添加一个查询步骤，它会根据源数据里的性别，查找经过第二步过滤后的参照表数据；第四步，将最终的数据输出到一个 Excel 表格，便于查看。

接下来，我们根据上面的流程设计该转换。

① 输入。使用本小节前面处理后的数据作为输入数据。

② 设置参照数据。将 4.1.1 小节"CSV 文件输入-性别参照表"步骤的数据发送到"过滤记录-SystemB"步骤进行过滤，只需要将条件设置成"SRC_SYS = SystemB"即可，如图 4-60 所示。

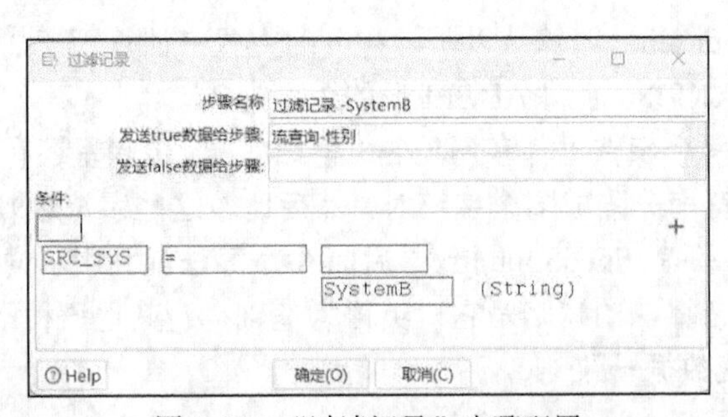

图 4-60　"过滤记录"步骤配置

③ 查询主表。这里添加一个"流查询步骤"，给该步骤重命名为"流查询-性别"。从本小节前面的"计算器"和"过滤记录-SystemB"两个步骤分别创建一个跳到"流查询-性别"步骤。

"过滤记录"创建的跳选择"Result is TRUE"（结果为真）的方式。"流查询-性别"步骤设置 Lookup step 为"过滤记录-SystemB"步骤；源数据里的"字段"设为"Gender"，参照表的"查询字段"设为"SRC_CODE"；返回数据里的"Field"字段设为"REF_CODE"，"新的名称"字段设为"Ref-Gender"，"默认"字段为"U"，"类型"字段设为"String"。具体设置如图 4-61 所示。

流里的值查询

步骤名称 流查询-性别

Lookup step 过滤记录 -SystemB

查询值所需的关键字：

#	字段	查询字段
1	Gender	SRC_CODE

指定用来接收的字段：

#	Field	新的名称	默认	类型
1	REF_CODE	Ref_Gender	U	String

保留内存 (消耗CPU)

Key and value are exactly one integer field

Use sorted list (i.s.o. hashtable)

Help　确定(O)　取消(C)　获取字段　获取查找字段

图 4-61　“流查询-性别”步骤配置

到这里，使用参照表使数据一致的转换已经设计完成，转换的流程如图 4-62 所示。

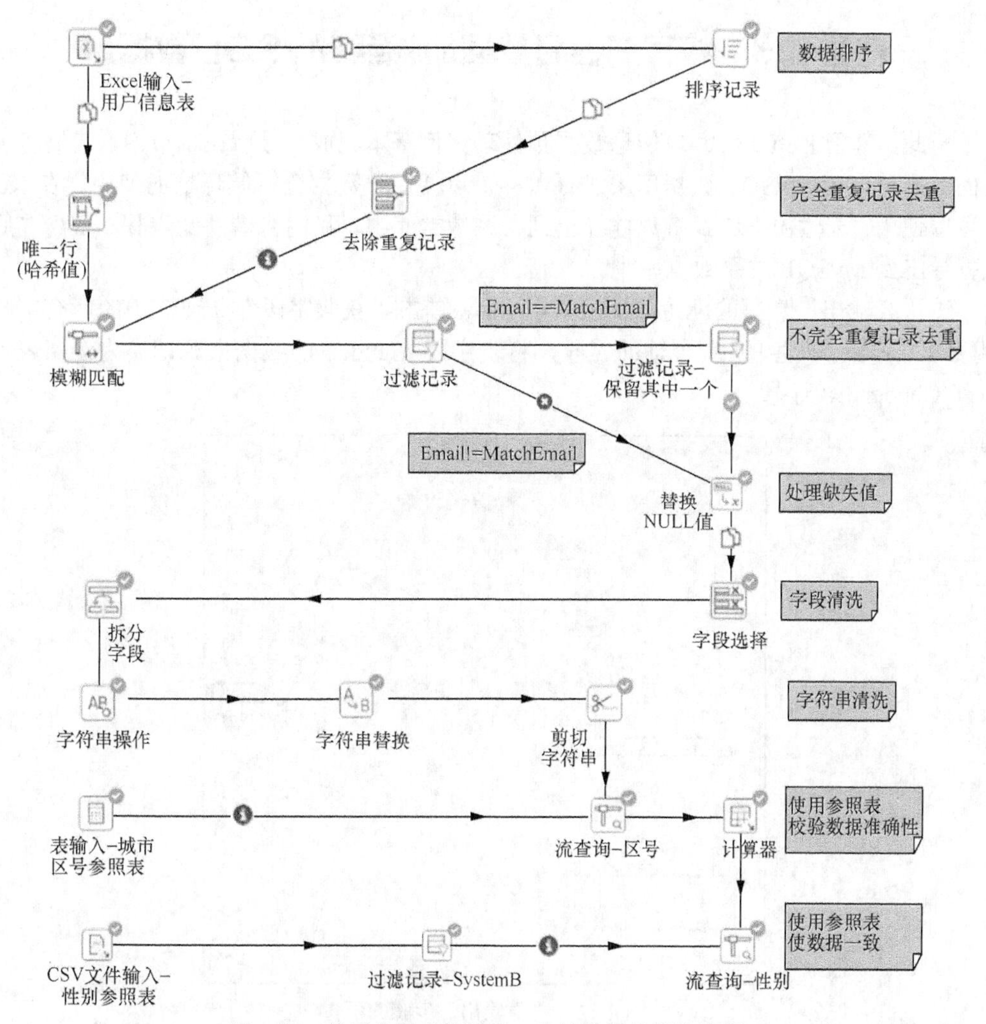

图 4-62　使用参照表使数据一致的转换的设计流程

预览“流查询–性别”步骤，可以看到图 4-63 所示的结果。

预览数据

步骤 流查询-性别 的数据 (6 rows)

#	Name	Birth	Gender	Salary	City	AreaCode	Email	Hobby1	Hobby2	Hobby3	城市Ref	Score	GenderRef
1	Chandler	05/04/1992	male	4000.00	BEIJING	010	Chandlertest@gmail.com	篮球	打游戏	<null>	BEIJING	1.0	M
2	Joeey	07/18/1994	male	4000.00	SHANTOU	021	Joeeytest@gmail.com	足球	跑步	<null>	SHANGHAI	0.6904761905	M
3	Rachel	04/15/1993	female	6000.00	CHONGQING	023	Racheltest@gmail.com	乒乓球	跳舞	跑步	******	0.0	F
4	Ross	06/25/1993	male	10000.00	CHONGQING	023	Rosstest@gmail.com	羽毛球	游泳	<null>	******	0.0	M
5	Joey	07/18/1994	male	4000.00	SHANTOU	021	Joeytest@gmail.com	足球	跑步	<null>	SHANGHAI	0.6904761905	M
6	Phoebe	02/02/1995	female	4000.00	TIANJIN	0755	Phoebe@gmail.com	跑步	太极拳	<null>	TIANJIN	1.0	F

关闭(C)

图 4-63　“流查询–性别”步骤结果预览

这里有一点需要注意，那就是不要将 NULL 加到“SRC_CODE”字段里，一个原因是很多的源系统里的 NULL 并不是一个真正的值，另一个原因是 NULL=NULL 这样的条件是不会通过的。如果 NULL 刚好对应未知性别 U 怎么办，其实只需要在使用“流查询”步骤时，设置一个默认的返回值 U 就可以了。

任务 4.3　将客户信息数据加载至 MySQL 数据库

至此，基于 Kettle 的客户信息数据预处理案例基本完成，最后在本节中，我们将清洗后的数据导出到 MySQL 数据库中进行保存，以便后续数据分析等环节的使用。在 Kettle 中可以使用“表输出”步骤将数据导出到关系数据库中，我们将借助此步骤，将清洗后的数据导出到 MySQL 关系数据库中。

①“表输出”步骤的配置如图 4-64 所示。单击“获取字段”获取流中的所有字段，删除 4.2.6 小节产生的 3 个辅助字段，将表字段 Gender 的数据来源切换为参照表中的“Ref_Gender”流字段。

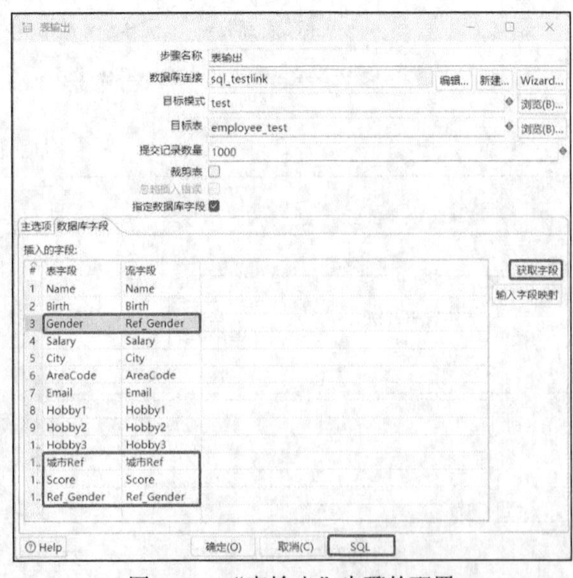

图 4-64　“表输出”步骤的配置

在“目标表”栏目填入需要输出的目标表名称，这里填入“employee_test”。

② 单击下方的“SQL”按钮，系统将打开“简单 SQL 编辑器”对话框，如图 4-65 所示。

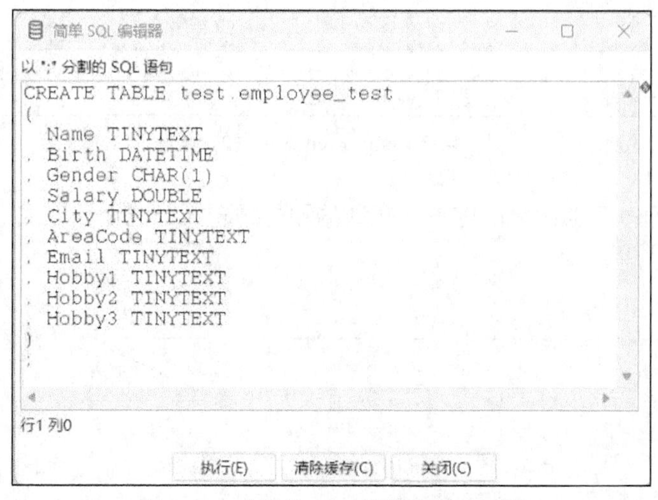

图 4-65　“简单 SQL 编辑器”对话框

单击“执行(E)”按钮，创建 employee_test 表格。此动作将返回操作的结果，如图 4-66 所示。

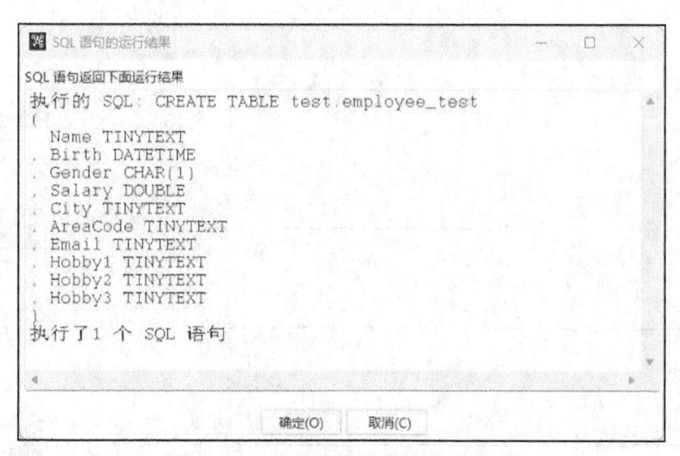

图 4-66　SQL 语句返回操作的结果

在“SQL 语句的运行结果”对话框中单击“确定(O)”按钮返回。

在打开的“简单 SQL 编辑器”对话框中单击“关闭(C)”按钮，返回到图 4-64 所示的“表输出”对话框。

在“表输出”对话框中单击“确定(O)”按钮，返回画布界面。此时，已完成此步骤的配置。

③ 单击 ▷ 按钮开始运行程序，在打开的对话框中单击“启动(L)”按钮运行此转换，

系统将在 sql_test 数据库下创建 employee_test 表，此表的内容如图 4-67 所示。

Name	Birth	Gender	Salary	City	AreaCode	Email	Hobby1	Hobby2	Hobby3
Phoebe	1995-02-02 00:00:00	F	4000	TIANJIN	0755	Phoebe@gmail.com	跑步	太极拳	(Null)
Chandler	1992-05-04 00:00:00	M	4000	BEIJING	010	Chandlertest@gmail.com	篮球	打游戏	(Null)
Joeey	1994-07-18 00:00:00	M	4000	SHANTOU	021	Joeeytest@gmail.com	足球	跑步	(Null)
Rachel	1993-04-15 00:00:00	F	6000	CHONGQING	023	Racheltest@gmail.com	乒乓球	跳舞	跑步
Ross	1993-06-25 00:00:00	M	10000	CHONGQING	023	Rosstest@gmail.com	羽毛球	游泳	(Null)
Joey	1994-07-18 00:00:00	M	4000	SHANTOU	021	Joeytest@gmail.com	足球	跑步	(Null)

图 4-67　employee_test 表的内容

到这里，整个基于 Kettle 的客户信息数据预处理转换已经设计完成，转换的整体流程如图 4-68 所示。

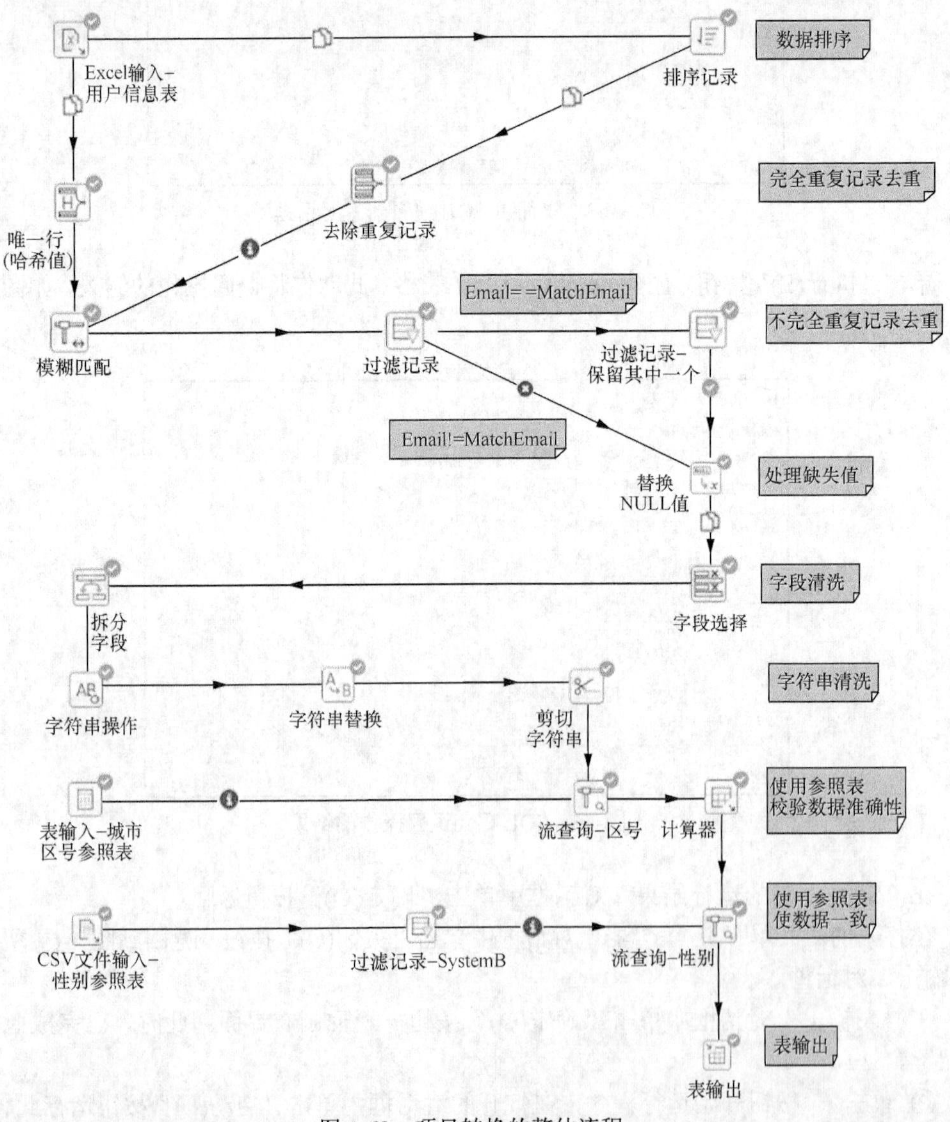

图 4-68　项目转换的整体流程

本章习题

1．数据清洗的主要目的是什么？

2．使用 Kettle 进行数据清洗常用的步骤有哪些？请简要描述。

3．请简单描述如何去除不完全重复数据。

4．在 Kettle 中当有些任务可以使用脚本进行数据清洗，也可以使用其他步骤进行处理时，该如何选择，请简述原因。

第 5 章　基于 pandas 的学生信息预处理

pandas 是一个开放源码、BSD 许可的 Python 语言扩展程序库，提供高性能、易于使用的数据结构和数据分析工具。pandas 名字衍生自术语“panel data（面板数据）”和“Python data analysis（Python 数据分析）”。pandas 是一个强大的分析结构化数据的工具集，基础是 NumPy（提供高性能的矩阵运算）。Pandas 支持各种文件格式，例如可以从 CSV、JSON 和 Microsoft Excel 等文件导入数据。pandas 可以对各种数据进行运算操作，例如归并、再成形、选择，还有数据清洗和数据加工等。

【学习目标】

（1）了解 pandas 的基本功能。

（2）掌握 pandas 的实际应用方法。

任务 5.1　pandas 详解

在本书后续部分中，将使用下面这样的 pandas 引入约定。

```
In [1]: import pandas as pd    # 这里 In 表示输入，下面雷同
```

因此，只要在代码中看到 pd.，就得想到这是 pandas。因为 Series 和 DataFrame 用的次数非常多，所以将其引入本地命名空间中会更方便。

```
In [2]: from pandas import Series, DataFrame
```

5.1.1　pandas 的数据结构及基本功能

1．pandas 的数据结构

要使用 pandas，首先要熟悉它的两个主要数据结构：Series 和 DataFrame。虽然它们并不能解决所有问题，但它们为大多数应用提供了一种可靠的、易于使用的基础。

（1）Series 的创建及其基本属性

Series 是一种类似于一维数组的对象，它由一组数据（各种 NumPy 数据类型）以及一组与之相关的数据标签（即索引）组成。仅由一组数据即可产生最简单的 Series。

```
In [3]:
obj = pd.Series([4, 7, -5, 3])
obj
```

```
Out[3]:      # 这里的Out表示输出，下面雷同
0    6
1    7
2   -5
3    3
dtype: int64
```

从上面的输出可以看到，Series的索引在左边，值在右边。由于没有为数据指定索引，于是会自动创建一个0到*N*-1（*N*为数据的长度）的整数型索引。可以通过Series的values和index属性获取其数组表示形式和索引对象。

```
In [4]:
obj.values
Out[4]:
array([4,  7, -5,  3])

In [5]:
obj.index
Out[5]:
RangeIndex(start = 0, stop = 4, step = 1)
```

通常，希望所创建的Series带有一个可以对各个数据点进行标记的索引。

```
In [6]:
obj2 = pd.Series([4, 7, -5, 3], index = ['d', 'b', 'a', 'c'])
obj2
Out[6]:
d    4
b    7
a   -5
c    3
dtype: int64

In [7]:
obj2.index
Out[7]:
Index(['d', 'b', 'a', 'c'], dtype = 'object')
```

与普通NumPy数组相比，可以通过索引的方式选取Series中的单个或一组值。

```
In [8]:
obj2['a']
Out[8]:
-5

In [9]:
obj2['d'] = 6
obj2[['c', 'a', 'd']]
Out[9]:
c    3
a   -5
d    6
dtype: int64
```

['c', 'a', 'd']是索引列表，即使它包含的是字符串而不是整数。

使用 NumPy 函数或类似 NumPy 的运算（例如根据布尔型数组进行过滤、标量乘法和应用数学函数等）都会保留索引值。

```
In [10]:
obj2[obj2 > 0]
Out[10]:
d    6
b    7
c    3
dtype: int64

In [11]:
obj2 * 2
Out[11]:
d    12
b    14
a   -10
c     6
dtype: int64

In [12]:
import numpy as  np
np.exp(obj2)
Out[12]:
d     403.428793
b    1096.633158
a       0.006738
c      20.085537
dtype: float64
```

还可以将 Series 看成一个定长的有序字典，因为它是索引值到数据值的一个映射。它可以用在许多原本需要字典参数的函数中。

```
In [13]:
'b' in obj2
Out[13]:
True

In [14]: '
e' in obj2
Out[14]:
False
```

如果数据被存放在一个 Python 字典中，也可以直接通过这个字典来创建 Series。

```
In [15]:
sdata = {'Ohio': 35000, 'Texas': 71000, 'Oregon': 16000, 'Utah': 5000}
obj3 = pd.Series(sdata)
obj3
Out[15]:
Ohio      35000
Texas     71000
Oregon    16000
```

```
Utah        5000
dtype: int64
```

如果只传入一个字典，则结果 Series 中的索引就是原字典的键（有序排列）。可以传入排好序的字典的键以改变顺序。

```
In [16]:
states = ['California', 'Ohio', 'Oregon', 'Texas']
obj4 = pd.Series(sdata, index = states)
obj4
Out[16]:
California        NaN
Ohio          35000.0
Oregon        16000.0
Texas         71000.0
dtype: float64
```

在这个例子中，sdata 中与 states 索引相匹配的那 3 个值会被找出来并放到相应的位置上，但由于找不到“California”所对应的 sdata 值，所以其结果就为 NaN（即“非数字”（Not a Number），在 pandas 中，它用于表示缺失或 NA 值）。因为“Utah”不在 states 中，所以它被从结果中删除。

我们将使用缺失（missing）或 NA 表示缺失数据。pandas 的 isnull 和 notnull 函数可用于检测缺失数据。

```
In [17]: pd.isnull(obj4)
Out[17]:
California     True
Ohio          False
Oregon        False
Texas         False
dtype: bool

In [18]:
pd.notnull(obj4)
Out[18]:
California    False
Ohio           True
Oregon         True
Texas          True
dtype: bool
```

Series 也有类似的实例方法。

```
In [19]:
obj4.isnull()
Out[19]:
California     True
Ohio          False
Oregon        False
Texas         False
dtype: bool
```

Series 最重要的一个功能是，它会根据运算的索引标签自动对齐数据。

```
In [20]:
obj3
Out[20]:
Ohio      35000
Oregon    16000
Texas     71000
Utah       5000
dtype: int64

In [21]:
obj4
Out[21]:
California        NaN
Ohio          35000.0
Oregon        16000.0
Texas         71000.0
dtype: float64

In [22]:
obj3 + obj4
Out[22]:
California         NaN
Ohio           70000.0
Oregon         32000.0
Texas         142000.0
Utah               NaN
dtype: float64
```

Series 对象本身及其索引都有一个 name 属性，该属性与 pandas 其他的关键功能关系非常密切。

```
In [23]:
obj4.name = 'population'
obj4.index.name = 'state'
obj4
Out[23]:
state
California        NaN
Ohio          35000.0
Oregon        16000.0
Texas         71000.0
Name: population, dtype: float64
```

Series 的索引可以通过赋值的方式就地修改。

```
In [24]: obj
Out[24]:
0    6
1    7
2   -5
3    3
dtype: int64
```

```
In [25]:
obj.index = ['Bob', 'Steve', 'Jeff', 'Ryan']
obj
Out[25]:
Bob       6
Steve     7
Jeff     -5
Ryan      3
dtype: int64
```

（2）DataFrame 的创建及其基本属性

DataFrame 是一个表格型的数据结构，它含有一组有序的列，每列可以是不同的值类型（数值、字符串和布尔值等）。DataFrame 既有行索引也有列索引，它可以被看作由 Series 组成的字典（共用同一个索引）。DataFrame 中的数据是以一个或多个二维块存放的（而不是列表、字典或别的一维数据结构）。

创建 DataFrame 的办法有很多，最常用的一种是直接传入一个由等长列表或 NumPy 数组组成的字典。

```
In [26]:
data = {'state': ['Ohio', 'Ohio', 'Ohio', 'Nevada', 'Nevada', 'Nevada'],
        'year': [2000, 2001, 2002, 2001, 2002, 2003],
        'pop': [1.5, 1.7, 3.6, 2.4, 2.9, 3.2]}
frame = pd.DataFrame(data)
```

结果 DataFrame 会自动加上索引（跟 Series 一样），且全部列会被有序排列。

```
In [27]:
frame
Out[27]:
   pop   state   year
0  1.5    Ohio   2000
1  1.7    Ohio   2001
2  3.6    Ohio   2002
3  2.4  Nevada   2001
4  2.9  Nevada   2002
5  3.2  Nevada   2003
```

如果使用的是 Jupyter Notebook，pandas DataFrame 对象会以对浏览器友好的 HTML 表格的方式呈现。

对于特别大的 DataFrame，head()方法会选取前五行。

```
In [28]:
frame.head()
Out[28]:
   pop   state   year
0  1.5    Ohio   2000
1  1.7    Ohio   2001
2  3.6    Ohio   2002
3  2.4  Nevada   2001
4  2.9  Nevada   2002
```

如果指定了列序列，则 DataFrame 的列就会按照指定顺序进行排列。

```
In [29]:
pd.DataFrame(data, columns = ['year', 'state', 'pop'])
Out[29]:
   year   state  pop
0  2000    Ohio  1.5
1  2001    Ohio  1.7
2  2002    Ohio  3.6
3  2001  Nevada  2.4
4  2002  Nevada  2.9
5  2003  Nevada  3.2
```

如果传入的列在数据中找不到，就会在结果中产生缺失值。

```
In [30]:
frame2 = pd.DataFrame(data, columns = ['year', 'state', 'pop', 'debt'],
                      index = ['one', 'two', 'three', 'four','five', 'six'])
frame2
Out[30]:
       year   state  pop debt
one    2000    Ohio  1.5  NaN
two    2001    Ohio  1.7  NaN
three  2002    Ohio  3.6  NaN
four   2001  Nevada  2.4  NaN
five   2002  Nevada  2.9  NaN
six    2003  Nevada  3.2  NaN

In [31]:
frame2.columns
Out[31]:
Index(['year', 'state', 'pop', 'debt'], dtype = 'object')
```

通过类似字典标记的方式或属性的方式，可以将 DataFrame 的列获取为一个 Series。

```
In [32]:
frame2['state']
Out[32]:
one        Ohio
two        Ohio
three      Ohio
four     Nevada
five     Nevada
six      Nevada
Name: state, dtype: object

In [33]:
frame2.year
Out[33]:
one      2000
two      2001
three    2002
four     2001
```

```
five     2002
six      2003
Name: year, dtype: int64
```

注意，返回的 Series 拥有原 DataFrame 相同的索引，且其 name 属性也已经被相应地设置好了。

行也可以通过位置或名称的方式进行获取，例如用 loc 属性。

```
In [34]:
frame2.loc['three']
Out[34]:
year      2002
state     Ohio
pop        3.6
debt       NaN
Name: three, dtype: object
```

列可以通过赋值的方式进行修改。例如，可以给那个空的“debt”列赋上一个标量值或一组值。

```
In [35]:
frame2['debt'] = 16.5
frame2
Out[35]:
       year   state  pop  debt
one    2000    Ohio  1.5  16.5
two    2001    Ohio  1.7  16.5
three  2002    Ohio  3.6  16.5
four   2001  Nevada  2.4  16.5
five   2002  Nevada  2.9  16.5
six    2003  Nevada  3.2  16.5

In [36]:
frame2['debt'] = np.arange(6.)
frame2
Out[36]:
       year   state  pop  debt
one    2000    Ohio  1.5   0.0
two    2001    Ohio  1.7   1.0
three  2002    Ohio  3.6   2.0
four   2001  Nevada  2.4   3.0
five   2002  Nevada  2.9   4.0
six    2003  Nevada  3.2   5.0
```

将列表或数组赋值给某个列时，其长度必须跟 DataFrame 的长度相匹配。如果赋值的是一个 Series，就会精确匹配 DataFrame 的索引，所有的空位都将被填上缺失值。

```
In [37]:
val = pd.Series([-1.2, -1.5, -1.7], index = ['two', 'four', 'five'])
frame2['debt'] = val
frame2
Out[37]:
       year   state  pop  debt
```

```
one     2000    Ohio  1.5   NaN
two     2001    Ohio  1.7  -1.2
three   2002    Ohio  3.6   NaN
four    2001  Nevada  2.4  -1.5
five    2002  Nevada  2.9  -1.7
six     2003  Nevada  3.2   NaN
```

为不存在的列赋值会创建出一个新列。关键字 del 用于删除列。下面先添加一个新的布尔值的列（判断 state 是否为'Ohio'）。

```
In [38]:
frame2['eastern'] = frame2.state = =  'Ohio'
frame2
Out[38]:
       year   state  pop  debt  eastern
one     2000    Ohio  1.5   NaN     True
two     2001    Ohio  1.7  -1.2     True
three   2002    Ohio  3.6   NaN     True
four    2001  Nevada  2.4  -1.5    False
five    2002  Nevada  2.9  -1.7    False
six     2003  Nevada  3.2   NaN    False
```

注意：不能用 frame2.eastern 创建新的列。

del 方法可以用来删除这列。

```
In [39]:
del frame2['eastern']
rame2.columns
Out[39]:
Index(['year', 'state', 'pop', 'debt'], dtype = 'object')
```

通过索引方式返回的列只是相应数据的视图而已，并不是副本。因此，对返回的 Series 所做的任何就地修改全都会反映到源 DataFrame 上。通过 Series 的 copy()方法即可指定复制列。

另一种常见的数据形式是嵌套字典。

```
In [40]: pop = {'Nevada': {2001: 2.4, 2002: 2.9},
        'Ohio': {2000: 1.5, 2001: 1.7, 2002: 3.6}}
```

如果嵌套字典传给 DataFrame，pandas 就会被解释为：外层字典的键作为列，内层键则作为行索引。

```
In [41]:
frame3 = pd.DataFrame(pop)
frame3
Out[41]:
      Nevada  Ohio
2000     NaN   1.5
2001     2.4   1.7
2002     2.9   3.6
```

也可以使用类似 NumPy 数组的方法，对 DataFrame 进行转置（交换行和列）。

```
In [42]:
frame3.T
```

```
Out[42]:
        2000  2001  2002
Nevada   NaN   2.4   2.9
Ohio     1.5   1.7   3.6
```

内层字典的键会被合并、排序以形成最终的索引。如果明确指定了索引，则不会这样。

```
In [43]:
pd.DataFrame(pop, index = [2001, 2002, 2003])
Out[43]:
      Nevada  Ohio
2001     2.4   1.7
2002     2.9   3.6
2003     NaN   NaN
```

由Series组成的字典也是类似的用法。

```
In [44]:
pdata = {'Ohio': frame3['Ohio'][:-1],'Nevada': frame3['Nevada'][:2]}
pd.DataFrame(pdata)
Out[44]:
      Nevada  Ohio
2000     NaN   1.5
2001     2.4   1.7
```

创建DataFrame时还可以接受其他数据源。表5-1所示为DataFrame构造函数所能接受的各种数据。

表5-1 DataFrame构造函数所能接受的各种数据

类型	说明
二维ndarray	数据矩阵，还可以传入行标和列标
由数组、列表或元组组成的字典	每个序列会变成DataFrame的一列。所有序列的长度必须相同
NumPy的结构化/记录数组	类似于“由数组组成的字典”
由Series组成的字典	每个Series会成为一列。如果没有显式指定索引，则各Series的索引会被合并成结果的行索引
由字典组成的字典	各内层字典会成为一列。键会被合并成结果的行索引，跟“由 Series 组成的字典”的情况一样
字典或Series的列表	各项将会成为 DataFrame 的一行。字典键或 Series 索引的并集将会成为DataFrame的列标
由列表或元组组成的列表	类似于“二维ndarray”
另一个DataFrame	该DataFrame的索引将会被沿用，除非显式指定了其他索引
NumPy的MaskedArray	类似于“二维ndarray”的情况，只是掩码值在结果DataFrame会变成NA/缺失值

如果设置了DataFrame的index和columns的name属性，则这些信息也会被显示出来。

```
In [45]:
frame3.index.name = 'year'; frame3.columns.name = 'state'
frame3
Out[45]:
```

```
state  Nevada  Ohio
year
2000      NaN   1.5
2001      2.4   1.7
2002      2.9   3.6
```

跟 Series 一样，values 属性也会以二维 ndarray 的形式返回 DataFrame 中的数据。

```
In [46]:
frame3.values
Out[46]:
array([[ nan,  1.5],
       [ 2.4,  1.7],
       [ 2.9,  3.6]])
```

如果 DataFrame 各列的数据类型不同，则值数组的 dtype 就会选用能兼容所有列的数据类型。

```
In [47]:
frame2.values
Out[47]:
array([[2000, 'Ohio', 1.5, nan],
       [2001, 'Ohio', 1.7, -1.2],
       [2002, 'Ohio', 3.6, nan],
       [2001, 'Nevada', 2.4, -1.5],
       [2002, 'Nevada', 2.9, -1.7],
       [2003, 'Nevada', 3.2, nan]], dtype = object)
```

（3）索引对象

pandas 的索引对象负责管理轴标签和其他元数据（如轴名称等）。构建 Series 或 DataFrame 时，所用到的任何数组或其他序列的标签都会被转换成一个 Index。

```
In [48]:
obj = pd.Series(range(3), index = ['a', 'b', 'c'])
index = obj.index
index
Out[48]:
Index(['a', 'b', 'c'], dtype = 'object')

In [49]:
index[1:]
Out[49]:
Index(['b', 'c'], dtype = 'object')
```

Index 对象是不可变的，因此用户不能对其进行修改。

```
index[1] = 'd'  # TypeError
```

不可变可以使 Index 对象在多个数据结构之间安全共享。

```
In [50]:
labels = pd.Index(np.arange(3))
labels
Out[50]:
Int64Index([0, 1, 2], dtype = 'int64')
```

```
In [51]:
obj2 = pd.Series([1.5, -2.5, 0], index = labels)
obj2
Out[51]:
0    1.5
1   -2.5
2    0.0
dtype: float64

In [52]:
obj2.index is labels
Out[52]:
True
```

虽然用户不需要经常使用 Index 的功能，但是因为一些操作会生成包含被索引化的数据，所以理解它的工作原理是很重要的。

除了类似数组，Index 的功能也类似一个固定大小的集合。

```
In [53]:
frame3
Out[53]:
state  Nevada  Ohio
year
2000      NaN   1.5
2001      2.4   1.7
2002      2.9   3.6

In [54]:
frame3.columns
Out[54]:
Index(['Nevada', 'Ohio'], dtype = 'object', name = 'state')

In [55]:
'Ohio' in frame3.columns
Out[55]:
True

In [56]:
2003 in frame3.index
Out[56]:
False
```

与 Python 的集合不同，pandas 的 Index 可以包含重复的标签。

```
In [57]:
dup_labels = pd.Index(['foo', 'foo', 'bar', 'bar'])
dup_labels
Out[57]:
Index(['foo', 'foo', 'bar', 'bar'], dtype = 'object')
```

选择重复的标签，会显示所有的结果。

pandas 为 Index 提供了一些方法，它们可用于设置逻辑并回答有关该索引所包含的数据的常见问题。表 5-2 所示为 Index 的方法及其说明。

表 5-2 Index 的方法及其说明

方法	说明
append	连接另一个 Index 对象，产生一个新的 Index
difference	计算差集，并得到一个 Index
intersection	计算交集
union	计算并集
isin	计算一个指示各值是否都包含在参数集合中的布尔型数组
delete	删除索引 *i* 处的元素，并得到新的 Index
drop	删除传入的值，并得到新的 Index
insert	将元素插入到索引 *i* 处，并得到新的 Index
is_monotonic	当各元素均大于等于前一个元素时，返回 True
is_unique	当 Index 没有重复值时，返回 True
unique	计算 Index 中唯一值的数组

2. 基本功能

接下来，我们将介绍操作 Series 和 DataFrame 中的数据的基本手段。本书不是 pandas 库的详尽文档，主要关注的是部分最重要的功能，那些不大常用的内容（也就是那些更深奥的内容）就交给读者自己去摸索吧。

（1）重新索引

pandas 对象的一个重要方法是 reindex，其作用是创建一个新的索引。看下面的例子。

```
In [58]:
obj = pd.Series([4.5, 7.2, -5.3, 3.6], index = ['d', 'b', 'a', 'c'])
obj
Out[58]:
d    4.5
b    7.2
a   -5.3
c    3.6
dtype: float64
```

对该 Series 使用 reindex 方法将会根据新索引进行重排。如果某个索引值当前不存在，就引入缺失值。

```
In [59]:
obj2 = obj.reindex(['a', 'b', 'c', 'd', 'e'])
obj2
Out[59]:
a   -5.3
b    7.2
c    3.6
d    4.5
```

```
e    NaN
dtype: float64
```

对于时间序列这样的有序数据，重新索引时可能需要做一些插值处理。method 选项即可达到此目的，例如，使用 ffill 可以实现前向值填充。

```
In [60]:
obj3 = pd.Series(['blue', 'purple', 'yellow'], index = [0, 2, 4])
obj3
Out[60]:
0      blue
2    purple
4    yellow
dtype: object

In [61]:
obj3.reindex(range(6), method = 'ffill')
Out[61]:
0      blue
1      blue
2    purple
3    purple
4    yellow
5    yellow
dtype: object
```

借助 DataFrame，reindex 可以修改（行）索引和列。只传递一个序列时，会重新索引结果的行。

```
In [62]:
frame = pd.DataFrame(np.arange(9).reshape((3, 3)), index = ['a', 'c', 'd'],
                        columns = ['Ohio', 'Texas', 'California'])
frame
Out[62]:
   Ohio  Texas  California
a     0      1           2
c     3      4           5
d     6      7           8

 In [63]:
frame2 = frame.reindex(['a', 'b', 'c', 'd'])
frame2
Out[63]:
   Ohio  Texas  California
a   0.0    1.0         2.0
b   NaN    NaN         NaN
c   3.0    4.0         5.0
d   6.0    7.0         8.0
```

列可以用 columns 关键字重新索引。

```
In [64]:
states = ['Texas', 'Utah', 'California']
frame.reindex(columns = states)
```

```
Out[64]:
   Texas  Utah  California
a      1   NaN           2
c      4   NaN           5
d      7   NaN           8
```

reindex 函数的各参数及说明如表 5-3 所示。

表 5-3 reindex 函数的各参数及说明

参数	说明
index	用作索引的新序列。既可以是 Index 实例，也可以是其他序列型的 Python 数据结构。Index 会被完全使用，就像没有任何复制一样
method	插值（填充）方式
fill_value	在重新索引的过程中，需要引入缺失值时使用的替代值
limit	前向或后向填充时的最大填充量
tolerance	向前或向后填充时，填充不准确匹配项的最大间距（绝对值距离)
level	在 MultiIndex 的指定级别上匹配简单索引，否则选取其子集
copy	默认为 True，无论如何都复制；如果为 False，则新旧相等就不复制

（2）丢弃指定轴上的项

丢弃某条轴上的一个或多个项很简单，只要有一个索引数组或列表即可。由于需要执行一些数据整理和集合逻辑，所以 drop 方法返回的是一个在指定轴上删除了指定值的新对象。

```
In [65]:
obj = pd.Series(np.arange(5.), index = ['a', 'b', 'c', 'd', 'e'])
obj
Out[65]:
a    0.0
b    1.0
c    2.0
d    3.0
e    4.0
dtype: float64

In [66]:
new_obj = obj.drop('c')
new_obj
Out[66]:
a    0.0
b    1.0
d    3.0
e    4.0
dtype: float64

In [67]:
obj.drop(['d', 'c'])
```

```
Out[67]:
a    0.0
b    1.0
e    4.0
dtype: float64
```

对于 DataFrame，可以删除任意轴上的索引值。为了演示，先新建一个 DataFrame 例子。

```
In [68]:
data = pd.DataFrame(np.arange(16).reshape((4, 4)),
                     index = ['Ohio', 'Colorado', 'Utah', 'New York'],
                       columns = ['one', 'two', 'three', 'four'])
data
Out[68]:
          one  two  three  four
Ohio        0    1      2     3
Colorado    4    5      6     7
Utah        8    9     10    11
New York   12   13     14    15
```

用标签序列调用 drop 会从行标签（axis 0）删除值。

```
In [69]:
data.drop(['Colorado', 'Ohio'])
Out[69]:
          one  two  three  four
Utah        8    9     10    11
New York   12   13     14    15
```

通过传递 axis=1 或 axis='columns'可以删除列的值。

```
In [70]:
data.drop('two', axis = 1)
Out[70]:
          one  three  four
Ohio        0      2     3
Colorado    4      6     7
Utah        8     10    11
New York   12     14    15

In [71]:
data.drop(['two', 'four'], axis = 'columns')
Out[71]:
          one  three
Ohio        0      2
Colorado    4      6
Utah        8     10
New York   12     14
```

许多函数，如 drop，会修改 Series 或 DataFrame 的大小或形状，不会返回新的对象。

```
In [72]:
obj.drop('c', inplace = True)
obj
Out[72]:
a    0.0
```

```
b    1.0
d    3.0
e    4.0
dtype: float64
```

小心使用 inplace，它会销毁所有被删除的数据。

（3）索引、选取和过滤

Series 索引（obj[...]）的工作方式类似于 NumPy 数组的索引，只不过 Series 的索引值不只是整数。下面是几个例子。

```
In [73]:
obj = pd.Series(np.arange(4.), index = ['a', 'b', 'c', 'd'])
obj
Out[73]:
a    0.0
b    1.0
c    2.0
d    3.0
dtype: float64

In [74]:
obj['b']
Out[74]:
1.0

In [75]:
obj[1]
Out[75]:
1.0

In [76]:
obj[2:4]
Out[76]:
c    2.0
d    3.0
dtype: float64

In [77]:
obj[['b', 'a', 'd']]
Out[77]:
b    1.0
a    0.0
d    3.0
dtype: float64

In [78]:
obj[[1, 3]]
Out[78]:
b    1.0
d    3.0
```

```
dtype: float64

In [79]:
obj[obj < 2]
Out[79]:
a    0.0
b    1.0
dtype: float64
```

pandas 的切片运算与普通的 Python 切片运算不同，其末端是包含的。

```
In [80]:
obj['b':'c']
Out[80]:
b    1.0
c    2.0
dtype: float64
```

用切片可以对 Series 的相应部分进行设置。

```
In [81]:
obj['b':'c'] = 5
obj
Out[81]:
a    0.0
b    5.0
c    5.0
d    3.0
dtype: float64
```

用一个值或序列对 DataFrame 进行索引其实就是获取一个或多个列。

```
In [82]:
data = pd.DataFrame(np.arange(16).reshape((4, 4)),
                       index = ['Ohio', 'Colorado', 'Utah', 'New York'],
                     columns = ['one', 'two', 'three', 'four'])
data
Out[82]:
         one  two  three  four
Ohio       0    1      2     3
Colorado   4    5      6     7
Utah       8    9     10    11
New York  12   13     14    15

In [83]:
data['two']
Out[83]:
Ohio        1
Colorado    5
Utah        9
New York   13
Name: two, dtype: int64

In [84]:
```

```
data[['three', 'one']]
Out[84]:
          three  one
Ohio          2    0
Colorado      6    4
Utah         10    8
New York     14   12
```

这种索引方式有几种特殊的情况。首先通过切片或布尔型数组选取数据。

```
In [85]:
data[:2]
Out[85]:
          one  two  three  four
Ohio        0    1      2     3
Colorado    4    5      6     7

In [86]:
data[data['three'] > 5]
Out[86]:
          one  two  three  four
Colorado    4    5      6     7
Utah        8    9     10    11
New York   12   13     14    15
```

选取行的语法 data[:2]十分方便。向[ ]传递单一的元素或列表，就可选择列。

另一种用法是通过布尔型 DataFrame（例如下面这个由标量比较运算得出的）进行索引。

```
In [87]:
data < 5
Out[87]:
            one    two  three   four
Ohio       True   True   True   True
Colorado   True  False  False  False
Utah      False  False  False  False
New York  False  False  False  False

In [88]:
data[data < 5] = 0
data
Out[88]:
          one  two  three  four
Ohio        0    0      0     0
Colorado    0    5      6     7
Utah        8    9     10    11
New York   12   13     14    15
```

这使得 DataFrame 的语法与 NumPy 二维数组的语法很像。

（4）用 loc 和 iloc 进行选取

对于 DataFrame 的行的标签索引，引入了特殊的标签运算符 loc 和 iloc。它可以让用类似 NumPy 的标记，使用轴标签（loc）或整数索引（iloc），从 DataFrame 选择行和列的子集。

作为一个初步示例，通过标签选择一行和多列。

```
In [89]:
data.loc['Colorado', ['two', 'three']]
Out[89]:
two       5
three     6
Name: Colorado, dtype: int64
```

然后用 iloc 和整数进行选取。

```
In [90]:
data.iloc[2, [3, 0, 1]]
Out[90]:
four     11
one       8
two       9
Name: Utah, dtype: int64

In [91]:
data.iloc[2]
Out[91]:
one         8
two         9
three      10
four       11
Name: Utah, dtype: int64

In [92]:
data.iloc[[1, 2], [3, 0, 1]]
Out[92]:
          four  one  two
Colorado     7    0    5
Utah        11    8    9
```

loc 和 iloc 这两个索引函数也适用于一个标签或多个标签的切片。

```
In [93]:
data.loc[:'Utah', 'two']
Out[93]:
Ohio         0
Colorado     5
Utah         9
Name: two, dtype: int64
In [94]:
data.iloc[:, :3][data.three > 5]
Out[94]:
          one  two  three
Colorado    0    5      6
Utah        8    9     10
New York   12   13     14
```

所以，在 pandas 中，有多个方法可以选取和重新组合数据。表 5-4 所示为 DataFrame 中选取和重新组合数据的方法总结。

表 5-4　DataFrame 中选取和重新组合数据的方法总结

类型	说明
df[val]	从 DataFrame 选取单列或一组列；在特殊情况下比较便利：布尔型数组（过滤行）、切片（行切片）或布尔型 DataFrame（根据条件设置值）
df.loc[val]	通过标签，选取 DataFrame 的单个行或一组行
df.loc[:,val]	通过标签，选取单列或列子集
df.loc[val1,val2]	通过标签，同时选取行和列
df.iloc[where]	通过整数位置，从 DataFrame 选取单个行或行子集
df.iloc[:,where]	通过整数位置，从 DataFrame 选取单个列或列子集
df.iloc[where_i,where_j]	通过整数位置，同时选取行和列
df.at[label_i,label_j]	通过行和列标签，选取单一的标量
df.iat[i,j]	通过行和列的位置（整数），选取单一的标量
reindex	通过标签选取行或列
get_value,set_value	通过行和列标签选取单一值

（5）整数索引

处理整数索引的 pandas 对象常常难住新手，因为它与 Python 内置的列表和元组的索引语法不同。例如，新手可能不认为下面的代码会出错。

```
In [95]:
ser = pd.Series(np.arange(3.))
```

这里，pandas 可以勉强进行整数索引，但是会导致小 bug。ser 包含有 0、1、2 的索引，但是引入用户想要的东西（基于标签或位置的索引）很难。

```
In [96]:
ser
Out[96]:
0    0.0
1    1.0
2    2.0
dtype: float64
```

另外，对于非整数索引，不会产生歧义。

```
In [97]:
ser2 = pd.Series(np.arange(3.), index = ['a', 'b', 'c'])
ser2[-1]
Out[97]:
2.0
```

为了进行统一，如果轴索引含有整数，数据选取总会使用标签。为了更准确，请使用 loc（标签）或 iloc（整数）。

```
In [98]:
ser[:1]
Out[98]:
```

```
0    0.0
dtype: float64

In [99]:
ser.loc[:1]
Out[99]:
0    0.0
1    1.0
dtype: float64

In [100]:
ser.iloc[:1]
Out[100]:
0    0.0
dtype: float64
```

（6）算术运算和数据对齐

pandas 最重要的一个功能是，它可以对不同索引的对象进行算术运算。在将对象相加时，如果存在不同的索引对，则结果的索引就是该索引对的并集。对于有数据库经验的用户，这就像在索引标签上进行自动外连接。下面看一个简单的例子。

```
In [101]:
s1 = pd.Series([7.3, -2.5, 3.4, 1.5], index = ['a', 'c', 'd', 'e'])
s2 = pd.Series([-2.1, 3.6, -1.5, 4, 3.1],index = ['a', 'c', 'e', 'f', 'g'])
s1
Out[101]:
a    7.3
c   -2.5
d    3.4
e    1.5
dtype: float64

In [102]:
s2
Out[102]:
a   -2.1
c    3.6
e   -1.5
f    4.0
g    3.1
dtype: float64
```

将 s1、s2 相加就会产生如下结果。

```
In [103]:
s1 + s2
Out[103]:
a    5.2
c    1.1
d    NaN
e    0.0
f    NaN
```

```
g    NaN
dtype: float64
```

自动的数据对齐操作在不重叠的索引处引入了 NA 值。缺失值会在算术运算过程中传播。

对于 DataFrame，对齐操作会同时发生在行和列上。

```
In [104]:
df1 = pd.DataFrame(np.arange(9.).reshape((3, 3)), columns = list('bcd'),
                     index = ['Ohio', 'Texas', 'Colorado'])
df2 = pd.DataFrame(np.arange(12.).reshape((4, 3)), columns = list('bde'),
                      index = ['Utah', 'Ohio', 'Texas', 'Oregon'])
df1
Out[104]:
            b    c    d
Ohio      0.0  1.0  2.0
Texas     3.0  4.0  5.0
Colorado  6.0  7.0  8.0
In [105]:
df2
Out[105]:
          b     d     e
Utah    0.0   1.0   2.0
Ohio    3.0   4.0   5.0
Texas   6.0   7.0   8.0
Oregon  9.0  10.0  11.0
```

把它相加后将会返回一个新的 DataFrame，其索引和列为原来那两个 DataFrame 的并集。

```
In [106]:
df1 + df2
Out[106]:
            b   c     d   e
Colorado  NaN NaN   NaN NaN
Ohio      3.0 NaN   6.0 NaN
Oregon    NaN NaN   NaN NaN
Texas     9.0 NaN  12.0 NaN
Utah      NaN NaN   NaN NaN
```

因为'c'和'e'列均不在两个 DataFrame 对象中，所以在结果中以缺省值呈现。行也是同样。

如果 DataFrame 对象相减，没有共用的列或行标签，结果都会是空。

```
In [107]:
df1 = pd.DataFrame({'A': [1, 2]})
df2 = pd.DataFrame({'B': [3, 4]})
df1
Out[107]:
   A
0  1
1  2
```

```
In [108]:
df2
Out[108]:
   B
0  3
1  4

In [109]:
df1 - df2
Out[109]:
    A   B
0 NaN NaN
1 NaN NaN
```

（7）在算术方法中填充值

在对不同索引的对象进行算术运算时，可能希望当一个对象中某个轴标签在另一个对象中找不到时填充一个特殊值（例如 0）。

```
In [110]:
df1 = pd.DataFrame(np.arange(12.).reshape((3, 4)),columns = list('abcd'))
df2 = pd.DataFrame(np.arange(20.).reshape((4, 5)),columns = list('abcde'))
df2.loc[1, 'b'] = np.nan
df1
Out[110]:
     a    b     c     d
0  0.0  1.0   2.0   3.0
1  4.0  5.0   6.0   7.0
2  8.0  9.0  10.0  11.0

In [111]:
df2
Out[111]:
      a     b     c     d     e
0   0.0   1.0   2.0   3.0   4.0
1   5.0   NaN   7.0   8.0   9.0
2  10.0  11.0  12.0  13.0  14.0
3  15.0  16.0  17.0  18.0  19.0
```

将它相加时，没有重叠的位置就会产生 NA 值。

```
In [112]:
df1 + df2
Out[112]:
      a     b     c     d   e
0   0.0   2.0   4.0   6.0 NaN
1   9.0   NaN  13.0  15.0 NaN
2  18.0  20.0  22.0  24.0 NaN
3   NaN   NaN   NaN   NaN NaN
```

使用 df1 的 add 方法，传入 df2 以及一个 fill_value 参数。

```
In [113]:
df1.add(df2, fill_value = 0)
Out[113]:
```

```
      a     b     c     d     e
0   0.0   2.0   4.0   6.0   4.0
1   9.0   5.0  13.0  15.0   9.0
2  18.0  20.0  22.0  24.0  14.0
3  15.0  16.0  17.0  18.0  19.0
```

Series 和 DataFrame 的算术方法如表 5-5 所示。每个方法都有一个副本，以字母 r 开头，它会翻转参数。因此如下例子两个语句是等价的。

```
In [114]:
1 / df1
Out[114]:
          a         b         c         d
0       inf  1.000000  0.500000  0.333333
1  0.250000  0.200000  0.166667  0.142857
2  0.125000  0.111111  0.100000  0.090909

In [115]:
df1.rdiv(1)
Out[115]:
          a         b         c         d
0       inf  1.000000  0.500000  0.333333
1  0.250000  0.200000  0.166667  0.142857
2  0.125000  0.111111  0.100000  0.090909
```

表 5-5　Series 和 DataFrame 的算术方法

方法	说明
Add、radd	用于加法（+）的方法
sub、rsub	用于减法（-）的方法
Div、rdiv	用于除法（/）的方法
floordiv、rfloordiv	用于底除（//）的方法
mul、rmul	用于乘法（*）的方法
pow、rpow	用于指数（**）的方法

在对 Series 或 DataFrame 重新索引时，也可以指定一个填充值。

```
In [116]:
df1.reindex(columns = df2.columns, fill_value = 0)
Out[116]:
     a    b     c     d  e
0  0.0  1.0   2.0   3.0  0
1  4.0  5.0   6.0   7.0  0
2  8.0  9.0  10.0  11.0  0
```

（8）DataFrame 和 Series 之间的运算

跟不同维度的 NumPy 数组一样，DataFrame 和 Series 之间的算术运算也是有明确规定的。先来看一个具有启发性的例子，计算一个二维数组与其某行之间的差。

```
In [117]:
arr = np.arange(12.).reshape((3, 4))
arr
Out[117]:
array([[  0.,   1.,   2.,   3.],
       [  4.,   5.,   6.,   7.],
       [  8.,   9.,  10.,  11.]])

In [118]:
arr[0]
Out[118]:
array([ 0.,  1.,  2.,  3.])

In [119]:
arr - arr[0]
Out[119]:
array([[ 0.,  0.,  0.,  0.],
       [ 4.,  4.,  4.,  4.],
       [ 8.,  8.,  8.,  8.]])
```

当从 arr 减去 arr[0]，每一行都会执行该操作，这就叫作广播（Broadcasting）。DataFrame 和 Series 之间的运算也与此类似。再看下面的例子。

```
In [120]:
frame = pd.DataFrame(np.arange(12.).reshape((4, 3)),
             columns = list('bde'), index = ['Utah', 'Ohio', 'Texas', 'Oregon'])
series = frame.iloc[0]
frame
Out[120]:
          b     d     e
Utah    0.0   1.0   2.0
Ohio    3.0   4.0   5.0
Texas   6.0   7.0   8.0
Oregon  9.0  10.0  11.0

In [121]:
series
Out[121]:
b    0.0
d    1.0
e    2.0
Name: Utah, dtype: float64
```

默认情况下，DataFrame 和 Series 之间的算术运算会将 Series 的索引匹配到 DataFrame 的列，然后沿着行一直向下广播。

```
In [122]:
frame - series
Out[122]:
          b    d    e
Utah    0.0  0.0  0.0
Ohio    3.0  3.0  3.0
```

```
Texas   6.0  6.0  6.0
Oregon  9.0  9.0  9.0
```

如果某个索引值在DataFrame的列或Series的索引中找不到，则参与运算的两个对象就会被重新索引以形成并集。

```
In [123]:
series2 = pd.Series(range(3), index = ['b', 'e', 'f'])
frame + series2
Out[123]:
          b   d     e   f
Utah    0.0 NaN   3.0 NaN
Ohio    3.0 NaN   6.0 NaN
Texas   6.0 NaN   9.0 NaN
Oregon  9.0 NaN  12.0 NaN
```

如果希望匹配行且在列上广播，则必须使用算术运算方法。例如：

```
In [124]:
series3 = frame['d']
frame
Out[124]:
          b     d     e
Utah    0.0   1.0   2.0
Ohio    3.0   4.0   5.0
Texas   6.0   7.0   8.0
Oregon  9.0  10.0  11.0

In [125]:
series3
Out[125]:
Utah       1.0
Ohio       4.0
Texas      7.0
Oregon    10.0
Name: d, dtype: float64

In [126]:
frame.sub(series3, axis = 'index')
Out[126]:
          b    d    e
Utah   -1.0  0.0  1.0
Ohio   -1.0  0.0  1.0
Texas  -1.0  0.0  1.0
Oregon -1.0  0.0  1.0
```

传入的轴号就是希望匹配的轴。在本例中，目的是匹配DataFrame的行索引（axis = 'index' or axis = 0）并进行广播。

（9）函数应用和映射

NumPy的ufuncs（元素级数组方法）也可用于操作pandas对象。

```
In [127]:
frame = pd.DataFrame(np.random.randn(4, 3), columns = list('bde'),
                  index = ['Utah', 'Ohio', 'Texas', 'Oregon'])
```

```
frame
Out[127]:
               b         d         e
Utah   -0.204708  0.478943 -0.519439
Ohio   -0.555730  1.965781  1.393406
Texas   0.092908  0.281746  0.769023
Oregon  1.246435  1.007189 -1.296221

In [128]:
np.abs(frame)
Out[128]:
               b         d         e
Utah    0.204708  0.478943  0.519439
Ohio    0.555730  1.965781  1.393406
Texas   0.092908  0.281746  0.769023
Oregon  1.246435  1.007189  1.296221
```

另一个常见的操作是，将函数应用到由各列或行所形成的一维数组上。DataFrame 的 apply 方法即可实现此功能。

```
In [129]:
f = lambda x: x.max() - x.min()
frame.apply(f)
Out[129]:
b    1.802165
d    1.684034
e    2.689627
dtype: float64
```

该代码案例中的函数 f，计算的是一个 Series 中的最大值与最小值差，该函数在 frame 的每列均执行一次。结果是一个 Series，使用 frame 的列作为索引。

如果传递 axis='columns'到 apply，这个函数会在每行执行。

```
In [130]:
frame.apply(f, axis = 'columns')
Out[130]:
Utah      0.998382
Ohio      2.521511
Texas     0.676115
Oregon    2.542656
dtype: float64
```

许多最为常见的数组统计功能都被实现成 DataFrame 的方法（例如 sum 和 mean），因此无需使用 apply 方法。传递到 apply 的函数不是必须返回一个标量，还可以返回由多个值组成的 Series。

```
In [131]:
def f(x):
    return pd.Series([x.min(), x.max()], index = ['min', 'max'])
frame.apply(f)
Out[131]:
            b         d         e
min -0.555730  0.281746 -1.296221
```

```
max  1.246435  1.965781  1.393406
```

元素级的 Python 函数也是可以用的。假如想得到 frame 中各个浮点值的格式化字符串，使用 applymap 即可。

```
In [132]:
format = lambda x: '%.2f' % x
frame.applymap(format)
Out[132]:
            b     d      e
Utah    -0.20  0.48  -0.52
Ohio    -0.56  1.97   1.39
Texas    0.09  0.28   0.77
Oregon   1.25  1.01  -1.30
```

之所以叫作 applymap，是因为 Series 有一个用于元素级函数的 map 方法。

```
In [133]:
frame['e'].map(format)
Out[133]:
Utah      -0.52
Ohio       1.39
Texas      0.77
Oregon    -1.30
Name: e, dtype: object
```

（10）排序和排名

根据条件对数据集排序（Sorting）也是一种重要的内置运算。要对行或列索引进行排序（按字典顺序），可使用 sort_index 方法，它将返回一个已排序的新对象。

```
In [134]:
obj = pd.Series(range(4), index = ['d', 'a', 'b', 'c'])
obj.sort_index()
Out[134]:
a    1
b    2
c    3
d    0
dtype: int64
```

对于 DataFrame，则可以根据任意一个轴上的索引进行排序。

```
In [135]:
frame = pd.DataFrame(np.arange(8).reshape((2, 4)),
                     index = ['three', 'one'],
                     columns = ['d', 'a', 'b', 'c'])
frame.sort_index()
Out[135]:
       d  a  b  c
one    4  5  6  7
three  0  1  2  3

In [136]:
frame.sort_index(axis = 1)
Out[136]:
```

```
       a  b  c  d
three  1  2  3  0
one    5  6  7  4
```

数据默认是按升序排序的，但也可以降序排列。

```
In [137]:
frame.sort_index(axis = 1, ascending = False)
Out[137]:
       d  c  b  a
three  0  3  2  1
one    4  7  6  5
```

若要按值对 Series 进行排序，可使用其 sort_values 方法。

```
In [138]:
obj = pd.Series([4, 7, -3, 2])
obj.sort_values()
Out[138]:
2   -3
3    2
0    4
1    7
dtype: int64
```

在排序时，任何缺失值默认都会被放到 Series 的末尾。

```
In [139]:
obj = pd.Series([4, np.nan, 7, np.nan, -3, 2])
obj.sort_values()
Out[139]:
4   -3.0
5    2.0
0    4.0
2    7.0
1    NaN
3    NaN
dtype: float64
```

当排序一个 DataFrame 时，可能希望根据一个或多个列中的值进行排序。将一个或多个列的名称传递给 sort_values 的 by 选项即可达到该目的。

```
In [140]:
frame = pd.DataFrame({'b': [4, 7, -3, 2], 'a': [0, 1, 0, 1]})
frame
Out[140]:
   a  b
0  0  4
1  1  7
2  0 -3
3  1  2

In [141]:
frame.sort_values(by = 'b')
Out[141]:
   a  b
```

```
2  0 -3
3  1  2
0  0  4
1  1  7
```

要根据多个列进行排序，传入名称的列表即可。

```
In [142]:
frame.sort_values(by = ['a', 'b'])
Out[142]:
   a  b
2  0 -3
0  0  4
3  1  2
1  1  7
```

排名会从1开始一直到数组中有效数据的数量。接下来介绍Series和DataFrame的rank方法。默认情况下，rank是通过“为各组分配一个平均排名”的方式破坏平级关系的。

```
In [143]:
obj = pd.Series([7, -5, 7, 4, 2, 0, 4])
obj.rank()
Out[143]:
0    6.5
1    1.0
2    6.5
3    4.5
4    3.0
5    2.0
6    4.5
dtype: float64
```

可以根据值在原数据中出现的顺序给出排名。

```
In [144]:
obj.rank(method = 'first')
Out[144]:
0    6.0
1    1.0
2    7.0
3    4.0
4    3.0
5    2.0
6    5.0
dtype: float64
```

这里，条目0和2没有使用平均排名6.5，它被设成了6.0和7.0，因为数据中标签0位于标签2的前面。

也可以按降序进行排名。

```
# Assign tie values the maximum rank in the group
In [145]:
obj.rank(ascending = False, method = 'max')
Out[145]:
0    2.0
```

```
1    7.0
2    2.0
3    4.0
4    5.0
5    6.0
6    4.0
dtype: float64
```

如表 5-6 所示，列出了所有用于破坏平级关系的 method 选项。DataFrame 可以在行或列上计算排名。

表 5-6　rank 方法的 method 参数可选项

method 参数可选项	说明
'average'	默认在相等分组中，为各个值分配平均排名
'min'	使用整个分组的最小排名
'max'	使用整个分组的最大排名
'first'	按值在原始数据中的出现顺序分配排名
'dense'	类似于'min'方法，但是排名总是在组间增加 1，而不是组中相同的元素数

```
In [146]:
frame = pd.DataFrame({'b': [4.3, 7, -3, 2], 'a': [0, 1, 0, 1],
                      'c': [-2, 5, 8, -2.5]})
frame
Out[146]:
   a    b    c
0  0  4.3 -2.0
1  1  7.0  5.0
2  0 -3.0  8.0
3  1  2.0 -2.5

In [147]:
frame.rank(axis = 'columns')
Out[147]:
     a    b    c
0  2.0  3.0  1.0
1  1.0  3.0  2.0
2  2.0  1.0  3.0
3  2.0  3.0  1.0
```

（11）带有重复标签的轴索引

到目前为止，介绍的所有范例都有着唯一的轴标签（索引值）。虽然许多 pandas 函数（如 reindex）都要求标签唯一，但这并不是强制性的。接下来我们看看下面这个简单的带有重复索引值的 Series。

```
In [148]:
obj = pd.Series(range(5), index = ['a', 'a', 'b', 'b', 'c'])
obj
```

```
Out[148]:
a    0
a    1
b    2
b    3
c    4
dtype: int64
```

索引的is_unique属性可以告诉它的值是否唯一。

```
In [149]:
obj.index.is_unique
Out[149]:
False
```

对于带有重复值的索引，数据选取的行为将会有些不同。如果某个索引对应多个值，则返回一个Series；而对应单个值的，则返回一个标量值。

```
In [150]:
obj['a']
Out[150]:
a    0
a    1
dtype: int64

In [151]:
obj['c']
Out[151]:
4
```

这样会使代码变复杂，因为索引的输出类型会根据标签是否有重复发生变化。

对DataFrame的行进行索引时也是如此。

```
In [152]:
df = pd.DataFrame(np.random.randn(4, 3), index = ['a', 'a', 'b', 'b'])
df
Out[152]:
         0         1         2
a  0.274992  0.228913  1.352917
a  0.886429 -2.001637 -0.371843
b  1.669025 -0.438570 -0.539741
b  0.476985  3.248944 -1.021228
In [153]:
df.loc['b']
Out[153]:
         0         1         2
b  1.669025 -0.438570 -0.539741
b  0.476985  3.248944 -1.021228
```

3. 汇总和计算描述统计

pandas对象拥有一组常用的数学和统计方法。它大部分都属于约简和汇总统计，用于从Series中提取单个值（例如sum或mean）或从DataFrame的行或列中提取一个Series。跟对应的NumPy数组方法相比，它都是基于没有缺失数据的假设而构建的。下面看一个简单的 DataFrame。

```
In [154]:
df = pd.DataFrame([[1.4, np.nan], [7.1, -4.5],
                   [np.nan, np.nan], [0.75, -1.3]],
                   index = ['a', 'b', 'c', 'd'],
                   columns = ['one', 'two'])
df
Out[154]:
    one  two
a  1.40  NaN
b  7.10 -4.5
c   NaN  NaN
d  0.75 -1.3
```

调用 DataFrame 的 sum 方法将会返回一个含有列的和的 Series。

```
In [155]:
df.sum()
Out[155]:
one    9.25
two   -5.80
dtype: float64
```

传入 axis='columns'或 axis=1 将会按行进行求和运算。

```
In [156]:
df.sum(axis = 1)
Out[156]:
a    1.40
b    2.60
c     NaN
d   -0.55
```

NA 值会自动被排除，除非整个切片（这里指的是行或列）都是 NA。通过 skipna 选项可以禁用该功能。

```
In [157]:
df.mean(axis = 'columns', skipna = False)
Out[157]:
a      NaN
b    1.300
c      NaN
d   -0.275
dtype: float64
```

约简方法的常用选项如表 5-7 所示。

表 5-7　约简方法的常用选项

选项	说明
axis	排除缺失值，默认值为 True
skipna	排除缺失值，默认值为 True
level	如果轴是层次化索引的（即 MultiIndex），则根据 level 分组约简

有些方法（如 idxmin 和 idxmax）返回的是间接统计（比如达到最小值或最大值的索引）。

```
In [158]:
df.idxmax()
Out[158]:
one    b
two    d
dtype: object
```

另一些方法则是累计型的。

```
In [159]:
df.cumsum()
Out[159]:
   one  two
a  1.40  NaN
b  8.50 -4.5
c   NaN  NaN
d  9.25 -5.8
```

还有一种方法，它既不是约简型也不是累计型。describe 就是一个例子，它用于一次性产生多个汇总统计。

```
In [160]:
df.describe()
Out[160]:
            one       two
count  3.000000  2.000000
mean   3.083333 -2.900000
std    3.493685  2.262742
min    0.750000 -4.500000
25%    1.075000 -3.700000
50%    1.400000 -2.900000
75%    4.250000 -2.100000
max    7.100000 -1.300000
```

对于非数值型数据，describe 会产生另外一种汇总统计。

```
In [161]:
obj = pd.Series(['a', 'a', 'b', 'c'] * 4)
obj.describe()
Out[161]:
count     16
unique     3
top        a
freq       8
dtype: object
```

描述统计相关的方法有很多个，这里就不一一举例了，具体方法及说明如表 5-8 所示。

表 5-8 描述统计相关的方法

方法	说明
count	统计非 NA 值的数量
describe	针对 Series 或各 DataFrame 列计算汇总统计

续表

方法	说明
min、max	计算最小值和最大值
argmin、argmax	计算能够获取到最小值和最大值的索引位置（整数)
idxmin、idxmax	计算能够获取到最小值和最大值的索引值
quantile	计算样本的分位数（0 到 1)
sum	值的总和
mean	值的平均数
median	值的算术中位数（50%分位数)
mad	根据平均值计算平均绝对离差
var	样本值的方差
std	样本值的标准差
skew	样本值的偏度（三阶矩)
kurt	样本值的峰度（四阶矩)
cumsum	样本值的累计和
cummin、cummax	样本值的累计最大值和累计最小值
cumprod	样本值的累计积
diff	计算一阶差分（对时间序列很有用)
pct_change	计算百分数变化

4．唯一值、值计数以及成员资格

还有一类方法可以从一维 Series 的值中抽取信息。看下面的例子。

```
In [162]:
obj = pd.Series(['c', 'a', 'd', 'a', 'a', 'b', 'b', 'c', 'c'])
```

第一个函数是 unique，它可以得到 Series 中的唯一值数组。

```
In [163]:
uniques = obj.unique()
uniques
Out[163]: array(['c', 'a', 'd', 'b'], dtype = object)
```

返回的唯一值是未排序的，如果需要的话，可以对结果再次进行排序（uniques.sort()）。相似地，value_counts 用于计算一个 Series 中各值出现的频率。

```
In [164]:
obj.value_counts()
Out[164]:
c    3
a    3
b    2
d    1
dtype: int64
```

为了便于查看，结果 Series 是按值频率降序排列的。value_counts 还是一个顶级 pandas 方法，可用于任何数组或序列。

```
In [165]:
pd.value_counts(obj.values, sort = False)
Out[165]:
a    3
b    2
c    3
d    1
dtype: int64
```

isin 用于判断矢量化集合的成员资格，可用于过滤 Series 中或 DataFrame 列中数据的子集。

```
In [166]:
obj
Out[166]:
0    c
1    a
2    d
3    a
4    a
5    b
6    b
7    c
8    c
dtype: object

In [167]:
mask = obj.isin(['b', 'c'])
mask
Out[167]:
0     True
1    False
2    False
3    False
4    False
5     True
6     True
7     True
8     True
dtype: bool

In [168]:
obj[mask]
Out[168]:
0    c
5    b
6    b
7    c
```

```
8    c
dtype: object
```

与 isin 类似的是 Index.get_indexer 方法，它可以给出一个索引数组，从可能包含重复值的数组到另一个不同值的数组。

```
In [169]:
to_match = pd.Series(['c', 'a', 'b', 'b', 'c', 'a'])
unique_vals = pd.Series(['c', 'b', 'a'])
pd.Index(unique_vals).get_indexer(to_match)
Out[169]:
array([0, 2, 1, 1, 0, 2])
```

唯一值、值计数以及成员资格相关方法的一些参考信息如表 5-9 所示。

表 5-9 唯一值、值计数以及成员资格相关方法的一些参考信息

方法	说明
isin	计算一个表示“Series 各值是否包含于传入的值序列中”的布尔型数组
match	计算一个数组中的各值到另一个不同值数组的整数索引，对于数据对齐和连接类型的操作十分有用
unique	计算 Series 中的唯一值数组，按发现的顺序返回
value_counts	返回一个 Series，其索引为唯一值，其值为频率，按计数值降序排列

有时，可能希望得到 DataFrame 中多个相关列的一张柱状图。例如：

```
In [170]:
data = pd.DataFrame({'Qu1': [1, 3, 4, 3, 4], 'Qu2': [2, 3, 1, 2, 3], 'Qu3': [1,
 5, 2, 4, 4]})
data
Out[170]:
   Qu1  Qu2  Qu3
0    1    2    1
1    3    3    5
2    4    1    2
3    3    2    4
4    4    3    4
```

将 pandas.value_counts 传给该 DataFrame 的 apply 函数，就会出现：

```
In [171]:
result = data.apply(pd.value_counts).fillna(0)
result
Out[171]:
   Qu1  Qu2  Qu3
1  1.0  1.0  1.0
2  0.0  2.0  1.0
3  2.0  2.0  0.0
4  2.0  0.0  2.0
5  0.0  0.0  1.0
```

这里，结果中的行标签是所有列的唯一值。后面的频率值是每个列中这些值的相应计数。

5.1.2 数据加载与存储

1. 读文本格式的数据

访问数据是使用数据预处理工具的第一步。下面会着重介绍 pandas 的数据输入与输出。输入/输出通常可以划分为几个大类：读取文本文件和其他更高效的磁盘存储格式文件，加载数据库中的数据，利用 Web API 操作网络资源。

pandas 提供了一些用于将表格型数据读取为 DataFrame 对象的函数，如表 5-10 所示，其中 read_csv 和 read_table 可能会是今后用得最多的。

表 5-10 将表格型数据读取为 DataFrame 对象的函数

函数	说明
read_csv	从文件、URL、文件型对象中加载带分隔符的数据。默认分隔符为逗号
read_table	从文件、URL、文件型对象中加载带分隔符的数据。默认分隔符为制表符（t'）
read_fwf	读取定宽列格式数据（也就是说，没有分隔符）
read_clipboard	读取剪贴板中的数据，可以看作 read_table 的剪贴板版。在将网页转换为表格时很有用
read_excel	从 Excel XLS 或 XLSX 文件读取表格数据
read_hdf	读取 pandas 写的 HDF5 文件
read_html	读取 HTML 文档中的所有表格
read_json	读取 JSON（JavaScript Object Notation）字符串中的数据
read_msgpack	读取二进制格式编码的 pandas 数据
read _pickle	读取 Python pickle 格式中存储的任意对象
read_sas	读取存储于 SAS 系统自定义存储格式的 SAS 数据集
read_sql	读取 SQL 查询结果为 pandas 的 DataFrame
read_stata	读取 Stata 文件格式的数据集
read_feather	读取 Feather 二进制文件格式数据

这些函数的参数选项可以划分为以下几个大类。

- 索引：将一个或多个列当作返回的 DataFrame 处理，以及是否从文件中获取列名。
- 类型推断和数据转换：包括用户定义的值转换等。
- 日期解析：包括组合功能，例如，将分散在多个列中的日期时间信息组合成结果中的单个列。
- 迭代：支持对大文件进行逐块迭代。
- 不规整数据问题：跳过一些行、页脚、注释或其他一些不重要的内容（例如，由成千上万个逗号隔开的数值数据）。

因为工作中实际碰到的数据可能十分混乱，一些数据加载函数（尤其是 read_csv）的参数选项逐渐变得复杂起来。面对不同的参数，感到头痛很正常（read_csv 有超过 50 个参数）。pandas 文档有这些参数的例子，如果感到阅读某个文件很难，可以通过相似的足够多的例子找到正确的参数。

其中一些函数，例如 pandas.read_csv，有类型推断功能，因为列数据的类型不属于数据类型。也就是说，不需要指定列的类型到底是数值、整数、布尔值，还是字符串。其他的数据格式，如 HDF5、Feather 和 msgpack，会在格式中存储数据类型。

日期和其他自定义类型的处理需要多花点工夫才行。首先来看一个以逗号分隔的（CSV）文本文件（没有 ex1.csv 文件的需自行创建）。

```
a,b,c,d,message
1,2,3,4,hello
5,6,7,8,world
9,10,11,12,foo
```

由于该文件以逗号分隔，所以可以使用 read_csv 将其读入一个 DataFrame。

```
In [172]:
df = pd.read_csv('examples/ex1.csv')
df
Out[172]:
   a   b   c   d message
0  1   2   3   4   hello
1  5   6   7   8   world
2  9  10  11  12     foo
```

还可以使用 read_table 读取，并指定分隔符。

```
In [173]:
pd.read_table('examples/ex1.csv', sep = ',')
Out[173]:
   a   b   c   d message
0  1   2   3   4   hello
1  5   6   7   8   world
2  9  10  11  12     foo
```

并不是所有文件都有标题行。看看下面这个文件（ex2.csv）。

```
1,2,3,4,hello
5,6,7,8,world
9,10,11,12,foo
```

读入该文件的办法有两个。可以让 pandas 为其分配默认的列名，也可以自己定义列名。

```
In [174]:
pd.read_csv('examples/ex2.csv', header = None)
Out[174]:
   0   1   2   3      4
0  1   2   3   4  hello
1  5   6   7   8  world
2  9  10  11  12    foo

In [175]:
pd.read_csv('examples/ex2.csv', names = ['a', 'b', 'c', 'd', 'message'])
```

```
Out[175]:
   a   b   c   d message
0  1   2   3   4   hello
1  5   6   7   8   world
2  9  10  11  12     foo
```

假设希望将 message 列做成 DataFrame 的索引。可以明确表示要将该列放到索引 4 的位置上，也可以通过 index_col 参数指定 message。

```
In [176]:
names = ['a', 'b', 'c', 'd', 'message']
pd.read_csv('examples/ex2.csv', names = names, index_col = 'message')
Out[176]:
         a   b   c   d
message
hello    1   2   3   4
world    5   6   7   8
foo      9  10  11  12
```

如果希望将多个列做成一个层次化索引，只需传入由列编号或列名组成的列表即可，如下面的文件（csv_mindex.csv）。

```
key1,key2,value1,value2
one,a,1,2
one,b,3,4
one,c,5,6
one,d,7,8
two,a,9,10
two,b,11,12
two,c,13,14
two,d,15,16
```

用 read_csv 读取。

```
In [177]:
parsed = pd.read_csv('examples/csv_mindex.csv', index_col = ['key1', 'key2'])
parsed
Out[177]:
           value1  value2
key1 key2
one  a          1       2
     b          3       4
     c          5       6
     d          7       8
two  a          9      10
     b         11      12
     c         13      14
     d         15      16
```

有些情况下，某些表格可能不是用固定的分隔符去分隔字段的（例如空白符或其他模式）。看看下面这个文本文件（ex3.txt）。

```
In [178]:
list(open('examples/ex3.txt'))
Out[178]:
```

```
['            A           B          C\n',
 'aaa -0.264438 -1.026059 -0.619500\n',
 'bbb 0.927272 0.302904 -0.032399\n',
 'ccc -0.264273 -0.386314 -0.217601\n',
 'ddd -0.871858 -0.348382 1.100491\n']
```

这里的字段是被数量不同的空白字符间隔开的，可以手动对数据进行规整。这种情况下，还可以传递一个正则表达式作为 read_table 的分隔符。可用的正则表达式表达为\s+，于是有：

```
In [179]:
result = pd.read_table('examples/ex3.txt', sep = '\s+')
result
Out[179]:
          A         B         C
aaa -0.264438 -1.026059 -0.619500
bbb  0.927272  0.302904 -0.032399
ccc -0.264273 -0.386314 -0.217601
ddd -0.871858 -0.348382  1.100491
```

这里，由于列名比数据行的数量少，所以 read_table 推断第一列应该是 DataFrame 的索引。

这些函数还有许多参数可以帮助处理各种各样的异形文件格式。比如说，可以用 skiprows 跳过文件的第一行、第三行和第四行。下面是一个异形文件（ex4.csv）。

```
# hey!
a,b,c,d,message
# just wanted to make things more difficult for you
# who reads CSV files with computers, anyway?
1,2,3,4,hello
5,6,7,8,world
9,10,11,12,foo
```

用参数 skiprows 跳过指定行。

```
In [180]:
pd.read_csv('examples/ex4.csv', skiprows = [0, 2, 3])
Out[180]:
   a   b   c   d message
0  1   2   3   4   hello
1  5   6   7   8   world
2  9  10  11  12     foo
```

缺失值处理是文件解析任务中的一个重要组成部分。缺失数据经常是要么没有（空字符串），要么用某个标记值表示。默认情况下，pandas 会用一组经常出现的标记值进行识别，例如 NA 及 NULL。下面是一个带缺失值的文件（ex5.csv）。

```
something,a,b,c,d,message
one,1,2,3,4,NA
two,5,6,,8,world
three,9,10,11,12,foo
```

读取上面有缺失值的文件。

```
In [181]:
```

```
result = pd.read_csv('examples/ex5.csv')
result
Out[181]:
  something  a   b     c   d message
0       one  1   2   3.0   4     NaN
1       two  5   6   NaN   8   world
2     three  9  10  11.0  12     foo

In [182]:
pd.isnull(result)
Out[182]:
   something      a      b      c      d  message
0      False  False  False  False  False     True
1      False  False  False   True  False    False
2      False  False  False  False  False    False
```

na_values 可以用一个列表或集合的字符串表示缺失值。

```
In [183]:
result = pd.read_csv('examples/ex5.csv', na_values = ['NULL'])
result
Out[183]:
  something  a   b     c   d message
0       one  1   2   3.0   4     NaN
1       two  5   6   NaN   8   world
2     three  9  10  11.0  12     foo
```

字典的各列可以使用不同的 NA 标记值。

```
In [184]:
sentinels = {'message': ['foo', 'NA'], 'something': ['two']}
pd.read_csv('examples/ex5.csv', na_values = sentinels)
Out[184]:
something  a   b     c   d message
0       one  1   2   3.0   4     NaN
1       NaN  5   6   NaN   8   world
2     three  9  10  11.0  12     NaN
```

pandas.read_csv 和 pandas.read_table 常用的选项如表 5-11 所示。

表 5-11　pandas.read_csv 和 pandas.read_table 常用的选项

参数	说明
verbose	打印各种解析器输出信息，例如“非数值列中缺失值的数量”等
encoding	用于 unicode 的文本编码格式。例如，“utf-8”表示用 UTF-8 编码的文本
squeeze	如果数据经解析后仅含一列，则返回 Series
thousands	千分位分隔符，如“,”或“.”

2. 将数据输出到文本格式文件

数据也可以被输出为带分隔符格式的文本。再来看看之前读过的一个 CSV 文件。

```
In [185]:
data = pd.read_csv('examples/ex5.csv')
```

```
data
Out[185]:
  something  a   b     c   d message
0       one  1   2   3.0   4     NaN
1       two  5   6   NaN   8   world
2     three  9  10  11.0  12     foo
```

利用 DataFrame 的 to_csv 方法，可以将数据写到一个以逗号分隔的 CSV 文件中。

```
In [186]:
data.to_csv('examples/out.csv')
```

当然，还可以使用其他分隔符。如果这里直接写出到 sys.stdout，那么仅仅是在屏幕上打印输出文本结果而已。

```
In [187]:
import sys
data.to_csv(sys.stdout, sep = '|')
|something|a|b|c|d|message     # 这行开始为输出文件中的内容，以下雷同
0|one|1|2|3.0|4|
1|two|5|6||8|world
2|three|9|10|11.0|12|foo
```

缺失值在输出结果中会被表示为空字符串。也可以将其表示为别的标记值。

```
In [188]:
data.to_csv(sys.stdout, na_rep = 'NULL')
,something,a,b,c,d,message
0,one,1,2,3.0,4,NULL
1,two,5,6,NULL,8,world
2,three,9,10,11.0,12,foo
```

如果没有设置其他选项，则会写出行和列的标签。当然，它也都可以被禁用。

```
In [189]:
data.to_csv(sys.stdout, index = False, header = False)
one,1,2,3.0,4,
two,5,6,,8,world
three,9,10,11.0,12,foo
```

此外，还可以只写出一部分的列，并以指定的顺序排列。

```
In [190]:
data.to_csv(sys.stdout, index = False, columns = ['a', 'b', 'c'])
a,b,c
1,2,3.0
5,6,
9,10,11.0
```

Series 也有一个 to_csv 方法。

```
In [191]:
dates = pd.date_range('1/1/2000', periods = 7)
ts = pd.Series(np.arange(7), index = dates)
ts.to_csv('examples/tseries.csv')
```

3. 处理分隔符格式

大部分存储在磁盘上的表格型数据都能用 pandas.read_table 进行加载。然而，有时还是需要做一些手工处理。由于接收到含有畸形行的文件而使 read_table 出毛病的情况并不

少见。为了说明这些基本工具的用法，看看下面这个简单的 CSV 文件。

```
"a","b","c"
"1","2","3"
"1","2","3"
```

对于任何单字符分隔符文件，可以直接使用 Python 内置的 csv 模块，将任意已打开的文件或文件型的对象传给 csv.reader。

```
In [192]:
import csv
f = open('examples/ex7.csv')
reader = csv.reader(f)
```

对这个 reader 进行迭代将会为每行产生一个列表（并移除了所有的引号）。

```
In [193]:
for line in reader:
   print(line)
Out[193]:
['a', 'b', 'c']
['1', '2', '3']
['1', '2', '3']
```

现在，为了使数据格式合乎要求，需要对其做一些整理工作。首先，读取文件到一个多行的列表中。

```
In [194]:
with open('examples/ex7.csv') as f:
   lines = list(csv.reader(f))
```

然后，将这些行分为标题行和数据行。

```
In [195]:
header, values = lines[0], lines[1:]
```

最后，可以用字典构造式和 zip(*values)，后者将行转置为列，创建数据列的字典。

```
In [196]:
data_dict = {h: v for h, v in zip(header, zip(*values))}
data_dict
Out[196]:
 {'a': ('1', '1'), 'b': ('2', '2'), 'c': ('3', '3')}
```

CSV 文件的格式有很多。只需定义 csv.Dialect 的一个子类即可定义出新格式（例如，专门的分隔符、字符串引用约定和行结束符等）。

```
class my_dialect(csv.Dialect):
    lineterminator = '\n'
    delimiter = ';'
    quotechar = '"'
    quoting = csv.QUOTE_MINIMAL
reader = csv.reader(f, dialect = my_dialect)
```

CSV 文件的参数也可以用关键字的形式提供给 csv.reader，而无需定义子类。

```
reader = csv.reader(f, delimiter = '|')
```

可用的参数选项（csv.Dialect 的属性）及其功能如表 5-12 所示。

表 5-12　可用的参数选项（csv.Dialect 的属性）及其功能

参数选项	说明
delimiter	用于分隔字段的单字符字符串。默认为“,”
lineterminator	用于写操作的行结束符，默认为“\r\n”。读操作将忽略此选项，它能认出跨平台的行结束符
quotechar	用于带有特殊字符（如分隔符）的字段的引用符号。默认为“"”
quoting	引用约定。可选值包括 csv.QUOTE_ALL（引用所有字段）、csv. QUOTE_MINIMAL（只引用带有诸如分隔符之类特殊字符的字段）、csv.QUOTE_NONNUMERIC 以及 csv.QUOTE_NON（不引用）。完整信息请参考 Python 的文档。默认为 QUOTE_MINIMAL
skipinitialspace	忽略分隔符后面的空白符。默认为 False
doublequote	如何处理字段内的引用符号。如果为 True，则双写。完整信息及行为请参见官网在线文档
escapechar	用于对分隔符进行转义的字符串（如果 quoting 被设置为 csv.QUOTE_NONE 的话）。默认禁用

要手工输出分隔符文件，可以使用 csv.writer。它接受一个已打开且可写的文件对象以及与 csv.reader 相同的那些语法和格式化选项。

```
with open('mydata.csv', 'w') as f:
    writer = csv.writer(f, dialect = my_dialect)
    writer.writerow(('one', 'two', 'three'))
    writer.writerow(('1', '2', '3'))
    writer.writerow(('4', '5', '6'))
    writer.writerow(('7', '8', '9'))
```

4．JSON 数据的读写处理

JSON（JavaScript Object Notation）已经成为通过 HTTP 请求在 Web 浏览器和其他应用程序之间发送数据的标准格式之一。它是一种比表格型文本格式（如 CSV）灵活得多的数据格式。下面是一个例子。

```
In [197]:
obj = """
{"name": "Wes",
"places_lived": ["United States", "Spain", "Germany"],
"pet": null,
"siblings": [{"name": "Scott", "age": 30, "pets": ["Zeus", "Zuko"]},
             {"name": "Katie", "age": 38,
              "pets": ["Sixes", "Stache", "Cisco"]}]
}
"""
```

除其空值 null 和一些其他的细微差别（如列表末尾不允许存在多余的逗号）之外，JSON 非常接近于有效的 Python 代码。基本类型有对象（字典）、数组（列表）、字符串、数值、布尔值以及 null。对象中所有的键都必须是字符串。许多 Python 库都可以读写 JSON 数据。通过 json.loads 即可将 JSON 字符串转换成 Python 形式。

```
In [198]:
import json
result = json.loads(obj)
result
```

```
Out[198]:
{'name': 'Wes',
'pet': None,
'places_lived': ['United States', 'Spain', 'Germany'],
'siblings': [{'age': 30, 'name': 'Scott', 'pets': ['Zeus', 'Zuko']},
{'age': 38, 'name': 'Katie', 'pets': ['Sixes', 'Stache', 'Cisco']}]}
```

json.dumps 则将 Python 对象转换成 JSON 格式。

```
In [199]:
asjson = json.dumps(result)
```

如何将（一个或一组）JSON 对象转换为 DataFrame。最简单方便的方式是：向 DataFrame 构造器传入一个字典的列表(就是原先的 JSON 对象),并选取数据字段的子集。

```
In [200]:
siblings = pd.DataFrame(result['siblings'], columns = ['name', 'age'])
siblings
Out[200]:
   name   age
0  Scott   30
1  Katie   38
```

pandas.read_json 可以自动将特别格式的 JSON 数据集转换为 Series 或 DataFrame。例如，有如下数据文件（example.json）。

```
[{"a": 1, "b": 2, "c": 3},
{"a": 4, "b": 5, "c": 6},
{"a": 7, "b": 8, "c": 9}]
```

pandas.read_json 的默认选项假设 JSON 数组中的每个对象是表格中的一行。

```
In [201]:
data = pd.read_json('examples/example.json')
data
Out[201]:
   a  b  c
0  1  2  3
1  4  5  6
2  7  8  9
```

如果需要将数据从 pandas 输出到 JSON，可以使用 to_json 方法。

```
In [202]:
print(data.to_json())
Out[202]:
{"a":{"0":1,"1":4,"2":7},"b":{"0":2,"1":5,"2":8},"c":{"0":3,"1":6,"2":9}}

In [203]:
print(data.to_json(orient = 'records'))
Out[203]:
[{"a":1,"b":2,"c":3},{"a":4,"b":5,"c":6},{"a":7,"b":8,"c":9}]
```

5. 二进制格式数据的读写处理

pandas 的 ExcelFile 类或 pandas.read_excel 函数支持读取存储在 Excel 2003（或更高版本）中的表格型数据。这两个工具分别使用扩展包 xlrd 和 openpyxl 读取 XLS 和 XLSX 文件。可以用 pip 或 conda 安装它。

要使用 ExcelFile 类，需通过传递 xls 或 xlsx 路径创建一个实例。

```
In [204]:
xlsx = pd.ExcelFile('examples/ex1.xlsx')
```

存储在表单中的数据可以使用 read_excel 读取到 DataFrame。

```
In [205]:
pd.read_excel('examples/ex1.xlsx', 'Sheet1')
Out[205]:
   a   b   c   d message
0  1   2   3   4   hello
1  5   6   7   8   world
2  9  10  11  12     foo
```

如果要读取一个文件中的多个表单，创建 ExcelFile 类后再读取会更快，但也可以将文件名传递到 pandas.read_excel。

```
In [206]:
frame = pd.read_excel('examples/ex1.xlsx', 'Sheet1')
frame
Out[206]:
   a   b   c   d message
0  1   2   3   4   hello
1  5   6   7   8   world
2  9  10  11  12     foo
```

如果要将 pandas 数据输出为 Excel 格式，必须首先创建一个 ExcelWriter 类，然后使用 pandas 对象的 to_excel 方法将数据写入其中。

```
In [207]:
writer = pd.ExcelWriter('examples/ex2.xlsx')
frame.to_excel(writer, 'Sheet1')
writer.save()
```

还可以不使用 ExcelWriter，而是传递文件的路径到 to_excel。

```
In [208]:
frame.to_excel('examples/ex2.xlsx')
```

6．数据库交互

在商业场景下，大多数数据可能不是存储在文本或 Excel 文件中。基于 SQL 的关系数据库（如 SQL Server、PostgreSQL 和 MySQL 等）使用非常广泛，其他一些数据库也很流行。数据库的选择通常取决于性能、数据完整性以及应用程序的伸缩性需求。

将数据从关系数据库加载到 DataFrame 的过程很简单，此外 pandas 还有一些能够简化该过程的函数。下面使用 SQLite 数据库（通过 Python 内置的 sqlite3 驱动器）进行演示。

```
In [209]:
import sqlite3
query = """
  CREATE TABLE test
  (a VARCHAR(20), b VARCHAR(20),
  c REAL, d INTEGER );"""
```

```
con = sqlite3.connect('mydata.sqlite')
con.execute(query)
Out[209]: <sqlite3.Cursor at 0x7f6b12a50f10>
In [210]:
con.commit()
```

然后插入几行数据。

```
In [211]:
data = [('Atlanta', 'Georgia', 1.25, 6),
        ('Tallahassee', 'Florida', 2.6, 3),
        ('Sacramento', 'California', 1.7, 5)]
stmt = "INSERT INTO test VALUES(?, ?, ?, ?)"
con.executemany(stmt, data)
Out[212]:
<sqlite3.Cursor at 0x7f6b15c66ce0>
```

从表中选取数据时，大部分 Python SQL 驱动器（PyODBC、psycopg2、MySQLdb、pymssql 等）都会返回一个元组列表。

```
In [213]:
cursor = con.execute('select * from test')
rows = cursor.fetchall()
rows
Out[213]:
[('Atlanta', 'Georgia', 1.25, 6),
('Tallahassee', 'Florida', 2.6, 3),
('Sacramento', 'California', 1.7, 5)]
```

可以将这个元组列表传给 DataFrame 构造器，但还需要列名（位于光标的 description 属性中）。

```
In [214]:
cursor.description
Out[214]:
(('a', None, None, None, None, None, None),
 ('b', None, None, None, None, None, None),
 ('c', None, None, None, None, None, None),
 ('d', None, None, None, None, None, None))

In [215]:
pd.DataFrame(rows, columns = [x[0] for x in cursor.description])
Out[215]:
          a           b     c  d
0     Atlanta     Georgia  1.25  6
1  Tallahassee     Florida  2.60  3
2   Sacramento  California  1.70  5
```

这种数据规整操作相当多，我们肯定不想每查一次数据库就重写一次。SQLAlchemy 项目是一个流行的 Python SQL 工具，它抽象出了 SQL 数据库中的许多常见差异。pandas 有一个 read_sql 函数，可以轻松地从 SQLAlchemy 连接读取数据。这里，用 SQLAlchemy 连接 SQLite 数据库，并从之前创建的表读取数据：

```
In [216]:
import sqlalchemy as sqla
db = sqla.create_engine('sqlite:///mydata.sqlite')
pd.read_sql('select * from test', db)
Out[216]:
             a           b     c  d
0      Atlanta     Georgia  1.25  6
1  Tallahassee     Florida  2.60  3
2   Sacramento  California  1.70  5
```

任务 5.2　学生信息预处理

本节结合上一节介绍的一些方法对学生信息进行预处理。

5.2.1　数据读取及查看

用 read_excel 读取学生信息表。

```
In [217]:
student = pd.read_excel('学生信息.xlsx')
```

展示数据。

```
In [218]:
student
Out[218]:
```

	姓名	年龄	性别	导论	数据库	操作系统	计算机网络
0	韦杰	21	男	92	89	86	82
1	黎燕	20	女	85	82	80	86
2	江美婷	20	女	81	85	86	80
3	李红	21	女	0	0	0	0
4	梁树	22	男	79	80	82	79
5	吴高远	20	男	74	78	82	81
6	黄理德	20	男	83	86	70	72
7	柳培林	21	男	80	85	81	89
8	李爱芳	22	女	86	81	74	86
9	黄冬梅	21	女	78	75	80	85
10	黄璇璇	20	女	85	80	71	79
11	张子豪	20	男	70	78	83	76
12	谭莉莉	20	女	78	68	79	82
13	林巧云	21	女	81	83	75	89

续表

	姓名	年龄	性别	导论	数据库	操作系统	计算机网络
14	洪大友	22	男	87	89	80	93
15	陆玉珍	21	女	75	80	85	89
16	罗林	20	男	78	80	71	75
17	柳健	21	男	86	81	89	76

查看数据信息。

```
In [219]:
student.info()
Out[219]:
<class 'pandas.core.frame.DataFrame'>
RangeIndex: 18 entries, 0 to 17
Data columns (total 7 columns):
 #   Column  Non-Null Count  Dtype
---  ------  --------------  -----
 0   姓名      18 non-null     object
 1   年龄      18 non-null     int64
 2   性别      18 non-null     object
 3   导论      18 non-null     int64
 4   数据库     18 non-null     int64
 5   操作系统    18 non-null     int64
 6   计算机网络   18 non-null     int64
dtypes: int64(5), object(2)
memory usage: 1.1+ KB
```

查看数据统计信息。

```
In [220]:
student.describe()
Out[220]:
```

	年龄	导论	数据库	操作系统	计算机网络
count	18.000000	18.000000	18.000000	18.000000	18.000000
mean	20.722222	76.555556	76.666667	75.222222	77.722222
std	0.751904	19.832303	19.763305	19.567547	20.215910
min	20.000000	0.000000	0.000000	0.000000	0.000000
25%	20.000000	78.000000	78.500000	74.250000	76.750000
50%	21.000000	80.500000	80.500000	80.000000	81.500000
75%	21.000000	85.000000	84.500000	82.750000	86.000000
max	22.000000	92.000000	89.000000	89.000000	93.000000

我们可以获取 DataFrame 中的一列或者多列，这里获取操作系统成绩，即一个 Series。

```
In [221]:
student_os = student['操作系统']
```

检查操作系统成绩是否有空值。

```
In [222]:
pd.isnull(student_os)
Out[222]:
0      False
1      False
2      False
3      False
4      False
5      False
6      False
7      False
8      False
9      False
10     False
11     False
12     False
13     False
14     False
15     False
16     False
17     False
Name: 操作系统, dtype: bool
```

获取成绩值。

```
In [223]:
student_os.values
Out[223]:
array([86, 80, 86,  0, 82, 82, 70, 81, 74, 80, 71, 83, 79, 75, 80, 85, 71,
       89], dtype = int64)
```

获取操作系统成绩大于 82 的。

```
In [224]:
student_os[student_os>82]
Out[224]:
0     86
2     86
11    83
15    85
17    89
Name: 操作系统, dtype: int64
```

查看“数据库”列。

```
In [225]:
student.数据库
Out[225]:
0     89
1     82
2     85
```

```
3      0
4     80
5     78
6     86
7     85
8     81
9     75
10    80
11    78
12    68
13    83
14    89
15    80
16    80
17    81
Name: 数据库, dtype: int64
```

5.2.2 索引对象

查看行索引。

```
In [226]:
student.index
Out[226]:
RangeIndex(start = 0, stop = 18, step = 1)
```

查看属性列索引，即属性名。

```
In [227]:
student.columns
Out[227]:
Index(['姓名', '年龄', '性别', '导论', '数据库', '操作系统', '计算机网络'],
dtype = 'object')
```

行和列都可以重新索引，这里示例重新索引列。

```
In [228]:
tmp = student.reindex(columns = ['姓名','年龄','性别','计算机网络','操作系统','数据库',
'导论'])
tmp[:5]
Out[228]:
```

	姓名	年龄	性别	计算机网络	操作系统	数据库	导论
0	韦杰	21	男	82	86	89	92
1	黎燕	20	女	86	80	82	85
2	江美婷	20	女	80	86	85	81
3	李红	21	女	0	0	0	0
4	梁树	22	男	79	82	80	79

5.2.3　数据排序

韦杰同学的计算机网络成绩有误，需要先改正。

第一种修改方式，用 loc 选取韦杰同学的计算机网络成绩，重新赋值 85。

```
In [229]:
student.loc[0,['计算机网络']] = 85
```

第二种修改方式，用 iloc 选取韦杰同学的计算机网络成绩，重新赋值 85。

```
In [230]:
student.iloc[0,6] = 85
```

丢弃指定轴上的项，李红同学没参加考试，其成绩全为 0，删除该行。

```
In [231]:
student = student.drop([3])
```

丢弃指定轴上的项，这里删除年龄和性别两列。

```
In [232]:
student = student.drop(['年龄','性别'],axis = 1)
student[:5]
Out[232]:
```

	姓名	导论	数据库	操作系统	计算机网络
0	韦杰	92	89	86	85
1	黎燕	85	82	80	86
2	江美婷	81	85	86	80
4	梁树	79	80	82	79
5	吴高远	74	78	82	81

按行索引降序排列。

```
In [233]:
student = student.sort_index(axis = 0, ascending = False)
student.head()
Out[233]:
```

	姓名	导论	数据库	操作系统	计算机网络	总成绩
17	柳健	86	81	89	76	332
16	罗林	78	80	71	75	304
15	陆玉珍	75	80	85	89	329
14	洪大友	87	89	80	93	349
13	林巧云	81	83	75	89	328

按列索引降序排列。

```
In [234]:
student = student.sort_index(axis = 1, ascending = False)
student.head()
Out[234]:
```

	计算机网络	数据库	操作系统	总成绩	导论	姓名
17	76	81	89	332	86	柳健
16	75	80	71	304	78	罗林
15	89	80	85	329	75	陆玉珍
14	93	89	80	349	87	洪大友
13	89	83	75	328	81	林巧云

按照计算机网络成绩降序排序。

```
In [235]:
student.sort_values(by = '计算机网络',ascending = False)
Out[235]:
```

	计算机网络	数据库	操作系统	总成绩	导论	姓名
14	93	89	80	349	87	洪大友
15	89	80	85	329	75	陆玉珍
13	89	83	75	328	81	林巧云
7	89	85	81	335	80	柳培林
8	86	81	74	327	86	李爱芳
1	86	82	80	333	85	黎燕
9	85	75	80	318	78	黄冬梅
0	85	89	86	352	92	韦杰
12	82	68	79	307	78	谭莉莉
5	81	78	82	315	74	吴高远
2	80	85	86	332	81	江美婷
10	79	80	71	315	85	黄璇璇
4	79	80	82	320	79	梁树
11	76	78	83	307	70	张子豪
17	76	81	89	332	86	柳健
16	75	80	71	304	78	罗林
6	72	86	70	311	83	黄理德

获取总成绩，再按总成绩降序。

```
In [236]:
student['总成绩'] = student['导论']+student['数据库']+student['操作系统']+student['
```

```
计算机网络']
student.sort_values(by = '总成绩',ascending = False)
Out[236]:
```

	计算机网络	数据库	操作系统	总成绩	导论	姓名
0	85	89	86	352	92	韦杰
14	93	89	80	349	87	洪大友
7	89	85	81	335	80	柳培林
1	86	82	80	333	85	黎燕
2	80	85	86	332	81	江美婷
17	76	81	89	332	86	柳健
15	89	80	85	329	75	陆玉珍
13	89	83	75	328	81	林巧云
8	86	81	74	327	86	李爱芳
4	79	80	82	320	79	梁树
9	85	75	80	318	78	黄冬梅
10	79	80	71	315	85	黄璇璇
5	81	78	82	315	74	吴高远
6	72	86	70	311	83	黄理德
11	76	78	83	307	70	张子豪
12	82	68	79	307	78	谭莉莉
16	75	80	71	304	78	罗林

在列上排名。

```
In [237]:
student.rank(axis = 'columns')
Out[237]:
```

	计算机网络	数据库	操作系统	总成绩	导论
17	1.0	2.0	4.0	5.0	3.0
16	2.0	4.0	1.0	5.0	3.0
15	4.0	2.0	3.0	5.0	1.0
14	4.0	3.0	1.0	5.0	2.0
13	4.0	3.0	1.0	5.0	2.0
12	4.0	1.0	3.0	5.0	2.0
11	2.0	3.0	4.0	5.0	1.0
10	2.0	3.0	1.0	5.0	4.0

续表

	计算机网络	数据库	操作系统	总成绩	导论
9	4.0	1.0	3.0	5.0	2.0
8	3.5	2.0	1.0	5.0	3.5
7	4.0	3.0	2.0	5.0	1.0
6	2.0	4.0	1.0	5.0	3.0
5	3.0	2.0	4.0	5.0	1.0
4	1.5	3.0	4.0	5.0	1.5
2	1.0	3.0	4.0	5.0	2.0
1	4.0	2.0	1.0	5.0	3.0
0	1.0	3.0	2.0	5.0	4.0

本章习题

1．pandas 主要的两种数据结构是什么？

2．请通过字典和数组作为数据源创建 Series 和 DataFrame。

3．DataFrame 构造函数能接受哪些数据用于创建 DataFrame？

4．Index 的方法与属性有哪些？

5．用 loc 和 iloc 都可以选取数据片段，两者有何不同？

6．pandas 能加载与存储多种格式的数据，请列出其能操作的 4 种常用的数据格式。

第 6 章 使用 Python 对运动员信息进行预处理

在数据分析和建模的过程中，相当多的时间要用在数据准备上：加载、清洗、转换以及重塑。有时，存储在文件和数据库中的数据的格式不适合某个特定的任务。许多研究者选择使用通用编程语言（如 Python、Perl、R 或 Java）或 UNIX 文本处理工具（如 sed 或 awk）对数据格式进行专门处理。幸运的是，pandas 和内置的 Python 标准库提供了一组高级、灵活和快速的工具，可以轻松地将数据规整为想要的格式。pandas 的许多设计和实现都是由真实应用的需求所驱动的。

本章会讨论处理缺失数据、重复数据、字符串操作等数据转换的工具与方法，以合并与重塑数据集。

【学习目标】

（1）掌握数据清洗的方法和使用技巧。

（2）掌握数据集成的方法和使用技巧。

（3）掌握数据规约的方法和使用技巧。

（4）掌握数据变换的方法和使用技巧。

任务 6.1 数据清洗

6.1.1 处理缺失数据

1．检测缺失数据

在许多数据分析工作中，缺失数据是经常发生的。pandas 的目标之一就是尽量轻松地处理缺失数据。例如，pandas 对象的所有描述性统计默认都不包括缺失数据。

缺失数据在 pandas 中呈现的方式有些不完美，但对于大多数用户可以保证功能正常。对于数值数据，pandas 使用浮点值 NaN（Not a Number）表示缺失数据。我们称其为哨兵值，可以方便地检测出来。示例如下。

```
In [1]:
string_data = pd.Series(['aardvark', 'artichoke', np.nan, 'avocado'])
string_data
Out[1]:
```

```
0     aardvark
1    artichoke
2          NaN
3      avocado
dtype: object

In [2]:
string_data.isnull()
Out[2]:
0    False
1    False
2     True
3    False
dtype: bool
```

在 pandas 中，将缺失值表示为 NA，它表示不可用（not available）。在统计应用中，NA 数据可能是不存在的数据或者虽然数据存在，但是没有观察到（例如，数据采集中发生了问题）。当进行数据清洗以进行分析时，最好直接对缺失数据进行分析，以判断数据采集的问题或缺失数据可能导致的偏差。

Python 内置的 None 值在对象数组中也可以作为 NA。

```
In [3]:
string_data[0] = None
string_data.isnull()
Out[3]:
0     True
1    False
2     True
3    False
dtype: bool
```

pandas 项目中还在不断优化内部细节以更好地处理缺失数据，像用户 API 功能，例如 pandas.isnull，去除了许多恼人的细节。表 6-1 所示为一些缺失数据处理的函数。

表 6-1　缺失数据处理的函数

函数	说明
dropna	根据各标签的值中是否存在缺失数据对轴标签进行过滤，可通过阈值调节对缺失值的容忍度
fillna	用指定值或插值方法（如 ffill 或 bfill）填充缺失数据
isnull	返回一个含有布尔值的对象，这些布尔值表示哪些值是缺失值/NA，该对象的类型与源类型一样
notnull	isnull 的否定式

2. 滤除缺失数据

过滤掉缺失数据的办法有很多种，可以通过 pandas.isnull 或布尔索引的手工方法，但 dropna 更实用一些。对于一个 Series，dropna 返回一个仅含非空数据和索引值的 Series。

```
In [4]:
from numpy import nan as NA
data = pd.Series([1, NA, 3.5, NA, 7])
```

```
data.dropna()
Out[4]:
0    1.0
2    3.5
4    7.0
dtype: float64
```

这等价于：

```
In [5]:
data[data.notnull()]
Out[5]:
0    1.0
2    3.5
4    7.0
dtype: float64
```

而对于 DataFrame 对象，事情就有点复杂了，可能会丢弃全 NA 或含有 NA 的行或列。dropna 默认丢弃任何含有缺失值的行。

```
In [6]:
data = pd.DataFrame([[1., 6.5, 3.], [1., NA, NA],
                     [NA, NA, NA], [NA, 6.5, 3.]])
cleaned = data.dropna()
data
Out[6]:
     0    1    2
0  1.0  6.5  3.0
1  1.0  NaN  NaN
2  NaN  NaN  NaN
3  NaN  6.5  3.0

In [7]:
cleaned
Out[7]:
     0    1    2
0  1.0  6.5  3.0
```

传入 how='all'参数将只丢弃全为 NA 的那些行。

```
In [8]:
data.dropna(how = 'all')
Out[8]:
     0    1    2
0  1.0  6.5  3.0
1  1.0  NaN  NaN
3  NaN  6.5  3.0
```

用这种方式丢弃列，只需传入 axis=1 参数即可。

```
In [9]:
data[4] = NA
data
Out[9]:
     0    1    2   4
```

```
0  1.0  6.5  3.0 NaN
1  1.0  NaN  NaN NaN
2  NaN  NaN  NaN NaN
3  NaN  6.5  3.0 NaN

In [10]:
data.dropna(axis = 1, how = 'all')
Out[10]:
     0    1    2
0  1.0  6.5  3.0
1  1.0  NaN  NaN
2  NaN  NaN  NaN
3  NaN  6.5  3.0
```

另一个滤除DataFrame行的问题涉及时间序列数据。假设只想留下一部分观测数据，可以用thresh参数实现此目的。

```
In [11]:
df = pd.DataFrame(np.random.randn(7, 3))
df.iloc[:4, 1] = NA
df.iloc[:2, 2] = NA
df
Out[11]:
          0         1         2
0 -0.204708       NaN       NaN
1 -0.555730       NaN       NaN
2  0.092908       NaN  0.769023
3  1.246435       NaN -1.296221
4  0.274992  0.228913  1.352917
5  0.886429 -2.001637 -0.371843
6  1.669025 -0.438570 -0.539741
In [12]:
df.dropna()
Out[12]:
          0         1         2
4  0.274992  0.228913  1.352917
5  0.886429 -2.001637 -0.371843
6  1.669025 -0.438570 -0.539741

In [13]:
df.dropna(thresh=2)
Out[13]:
          0         1         2
2  0.092908       NaN  0.769023
3  1.246435       NaN -1.296221
4  0.274992  0.228913  1.352917
5  0.886429 -2.001637 -0.371843
6  1.669025 -0.438570 -0.539741
```

3. 填充缺失数据

有时候可能不想滤除缺失数据（有可能会丢弃跟它有关的其他数据），而是希望通过其他方式填补那些“空洞”。对于大多数情况而言，fillna 方法是最主要的函数。通过一个常数作为参数调用 fillna 就会将缺失值替换为这个常数值。

```
In [14]:
df.fillna(0)
Out[14]:
          0         1         2
0 -0.204708  0.000000  0.000000
1 -0.555730  0.000000  0.000000
2  0.092908  0.000000  0.769023
3  1.246435  0.000000 -1.296221
4  0.274992  0.228913  1.352917
5  0.886429 -2.001637 -0.371843
6  1.669025 -0.438570 -0.539741
```

若是通过一个字典作为参数调用 fillna，就可以实现对不同的列填充不同的值。

```
In [15]:
df.fillna({1: 0.5, 2: 0})
Out[15]:
          0         1         2
0 -0.204708  0.500000  0.000000
1 -0.555730  0.500000  0.000000
2  0.092908  0.500000  0.769023
3  1.246435  0.500000 -1.296221
4  0.274992  0.228913  1.352917
5  0.886429 -2.001637 -0.371843
6  1.669025 -0.438570 -0.539741
```

fillna 默认会返回新对象，但也可以对现有对象进行就地修改。

```
In [16]:
_ = df.fillna(0, inplace=True)
df
Out[16]:
          0         1         2
0 -0.204708  0.000000  0.000000
1 -0.555730  0.000000  0.000000
2  0.092908  0.000000  0.769023
3  1.246435  0.000000 -1.296221
4  0.274992  0.228913  1.352917
5  0.886429 -2.001637 -0.371843
6  1.669025 -0.438570 -0.539741
```

对 reindexing 有效的那些插值方法也可用于 fillna。

```
In [17]:
df = pd.DataFrame(np.random.randn(6, 3))
df.iloc[2:, 1] = NA
df.iloc[4:, 2] = NA
df
Out[17]:
          0         1         2
0  0.476985  3.248944 -1.021228
1 -0.577087  0.124121  0.302614
```

```
2  0.523772       NaN  1.343810
3 -0.713544       NaN -2.370232
4 -1.860761       NaN       NaN
5 -1.265934       NaN       NaN

In [18]:
df.fillna(method='ffill')
Out[18]:
          0         1         2
0  0.476985  3.248944 -1.021228
1 -0.577087  0.124121  0.302614
2  0.523772  0.124121  1.343810
3 -0.713544  0.124121 -2.370232
4 -1.860761  0.124121 -2.370232
5 -1.265934  0.124121 -2.370232

In [19]:
df.fillna(method='ffill', limit=2)
Out[19]:
          0         1         2
0  0.476985  3.248944 -1.021228
1 -0.577087  0.124121  0.302614
2  0.523772  0.124121  1.343810
3 -0.713544  0.124121 -2.370232
4 -1.860761       NaN -2.370232
5 -1.265934       NaN -2.370232
```

还可以利用 fillna 实现许多别的功能。比如说，可以传入 Series 的平均值或中位数。

```
In [20]:
data = pd.Series([1., NA, 3.5, NA, 7])
data.fillna(data.mean())
Out[20]:
0    1.000000
1    3.833333
2    3.500000
3    3.833333
4    7.000000
dtype: float64
```

表 6-2 所示为 fillna 函数的参数及说明。

表 6-2　fillna 函数的参数及说明

参数	说明
value	用于填充缺失值的标量值或字典对象
method	插值方式。如果函数调用时未指定其他参数的话，默认为“ffill”
axis	待填充的轴，默认 axis = 0
inplace	修改调用者对象而不产生副本
limit	（对于前向和后向填充）可以连续填充的最大数量

4．移除重复数据

DataFrame 中出现重复行有多种原因。下面就是一个例子。

```
In [21]:
data = pd.DataFrame({'k1': ['one', 'two'] * 3 + ['two'],
                     'k2': [1, 1, 2, 3, 3, 4, 4]})
data
Out[21]:
    k1  k2
0  one   1
1  two   1
2  one   2
3  two   3
4  one   3
5  two   4
6  two   4
```

DataFrame 的 duplicated 方法返回一个布尔型 Series，表示各行是否是重复行（前面出现过的行）。

```
In [22]:
data.duplicated()
Out[22]:
0    False
1    False
2    False
3    False
4    False
5    False
6     True
dtype: bool
```

还有一个与此相关的 drop_duplicates 方法，它会返回一个 DataFrame，重复的数组会标为 False。

```
In [23]:
data.drop_duplicates()
Out[23]:
    k1  k2
0  one   1
1  two   1
2  one   2
3  two   3
4  one   3
5  two   4
```

这两个方法默认会判断全部列，也可以指定部分列进行重复项判断。假设还有一列值，且只希望根据 k1 列过滤重复项。

```
In [24]:
data['v1'] = range(7)
data.drop_duplicates(['k1'])
Out[24]:
```

```
    k1  k2  v1
0  one   1   0
1  two   1   1
```

duplicated 和 drop_duplicates 默认保留的是第一个出现的值组合。传入 keep='last'则保留最后一个。

```
In [25]:
data.drop_duplicates(['k1', 'k2'], keep = 'last')
Out[25]:
    k1  k2  v1
0  one   1   0
1  two   1   1
2  one   2   2
3  two   3   3
4  one   3   4
6  two   4   6
```

6.1.2 字符串操作

Python 能够成为流行的数据处理语言，部分原因是其简单易用的字符串和文本处理功能。其大部分文本运算都被直接做成了字符串对象的内置方法。对于更为复杂的模式匹配和文本操作，则可能需要用到正则表达式。pandas 对此进行了加强，它使得能够对整组数据应用字符串表达式和正则表达式，而且能处理烦人的缺失数据。

1. 字符串对象方法

对于许多字符串处理和脚本应用，内置的字符串方法已经能够满足要求了。例如，以逗号分隔的字符串可以用 split 拆分成数段。

```
In [26]:
val = 'a,b, guido'
val.split(',')
Out[26]:
['a', 'b', ' guido']
```

split 常常与 strip 一起使用，以去除空白符（包括换行符）。

```
In [27]:
pieces = [x.strip() for x in val.split(',')]
pieces
Out[27]:
['a', 'b', 'guido']
```

利用加法，可以将这些子字符串以双冒号分隔符的形式连接起来。

```
In [28]:
first, second, third = pieces
first + '::' + second + '::' + third
Out[28]:
'a::b::guido'
```

但这种方式并不是很实用。一种更快更符合 Python 风格的方式是，向字符串"::"的 join 方法传入一个列表或元组。

```
In [29]:
'::'.join(pieces)
Out[29]:
'a::b::guido'
```

其他方法关注的是子串定位。检测子串的最佳方式是利用 Python 的 in 关键字，还可以使用 index 和 find。

```
In [30]:
'guido' in val
Out[30]:
True

In [31]:
val.index(',')
Out[31]:
1

In [32]:
val.find(':')
Out[32]:
-1
```

注意 find 和 index 的区别：如果找不到字符串，index 将会引发一个异常（而不是返回－1）。

```
In [33]:
val.index(':')
---------------------------------------------------------------------------
ValueError    Traceback (most recent call last)
<ipython-input-144-280f8b2856ce> in <module>()
----> 1 val.index(':')
ValueError: substring not found
```

与此相关，count 可以返回指定子串的出现次数。

```
In [34]:
val.count(',')
Out[34]:
2
```

replace 用于将指定模式替换为另一个模式。通过传入空字符串，它也常常用于删除模式。

```
In [35]:
val.replace(',', '::')
Out[35]:
'a::b:: guido'

In [36]:
val.replace(',', '')
Out[36]:
'ab guido'
```

表 6-3 所示为 Python 内置的字符串方法及其说明。

表 6-3　Python 内置的字符串方法及其说明

方法	说明
count	返回子串在字符串中出现的次数（非重叠）
endswith、startswith	如果字符串以某个后缀结尾（以某个前缀开头），则返回 True
join	将字符串用作连接其他字符串序列的分隔符
index	如果在字符串中找到子串，则返回子串第一个字符所在的位置。如果没有找到，则引发 ValueError
find	如果在字符串中找到子串，则返回第一个发现的子串的第一个字符所在的位置。如果没有找到，则返回−1
rfind	如果在字符串中找到子串，则返回最后一个发现的子串的第一个字符所在的位置。如果没有找到，则返回−1
replace	用另一个字符串替换指定子串
strip、rstrip、lstrip	去除空白符（包括换行符）。相当于对各个元素执行 x.strip()（以及 rstrip、lstrip）
split	通过指定的分隔符将字符串拆分为一组子串
lower、upper	分别将字母字符转换为小写或大写
ljust、rjust	用空格（或其他字符）填充字符串的空白侧以返回符合最低宽度的字符串

这些运算大部分都能使用正则表达式实现。

2．正则表达式

正则表达式提供了一种灵活地在文本中搜索或匹配(通常比前者复杂)字符串的模式。正则表达式，常称作 regex，是根据正则表达式语言编写的字符串。Python 内置的 re 模块负责对字符串应用正则表达式。我们将通过一些例子说明其使用方法。

re 模块的函数可以分为 3 个大类：模式匹配、替换以及拆分。当然，它们之间是相互作用的。一个正则表达式描述了需要在文本中定位的一个模式，它可以用于许多目的。先来看一个简单的例子：假设想要拆分一个字符串，分隔符为数量不定的一组空白符（例如制表符、空格和换行符等)。描述一个或多个空白符的正则表达式是\s+。

```
In [37]:
import re
text = "foo    bar\t baz \tqux"
re.split('\s+', text)
Out[37]:
['foo', 'bar', 'baz', 'qux']
```

调用 re.split('\s+',text)时，正则表达式会先被编译，然后再在 text 上调用其 split 方法。可以用 re.compile 自己编译正则表达式以得到一个可重用的 regex 对象。

```
In [38]:
regex = re.compile('\s+')
regex.split(text)
Out[38]:
['foo', 'bar', 'baz', 'qux']
```

如果只希望得到匹配正则表达式的所有模式，则可以使用 findall 方法。

```
In [39]:
regex.findall(text)
Out[39]:
['    ', '\t ', ' \t']
```

如果打算对许多字符串应用同一条正则表达式，强烈建议通过 re.compile 创建 regex 对象。这样将可以节省大量的 CPU 时间。

match 和 search 跟 findall 功能类似。findall 返回的是字符串中所有的匹配项，而 search 则只返回第一个匹配项。match 更加严格，它只匹配字符串的首部。来看一个小例子，假设有一段文本以及一条能够识别大部分电子邮件地址的正则表达式。

```
In [40]:
text = """Dave dave@google.com
        Steve steve@gmail.com
        Rob rob@gmail.com
        Ryan ryan@yahoo.com
      """
pattern = r'[A-Z0-9._%+-] + @[A-Z0-9.-] + \.[A-Z]{2,4}'

# re.IGNORECASE makes the regex case-insensitive
regex = re.compile(pattern, flags = re.IGNORECASE)
```

对 text 使用 findall 将得到一组电子邮件地址。

```
In [41]:
regex.findall(text)
Out[41]:
['dave@google.com',
 'steve@gmail.com',
 'rob@gmail.com',
 'ryan@yahoo.com']
```

search 返回的是文本中第一个电子邮件地址（以特殊的匹配项对象形式返回）。对于上面那个 regex，匹配项对象只能告诉模式在原字符串中的起始和结束位置。

```
In [42]:
m = regex.search(text)
m
Out[42]:
<_sre.SRE_Match object; span = (5, 20), match = 'dave@google.com'>

In [43]:
text[m.start():m.end()]
Out[43]:
'dave@google.com'
```

regex.match 则将返回 None，因为它只匹配出现在字符串开头的模式。

```
In [44]:
print(regex.match(text))
Out[44]:
None
```

sub 方法可以将匹配到的模式替换为指定字符串，并返回所得到的新字符串。

```
In [45]:
print(regex.sub('REDACTED', text))
Out[45]:
Dave REDACTED
Steve REDACTED
Rob REDACTED
Ryan REDACTED
```

假设不仅想要找出电子邮件地址，还想将各个地址分成 3 个部分：用户名、域名以及域后缀。要实现此功能，只需将待分段的模式的各部分用圆括号括起来即可。

```
In [46]:
pattern = r'([A-Z0-9._%+-]+)@([A-Z0-9.-]+)\.([A-Z]{2,4})'
regex = re.compile(pattern, flags = re.IGNORECASE)
```

由这种修改过的正则表达式所产生的匹配项对象，可以通过其 groups 方法返回一个由模式各段组成的元组。

```
In [47]:
m = regex.match('wesm@bright.net')
m.groups()
Out[47]:
('wesm', 'bright', 'net')
```

对于带有分组功能的模式，findall 会返回一个元组列表。

```
In [48]:
regex.findall(text)
Out[48]:
[('dave', 'google', 'com'),
 ('steve', 'gmail', 'com'),
 ('rob', 'gmail', 'com'),
 ('ryan', 'yahoo', 'com')]
```

sub 还能通过诸如\1、\2 之类的特殊符号访问各匹配项中的分组。符号\1 对应第一个匹配的组，\2 对应第二个匹配的组，以此类推。

```
In [49]:
print(regex.sub(r'Username: \1, Domain: \2, Suffix: \3', text))
Out[49]:
Dave Username: dave, Domain: google, Suffix: com
Steve Username: steve, Domain: gmail, Suffix: com
Rob Username: rob, Domain: gmail, Suffix: com
Ryan Username: ryan, Domain: yahoo, Suffix: com
```

Python 中还有许多的正则表达式方法，但大部分都超出了本书的范围。表 6-4 所示为正则表达式方法的简要概括。

表 6-4　正则表达式方法的简要概括

方法	说明
findall、finditer	返回字符串中所有的非重叠匹配对象。findall 返回的是由所有对象组成的列表，而 finditer 则通过一个迭代器逐个返回
match	从字符串起始位置匹配模式，还可以对模式各部分进行分组。如果匹配到模式，则返回一个匹配项对象，否则返回 None

续表

方法	说明
search	扫描整个字符串以匹配模式。如果找到则返回一个匹配项对象。跟 match 不同，其匹配项可以位于字符串的任意位置，而不仅仅是起始处
split	根据找到的模式将字符串拆分为数段
sub、subn	将字符串中所有的（sub）或前 n 个（subn）模式替换为指定表达式。在替换字符串中可以通过\1、\2 等符号表示各分组项

3．pandas 的矢量化字符串函数

清洗待分析的散乱数据时，常常需要做一些字符串规整化工作。更为复杂的情况是，含有字符串的列有时还含有缺失数据。

```
In [50]:
data = {'Dave': 'dave@google.com', 'Steve': 'steve@gmail.com',
                'Rob': 'rob@gmail.com', 'Wes': np.nan}
data = pd.Series(data)
data
Out[50]:
Dave     dave@google.com
Rob        rob@gmail.com
Steve    steve@gmail.com
Wes                  NaN
dtype: object

In [51]:
data.isnull()
Out[51]:
Dave     False
Rob      False
Steve    False
Wes       True
dtype: bool
```

通过 data.map，所有字符串和正则表达式方法都能被应用于（传入 lambda 表达式或其他函数）各个值，但是如果存在 NA（null）就会报错。为了解决这个问题，Series 有一些能够跳过 NA 值的面向数组方法，进行字符串操作。通过 Series 的 str 属性即可访问这些方法。例如，可以通过 str.contains 检查各个电子邮件地址是否含有"gmail"。

```
In [52]:
data.str.contains('gmail')
Out[52]:
Dave     False
Rob       True
Steve     True
Wes        NaN
dtype: object
```

也可以使用正则表达式，还可以加上任意 re 选项（如 IGNORECASE）。

```
In [53]:
pattern
```

```
Out[53]:
'([A-Z0-9._%+-]+)@([A-Z0-9.-]+)\\.([A-Z]{2,4})'

In [54]:
data.str.findall(pattern, flags = re.IGNORECASE)
Out[54]:
Dave     [(dave, google, com)]
Rob       [(rob, gmail, com)]
Steve   [(steve, gmail, com)]
Wes                        NaN
dtype: object
```

有两个办法可以实现矢量化的元素获取操作，要么使用 str.get，要么在 str 属性上使用索引。

```
In [55]:
matches = data.str.match(pattern, flags = re.IGNORECASE)
matches
Out[55]:
Dave     True
Rob      True
Steve    True
Wes       NaN
dtype: object
```

可以利用这种方法对字符串进行截取。

```
In [56]:
data.str[:5]
Out[56]:
Dave     dave@
Rob      rob@g
Steve    steve
Wes        NaN
dtype: object
```

表 6-5 所示为更多的 pandas 字符串方法。

表 6-5　pandas 字符串方法

方法	说明
cat	实现元素级的字符串连接操作，可指定分隔符
count	返回表示一个字符串是否含有指定模式的布尔型数组
extract	使用带分组的正则表达式从字符串 Series 提取一个或多个字符串，结果是一个 DataFrame，每组有一列
endswith	相当于对每个元素执行 x.endswith(pattern)
startswith	相当于对每个元素执行 x.startswith(pattern)
findall	计算各字符串的模式列表
get	获取各元素的第 i 个字符

续表

方法	说明
isalnum	相当于内置的 str.isalnum
isalpha	相当于内置的 str.isalpha
isdecimal	相当于内置的 str.isdecimal
isdigit	相当于内置的 str.isdigit
islower	相当于内置的 str.islower
isnumeric	相当于内置的 str.isnumeric
isupper	相当于内置的 str.isupper
join	根据指定的分隔符将 Series 中各元素的字符串连接起来
len	计算各字符串的长度
lower、upper	转换大小写。相当于对各个元素执行 x.lower()或 x.upper()
match	根据指定的正则表达式对各个元素执行 re.match，返回匹配的组为列表
pad	在字符串的左边、右边或两边添加空白符
center	相当于 pad(side='both')
repeat	重复值。例如，s.str.repeat(3)相当于对各个字符串执行 x*3
replace	用指定字符串替换找到的模式
slice	对 Series 中的各个字符串进行子串截取
split	根据分隔符或正则表达式对字符串进行拆分
strip	去除两边的空白符，包括新行
rstrip	去除右边的空白符
lstrip	去除左边的空白符

6.1.3　中国篮球运动员的基本信息清洗

读取数据。

```
In [57]:
file_one = pd.read_csv('file:运动员信息采集 01.csv', encoding = 'gbk')
file_two = pd.read_excel('file:运动员信息采集 02.xlsx')
# 采用外连接的方式合并数据，merge 方法在后面小节会介绍
all_data = pd.merge(left = file_one,right = file_two, how = 'outer')
# 筛选出国籍为中国的运动员
all_data = all_data[all_data['国籍'] == '中国']
# 查看 DataFrame 类对象的摘要，包括各列数据类型、非空值数量、内存使用情况等
all_data.info()
Out[57]:
```

```
<class 'pandas.core.frame.DataFrame'>
Int64Index: 361 entries, 2 to 548
Data columns (total 9 columns):
#   Column  Non-Null Count  Dtype
---  ------  --------------  -----
 0   中文名     361 non-null    object
 1   外文名     361 non-null    object
 2   性别      361 non-null    object
 3   国籍      361 non-null    object
 4   出生日期    314 non-null    object
 5   身高      215 non-null    object
 6   体重      201 non-null    object
 7   项目      360 non-null    object
 8   省份      350 non-null    object
dtypes: object(9)
memory usage: 28.2+ KB
```

检测 all_data 中是否有重复值。

```
In [58]:
all_data[all_data.duplicated().values == True]
Out[58]:
```

	中文名	外文名	性别	国籍	出生日期	身高	体重	项目	省份
44	莫有雪	Mo Youxue	男	中国	1988 年 2 月 16 日	179cm	65kg	田径	广东
56	宁泽涛	Ning Zetao	男	中国	1993 年 3 月 6 日	191cm	76～80kg	游泳	河南
73	彭林	Peng Lin	女	中国	1995 年 4 月 4 日	184cm	72kg	排球	湖南
122	孙梦昕	Sun Meng Xin	女	中国	1993 年	190cm	77kg	篮球	山东
291	周琦	Zhou Qi	男	中国	1996 年 1 月 16 日	217cm	95kg	篮球	河南新乡

删除 all_data 中的重复值，并重新对数据进行索引。

```
In [59]:
all_data = all_data.drop_duplicates(ignore_index=True)
all_data.head(5)
Out[59]:
```

	中文名	外文名	性别	国籍	出生日期	身高	体重	项目	省份
0	毕晓琳	Bi Xiaolin	女	中国	1989 年 9 月 18 日	NaN	NaN	足球	辽宁
1	马龙	Ma Long	男	中国	1988 年 10 月 20 日	175cm	72kg	乒乓球	辽宁
2	吕小军	Lv Xiaojun	男	中国	1984 年 7 月 27 日	172cm	77kg	举重	湖北
3	林希妤	Lin Xiyu	女	中国	1996 年 2 月 25 日	NaN	NaN	高尔夫	广东
4	李昊桐	Li Haotong	男	中国	1995 年 8 月 3 日	183cm	75kg	高尔夫	湖南

筛选出项目为篮球的运动员。

```
In [60]:
basketball_data= all_data[all_data['项目'] == '篮球']
```

访问“出生日期”一列的数据。

```
In [61]:
basketball_data['出生日期']
Out[61]:
34      1989年12月10日
60          1992年7月
61            1993年
67       1992年6月25日
89          1990年4月
100      1994年1月20日
161     1987年10月27日
182     1989年10月11日
192      1996年1月16日
201      1994年8月11日
211      1993年3月24日
213      1995年8月25日
214       1996年7月5日
219           30658
221           32235
244           34201
245           34701
246           33710
247           34943
248           1999年
249           1999年
250           35446
251           33786
252           35072
253           34547
265           33710
276           34287
285           32599
307           33757
316           31868
352           32964
Name: 出生日期, dtype: object
```

处理出生日期格式。

```
In [62]:
import datetime
basketball_data = basketball_data.copy()
# 将以“x”天显示的日期转换成以“x年x月x日”形式显示的日期
initial_time = datetime.datetime.strptime('1900-01-01', "%Y-%m-%d")

for i in basketball_data.loc[:, '出生日期']:
   if type(i) == int:
      new_time = (initial_time + datetime.timedelta(days = i)).strftime('%Y{y}
%m{m}%d{d}').format(y = '年', m = '月', d = '日')
basketball_data.loc[:, '出生日期'] = basketball_data.loc[:, '出生日期'].replace
(i, new_time)
```

```
# 为保证出生日期的一致性，这里统一使用只保留到年份的日期
basketball_data.loc[:, '出生日期'] = basketball_data['出生日期'].apply
(lambda x:x[:5])
basketball_data['出生日期'].head(10)
Out[62]:
78      1989年
119     1992年
121     1993年
122     1993年
131     1992年
159     1990年
170     1994年
252     1987年
279     1989年
290     1996年
Name: 出生日期, dtype: object
```

筛选男篮球运动员并用平均身高填充身高缺失值，将身高调整为整数。

```
# 筛选男篮球运动员
In [63]:
male_data = basketball_data[basketball_data['性别'].apply(lambda x :x =='男')]
male_data = male_data.copy()
# 计算身高平均值（四舍五入取整）
male_height = male_data['身高'].dropna()
fill_male_height = round(male_height.apply(lambda x : x[0:-2]).astype(int).mean())
fill_male_height = str(int(fill_male_height)) + '厘米'
# 填充缺失值
male_data.loc[:,'身高'] = male_data.loc[:,'身高'].fillna(fill_male_height)
# 为方便后期使用，这里将身高数据转换为整数
male_data.loc[:,'身高'] = male_data.loc[:,'身高'].apply (lambda x: x[0:-2]).astype
(int)
# 重命名列标签索引
male_data.rename(columns = {'身高':'身高/cm'}, inplace=True)
male_data [:5]
Out[63]:
```

	中文名	外文名	性别	国籍	出生日期	身高/cm	体重	项目	省份
67	睢冉	Sui Ran	男	中国	1992年	192	95kg	篮球	山西太原
100	王哲林	Wang Zhelin	男	中国	1994年	214	110kg	篮球	福建
161	易建联	Yi Jianlian	男	中国	1987年	213	113kg	篮球	广东
182	周鹏	Zhou Peng	男	中国	1989年	206	90kg	篮球	辽宁
192	周琦	Zhou Qi	男	中国	1996年	217	95kg	篮球	河南新乡

筛选女篮球运动员并用平均身高填充身高缺失值，将身高调整为整数。

```
# 筛选女篮球运动员数据
In [64]:
female_data = basketball_data[basketball_data['性别'].apply(lambda x :x =='女')]
female_data = female_data.copy()
```

```
data = {'191cm':'191 厘米','1 米 89 公分':'189 厘米','2.01 米':'201 厘米',
        '187 公分':'187 厘米','1.97M':'197 厘米','1.98 米':'198 厘米',
        '192cm':'192 厘米'}
female_data.loc[:, '身高'] = female_data.loc[:, '身高'].replace(data)
# 计算女篮球运动员平均身高
female_height = female_data['身高'].dropna()
fill_female_height = round(female_height.apply(lambda x : x[0:-2]).astype(int)
.mean())
fill_female_height =str(int(fill_female_height)) + '厘米'
# 填充缺失值
female_data.loc[:, ' 身 高 '] = female_data.loc[:,  ' 身 高 '].fillna(fill_female_
height)
# 为方便后期使用，这里将身高数据转换为整数
female_data['身高'] = female_data['身高'].apply(lambda x : x[0:-2]).astype(int)
# 重命名列标签索引
female_data.rename(columns = {'身高':'身高/cm'}, inplace=True)
female_data[:5]
Out[64]:
```

	中文名	外文名	性别	国籍	出生日期	身高/cm	体重	项目	省份
78	邵婷	Shao Ting	女	中国	1989 年	188	75kg	篮球	上海
119	孙梦然	Sun Meng Ran	女	中国	1992 年	197	77kg	篮球	天津
121	孙梦昕	Sun Meng Xin	女	中国	1993 年	190	77kg	篮球	山东
122	孙梦昕	Sun Meng Xin	女	中国	1993 年	190	77kg	篮球	山东
159	吴迪	Wu Di	女	中国	1990 年	186	72kg	篮球	天津

计算女篮球运动员的平均体重，并用平均体重填充缺失值。

```
In [65]:
female_weight = female_data['体重'].dropna()
female_weight = female_weight.apply(lambda x :x[0:-2]).astype(int)
fill_female_weight = round(female_weight.mean())
fill_female_weight = str(int(fill_female_weight)) + 'kg'
# 填充缺失值
female_data.loc[:,'体重'].fillna(fill_female_weight, inplace=True)
female_data[:5]
Out[65]:
```

	中文名	外文名	性别	国籍	出生日期	身高/cm	体重	项目	省份
78	邵婷	Shao Ting	女	中国	1989 年	188	75kg	篮球	上海
119	孙梦然	Sun Meng Ran	女	中国	1992 年	197	77kg	篮球	天津
121	孙梦昕	Sun Meng Xin	女	中国	1993 年	190	77kg	篮球	山东
122	孙梦昕	Sun Meng Xin	女	中国	1993 年	190	77kg	篮球	山东
159	吴迪	Wu Di	女	中国	1990 年	186	72kg	篮球	天津

任务 6.2 数据集成

6.2.1 数据合并的常用方法

pandas 对象中的数据可以通过一些方式进行合并。

- pandas.merge 可根据一个或多个键将不同 DataFrame 中的行连接起来。SQL 或其他关系数据库的用户对此应该会比较熟悉，因为它实现的就是数据库的 join 操作。
- pandas.concat 可以沿着一条轴将多个对象堆叠到一起。
- 实例方法 combine_first 可以将重复数据拼接在一起，用一个对象中的值填充另一个对象中的缺失值。

1. 数据库风格的 DataFrame 合并

数据集的合并（merge）或连接（join）运算是通过一个或多个键将行连接起来的。这些运算是关系数据库（基于 SQL）的核心。pandas 的 merge 函数是对数据应用这些算法的主要切入点。

下面以一个简单的例子开始讲解。

```
In [66]:
df1 = pd.DataFrame({'key': ['b', 'b', 'a', 'c', 'a', 'a', 'b'],
                    'data1': range(7)})
df2 = pd.DataFrame({'key': ['a', 'b', 'd'],
                    'data2': range(3)})
df1
Out[66]:
   data1 key
0      0   b
1      1   b
2      2   a
3      3   c
4      4   a
5      5   a
6      6   b

In [67]:
df2
Out[67]:
   data2 key
0      0   a
1      1   b
2      2   d
```

这是一种多对一的合并。df1 中的数据有多个被标记为 a 和 b 的行，而 df2 中 key 列的每个值则仅对应一行。对这些对象调用 merge 即可得到如下数据。

```
In [68]:
pd.merge(df1, df2)
Out[68]:
   data1 key  data2
0      0   b      1
1      1   b      1
2      6   b      1
3      2   a      0
4      4   a      0
5      5   a      0
```

注意，上面并没有指明要用哪个列进行连接。如果没有指定，merge 就会将重叠列的列名当作键。不过，最好明确指定一下。

```
In [69]:
pd.merge(df1, df2, on = 'key')
Out[69]:
   data1 key  data2
0      0   b      1
1      1   b      1
2      6   b      1
3      2   a      0
4      4   a      0
5      5   a      0
```

如果两个对象的列名不同，也可以分别进行指定。

```
In [70]:
df3 = pd.DataFrame({'lkey': ['b', 'b', 'a', 'c', 'a', 'a', 'b'],
                    'data1': range(7)})
df4 = pd.DataFrame({'rkey': ['a', 'b', 'd'],
                    'data2': range(3)})
pd.merge(df3, df4, left_on = 'lkey', right_on = 'rkey')
Out[70]:
   data1 lkey  data2 rkey
0      0    b      1    b
1      1    b      1    b
2      6    b      1    b
3      2    a      0    a
4      4    a      0    a
5      5    a      0    a
```

读者可能已经注意到了，结果里面 c 和 d 以及与之相关的数据消失了。默认情况下，merge 做的是“内连接”，结果中的键是交集。其他方式还有“left”“right”以及“outer”。外连接求取的是键的并集，组合了左连接和右连接的效果。

```
In [71]:
pd.merge(df1, df2, how = 'outer')
Out[71]:
   data1 key  data2
0    0.0   b    1.0
1    1.0   b    1.0
2    6.0   b    1.0
```

```
3    2.0   a    0.0
4    4.0   a    0.0
5    5.0   a    0.0
6    3.0   c    NaN
7    NaN   d    2.0
```

表 6-6 所示为 merge 方法 how 参数的选项。

表 6-6 merge 方法 how 参数的选项

选项	说明
inner	使用两个表都有的键
left	使用左表中所有的键
right	使用右表中所有的键
outer	使用两个表中所有的键

多对多的合并有些不直观。看下面的例子。

```
In [72]:
df1 = pd.DataFrame({'key': ['b', 'b', 'a', 'c', 'a', 'b'],
                    'data1': range(6)})
df2 = pd.DataFrame({'key': ['a', 'b', 'a', 'b', 'd'],
                     'data2': range(5)})
df1
Out[72]:
   data1 key
0      0   b
1      1   b
2      2   a
3      3   c
4      4   a
5      5   b

In [73]:
df2
Out[73]:
   data2 key
0      0   a
1      1   b
2      2   a
3      3   b
4      4   d

In [74]:
pd.merge(df1, df2, on='key', how='left')
Out[74]:
    data1 key  data2
0       0   b    1.0
1       0   b    3.0
```

```
2       1   b    1.0
3       1   b    3.0
4       2   a    0.0
5       2   a    2.0
6       3   c    NaN
7       4   a    0.0
8       4   a    2.0
9       5   b    1.0
10      5   b    3.0
```

多对多连接产生的是行的笛卡尔积。由于左边的 DataFrame 有 3 个“b”行，右边的有 2 个，所以最终结果中就有 6 个“b”行。连接方式只影响出现在结果中的不同的键的值。

```
In [75]:
pd.merge(df1, df2, how = 'inner')
Out[75]:
   data1 key  data2
0      0   b      1
1      0   b      3
2      1   b      1
3      1   b      3
4      5   b      1
5      5   b      3
6      2   a      0
7      2   a      2
8      4   a      0
9      4   a      2
```

要根据多个键进行合并，传入一个由列名组成的列表即可。

```
In [76]:
left = pd.DataFrame({'key1': ['foo', 'foo', 'bar'],
                     'key2': ['one', 'two', 'one'],
                     'lval': [1, 2, 3]})
right = pd.DataFrame({'key1': ['foo', 'foo', 'bar', 'bar'],
                      'key2': ['one', 'one', 'one', 'two'],
                      'rval': [4, 5, 6, 7]})
pd.merge(left, right, on = ['key1', 'key2'], how = 'outer')
Out[76]:
  key1 key2  lval  rval
0  foo  one   1.0   4.0
1  foo  one   1.0   5.0
2  foo  two   2.0   NaN
3  bar  one   3.0   6.0
4  bar  two   NaN   7.0
```

结果中会出现哪些键组合取决于所选的合并方式，可以这样来理解：多个键形成一系列元组，并将其当作单个连接键（当然，实际上并不是这么回事）。

注意：在进行列－列连接时，DataFrame 对象中的索引会被丢弃。

对于合并运算需要考虑的最后一个问题是对重复列名的处理。虽然可以手工处理列名重叠的问题（查看前面介绍的重命名轴标签），但 merge 有一个更实用的 suffixes 选项，用于指定附加到左右两个 DataFrame 对象的重叠列名上的字符串。

```
In [77]:
pd.merge(left, right, on = 'key1')
Out[77]:
  key1 key2_x  lval key2_y  rval
0  foo    one     1    one     4
1  foo    one     1    one     5
2  foo    two     2    one     4
3  foo    two     2    one     5
4  bar    one     3    one     6
5  bar    one     3    two     7

In [78]:
pd.merge(left, right, on = 'key1', suffixes = ('_left', '_right'))
Out[78]:
  key1 key2_left  lval key2_right  rval
0  foo       one     1        one     4
1  foo       one     1        one     5
2  foo       two     2        one     4
3  foo       two     2        one     5
4  bar       one     3        one     6
5  bar       one     3        two     7
```

merge 函数的参数如表 6-7 所示。

表 6-7　merge 函数的参数

参数	说明
left	参与合并的左侧 DataFrame
right	参与合并的右侧 DataFrame
how	“inner”“outer”“left”“right”其中之一。默认为“inner”
on	用于连接的列名。必须存在于左右两个 DataFrame 对象中。如果未指定，且其他连接键也未指定，则以 left 和 right 列名的交集作为连接键
left_on	左侧 DataFrame 中用作连接键的列
right_on	右侧 DataFrame 中用作连接键的列
left_index	将左侧的行索引用作其连接键
right_index	类似于 left_index
sort	根据连接键对合并后的数据进行排序，默认为 True。有时在处理大数据集时，禁用该选项可获得更好的性能
suffixes	字符串值元组，用于追加到重叠列名的末尾，默认为('_x"_y')。例如，如果左右两个 DataFrame 对象都有“data”，则结果中就会出现 “data_x”和“data_y”
copy	设置为 False，可以在某些特殊情况下避免将数据复制到结果数据结构中。默认总是复制

2. 索引上的合并

有时候，DataFrame 中的连接键位于其索引中。在这种情况下，可以传入 left_index=True 或 right_index=True（或两个都传入）以说明索引应该被用作连接键。

```
In [79]:
left1 = pd.DataFrame({'key': ['a', 'b', 'a', 'a', 'b', 'c'],
                      'value': range(6)})
right1 = pd.DataFrame({'group_val': [3.5, 7]}, index = ['a', 'b'])
left1
Out[79]:

  key  value
0   a      0
1   b      1
2   a      2
3   a      3
4   b      4
5   c      5

In [80]:
right1
Out[80]:
   group_val
a        3.5
b        7.0
In [81]:
pd.merge(left1, right1, left_on = 'key', right_index = True)
Out[81]:
  key  value  group_val
0   a      0        3.5
2   a      2        3.5
3   a      3        3.5
1   b      1        7.0
4   b      4        7.0
```

由于默认的 merge 方法是求取连接键的交集，因此可以通过外连接的方式得到它的并集。

```
In [82]:
pd.merge(left1, right1, left_on = 'key', right_index = True, how = 'outer')
Out[82]:
  key  value  group_val
0   a      0        3.5
2   a      2        3.5
3   a      3        3.5
1   b      1        7.0
4   b      4        7.0
5   c      5        NaN
```

对于层次化索引的数据，事情就有点复杂了，因为索引的合并默认是多键合并。

```
In [83]:
lefth = pd.DataFrame({'key1': ['Ohio', 'Ohio', 'Ohio',
                               'Nevada', 'Nevada'],
                      'key2': [2000, 2001, 2002, 2001, 2002],
                      'data': np.arange(5.)})
```

```
righth = pd.DataFrame(np.arange(12).reshape((6, 2)),
                     index = [['Nevada', 'Nevada', 'Ohio', 'Ohio','Ohio', 'Ohio'],
                          2001, 2000, 2000, 2000, 2001, 2002]],
                         columns=['event1', 'event2'])
lefth
Out[83]:
   data    key1  key2
0   0.0    Ohio  2000
1   1.0    Ohio  2001
2   2.0    Ohio  2002
3   3.0  Nevada  2001
4   4.0  Nevada  2002

In [84]:
righth
Out[84]:
             event1  event2
Nevada 2001       0       1
         2000       2       3
Ohio    2000       4       5
         2000       6       7
         2001       8       9
         2002      10      11
```

这种情况下，必须以列表的形式指明用作合并键的多个列（注意用 how='outer'对重复索引值进行处理）。

```
In [85]:
pd.merge(lefth, righth, left_on = ['key1', 'key2'], right_index = True)
Out[85]:
   data    key1  key2  event1  event2
0   0.0    Ohio  2000       4       5
0   0.0    Ohio  2000       6       7
1   1.0    Ohio  2001       8       9
2   2.0    Ohio  2002      10      11
3   3.0  Nevada  2001       0       1

In [86]:
pd.merge(lefth, righth, left_on = ['key1', 'key2'],
             right_index = True, how = 'outer')
Out[86]:
   data    key1  key2  event1  event2
0   0.0    Ohio  2000     4.0     5.0
0   0.0    Ohio  2000     6.0     7.0
1   1.0    Ohio  2001     8.0     9.0
2   2.0    Ohio  2002    10.0    11.0
3   3.0  Nevada  2001     0.0     1.0
4   4.0  Nevada  2002     NaN     NaN
4   NaN  Nevada  2000     2.0     3.0
```

同时使用合并双方的索引也没问题。

```
In [87]:
left2 = pd.DataFrame([[1., 2.], [3., 4.], [5., 6.]],
                      index = ['a', 'c', 'e'],
                       columns = ['Ohio', 'Nevada'])
right2 = pd.DataFrame([[7., 8.], [9., 10.], [11., 12.], [13, 14]],
                       index = ['b', 'c', 'd', 'e'],
                       columns = ['Missouri', 'Alabama'])
left2
Out[87]:
   Ohio  Nevada
a   1.0     2.0
c   3.0     4.0
e   5.0     6.0

In [88]:
right2
Out[88]:
   Missouri  Alabama
b       7.0      8.0
c       9.0     10.0
d      11.0     12.0
e      13.0     14.0

In [89]:
pd.merge(left2, right2, how = 'outer', left_index = True, right_index = True)
Out[89]:
   Ohio  Nevada  Missouri  Alabama
a   1.0     2.0       NaN      NaN
b   NaN     NaN       7.0      8.0
c   3.0     4.0       9.0     10.0
d   NaN     NaN      11.0     12.0
e   5.0     6.0      13.0     14.0
```

DataFrame 还有一个便捷的 join 实例方法，它能更为方便地实现按索引合并。它还可用于合并多个带有相同或相似索引的 DataFrame 对象，但要求没有重叠的列。在上面那个例子中，还可以进行如下编写。

```
In [90]:
left2.join(right2, how = 'outer')
Out[90]:
   Ohio  Nevada  Missouri  Alabama
a   1.0     2.0       NaN      NaN
b   NaN     NaN       7.0      8.0
c   3.0     4.0       9.0     10.0
d   NaN     NaN      11.0     12.0
e   5.0     6.0      13.0     14.0
```

因为一些历史版本的遗留原因，DataFrame 的 join 方法默认使用的是左连接，保留左边表的行索引。它还支持在调用的 DataFrame 的列上，连接传递的 DataFrame 索引。

```
In [91]:
left1.join(right1, on='key')
```

```
Out[91]:
  key  value  group_val
0   a      0        3.5
1   b      1        7.0
2   a      2        3.5
3   a      3        3.5
4   b      4        7.0
5   c      5        NaN
```

最后，对于简单的索引合并，还可以向 join 传入一组 DataFrame，后文会介绍更为通用的 concat 函数，也能实现此功能。

```
In [92]:
another = pd.DataFrame([[7., 8.], [9., 10.], [11., 12.], [16., 17.]],
                       index = ['a', 'c', 'e', 'f'],
                        columns = ['New York','Oregon'])
another
Out[92]:
   New York  Oregon
a       7.0     8.0
c       9.0    10.0
e      11.0    12.0
f      16.0    17.0

In [93]:
left2.join([right2, another])
Out[93]:
   Ohio  Nevada  Missouri  Alabama  New York  Oregon
a   1.0     2.0       NaN      NaN       7.0     8.0
c   3.0     4.0       9.0     10.0       9.0    10.0
e   5.0     6.0      13.0     14.0      11.0    12.0

In [94]:
left2.join([right2, another], how = 'outer')
Out[94]:
   Ohio  Nevada  Missouri  Alabama  New York  Oregon
a   1.0     2.0       NaN      NaN       7.0     8.0
b   NaN     NaN       7.0      8.0       NaN     NaN
c   3.0     4.0       9.0     10.0       9.0    10.0
d   NaN     NaN      11.0     12.0       NaN     NaN
e   5.0     6.0      13.0     14.0      11.0    12.0
f   NaN     NaN       NaN      NaN      16.0    17.0
```

3. 轴向连接

轴向连接的数据合并运算也被称作连接（concatenation）、绑定（binding）或堆叠（stacking）。NumPy 的 concatenation 函数可以用于 NumPy 数组的合并。

```
In [95]:
arr = np.arange(12).reshape((3, 4))
arr
Out[95]:
array([[ 0,  1,  2,  3],
```

```
       [ 4,  5,  6,  7],
       [ 8,  9, 10, 11]])

In [96]:
np.concatenate([arr, arr], axis = 1)
Out[96]:
array([[ 0,  1,  2,  3,  0,  1,  2,  3],
       [ 4,  5,  6,  7,  4,  5,  6,  7],
       [ 8,  9, 10, 11,  8,  9, 10, 11]])
```

对于 pandas 对象（如 Series 和 DataFrame），带有标签的轴向连接能够进一步推广到数组的连接运算。具体点说，还需要考虑以下几点。

① 如果对象在其他轴上的索引不同，应该合并这些轴的不同元素还是只使用交集。

② 连接的数据集是否需要在结果对象中可识别。

③ 连接轴中保存的数据是否需要保留。许多情况下，DataFrame 默认的整数标签最好在连接时删掉。

pandas 的 concat 函数提供了一种能够解决这些问题的可靠方式。下面给出一些例子来讲解其使用方式。假设有如下 3 个没有重叠索引的 Series。

```
In [97]:
s1 = pd.Series([0, 1], index = ['a', 'b'])
s2 = pd.Series([2, 3, 4], index = ['c', 'd', 'e'])
s3 = pd.Series([5, 6], index = ['f', 'g'])
```

对这些对象调用 concat 可以将值和索引黏合在一起。

```
In [98]:
pd.concat([s1, s2, s3])
Out[98]:
a    0
b    1
c    2
d    3
e    4
f    5
g    6
dtype: int64
```

默认情况下，concat 是在 axis = 0 上工作的，最终产生一个新的 Series。如果传入 axis = 1，则结果就会变成一个 DataFrame。

```
In [99]:
pd.concat([s1, s2, s3], axis = 1)
Out[99]:
     0    1    2
a  0.0  NaN  NaN
b  1.0  NaN  NaN
c  NaN  2.0  NaN
d  NaN  3.0  NaN
e  NaN  4.0  NaN
f  NaN  NaN  5.0
g  NaN  NaN  6.0
```

这种情况下，另外的轴上没有重叠，从索引的有序并集（外连接）上就可以看出来。传入 join = 'inner'即可得到它的交集。

```
In [100]:
s4 = pd.concat([s1, s3])
s4
Out[100]:
a    0
b    1
f    5
g    6
dtype: int64

In [101]:
pd.concat([s1, s4], axis = 1)
Out[101]:
     0  1
a  0.0  0
b  1.0  1
f  NaN  5
g  NaN  6

In [102]:
pd.concat([s1, s4], axis = 1, join = 'inner')
Out[102]:
   0  1
a  0  0
b  1  1
```

在这个例子中，f 和 g 标签消失了，是因为使用的是 join = 'inner'选项。

若想要在连接轴上创建一个层次化索引，使用 keys 参数即可达到这个目的。

```
In [103]:
result = pd.concat([s1, s1, s3], keys=['one','two', 'three'])
result
Out[103]:
one     a    0
        b    1
two     a    0
        b    1
three   f    5
        g    6
dtype: int64

In [104]:
result.unstack()
Out[104]:
         a    b    f    g
one    0.0  1.0  NaN  NaN
two    0.0  1.0  NaN  NaN
three  NaN  NaN  5.0  6.0
```

如果沿着 axis = 1 对 Series 进行合并，则 keys 就会成为 DataFrame 的列头。

```
In [105]:
pd.concat([s1, s2, s3], axis = 1, keys = ['one','two', 'three'])
Out[105]:
   one  two  three
a  0.0  NaN    NaN
b  1.0  NaN    NaN
c  NaN  2.0    NaN
d  NaN  3.0    NaN
e  NaN  4.0    NaN
f  NaN  NaN    5.0
g  NaN  NaN    6.0
```

同样的逻辑也适用于 DataFrame 对象。

```
In [106]:
df1 = pd.DataFrame(np.arange(6).reshape(3, 2), index = ['a', 'b', 'c'],
                    columns = ['one', 'two'])
df2 = pd.DataFrame(5 + np.arange(4).reshape(2, 2), index = ['a', 'c'],
                    columns = ['three', 'four'])
df1
Out[106]:
   one  two
a    0    1
b    2    3
c    4    5

In [107]:
df2
Out[107]:
   three  four
a      5     6
c      7     8

In [108]:
pd.concat([df1, df2], axis = 1, keys = ['level1', 'level2'])
Out[108]:
  level1     level2
     one two  three four
a      0   1    5.0  6.0
b      2   3    NaN  NaN
c      4   5    7.0  8.0
```

如果传入的不是列表而是一个字典，则字典的键就会被当作 keys 选项的值。

```
In [109]:
pd.concat({'level1': df1, 'level2': df2}, axis = 1)
Out[109]:
  level1     level2
     one two  three four
a      0   1    5.0  6.0
b      2   3    NaN  NaN
c      4   5    7.0  8.0
```

此外还有两个用于管理层次化索引创建方式的参数，如表 6-8 所示。举个例子，可以用 names 参数命名创建的轴级别。

```
In [110]:
pd.concat([df1, df2], axis = 1, keys = ['level1', 'level2'],
          names = ['upper', 'lower'])
Out[110]:
upper level1     level2
lower    one two  three  four
a          0   1    5.0   6.0
b          2   3    NaN   NaN
c          4   5    7.0   8.0
```

表 6-8 管理层次化索引创建方式的参数

参数	说明
objs	参与连接的 pandas 对象的列表或字典。唯一必需的参数
axis	指明连接的轴向，默认为 0
join	“inner”“outer”其中之一，默认为“outer”。指明其他轴向上的索引是按交集（inner）还是并集（outer）进行合并
join_axes	指明用于其他 *n*-1 条轴的索引，不执行并集/交集运算
keys	与连接对象有关的值，用于形成连接轴向上的层次化索引。可以是任意值的列表或数组、元组数组、数组列表（如果将 levels 设置成多级数组的话）
levels	指定用作层次化索引各级别上的索引，如果设置了 keys 的话
names	用于创建分层级别的名称，如果设置了 keys 和（或）levels 的话
verify_integrity	检查结果对象新轴上的重复情况，如果发现则引发异常。默认（False）允许重复
ignore_index	不保留连接轴上的索引，产生一组新索引 range(total_length)

最后一个关于 DataFrame 的问题是，DataFrame 的行索引不包含任何相关数据。

```
In [111]:
df1 = pd.DataFrame(np.random.randn(3, 4), columns = ['a', 'b', 'c', 'd'])
df2 = pd.DataFrame(np.random.randn(2, 3), columns = ['b', 'd', 'a'])
df1
Out[111]:
          a         b         c         d
0  1.246435  1.007189 -1.296221  0.274992
1  0.228913  1.352917  0.886429 -2.001637
2 -0.371843  1.669025 -0.438570 -0.539741

In [112]:
df2
Out[112]:
          b         d         a
0  0.476985  3.248944 -1.021228
1 -0.577087  0.124121  0.302614
```

在这种情况下，传入 ignore_index = True 即可。

```
In [113]:
pd.concat([df1, df2], ignore_index = True)
Out[113]:
          a         b         c         d
0  1.246435  1.007189 -1.296221  0.274992
1  0.228913  1.352917  0.886429 -2.001637
2 -0.371843  1.669025 -0.438570 -0.539741
3 -1.021228  0.476985       NaN  3.248944
4  0.302614 -0.577087       NaN  0.124121
```

4. 合并重叠数据

还有一种数据组合问题不能用简单的合并（merge）或连接（concatenation）运算来处理。比如说，可能有索引全部或部分重叠的两个数据集。举个有启发性的例子，使用 NumPy 的 where 函数，它表示一种等价于面向数组的 if-else。

```
In [114]:
a = pd.Series([np.nan, 2.5, np.nan, 3.5, 4.5, np.nan],
             index = ['f', 'e', 'd', 'c', 'b', 'a'])
b = pd.Series(np.arange(len(a), dtype = np.float64),
             index = ['f', 'e', 'd', 'c', 'b', 'a'])
b[-1] = np.nan
a
Out[114]:
f    NaN
e    2.5
d    NaN
c    3.5
b    4.5
a    NaN
dtype: float64

In [115]:
b
Out[115]:
f    0.0
e    1.0
d    2.0
c    3.0
b    4.0
a    NaN
dtype: float64

In [116]:
np.where(pd.isnull(a), b, a)
Out[116]:
array([ 0. ,  2.5,  2. ,  3.5,  4.5,  nan])
```

Series 有一个 combine_first 方法，实现的也是一样的功能，还带有 pandas 的数据对齐。

```
In [117]:
b[:-2].combine_first(a[2:])
```

```
Out[117]:
a    NaN
b    4.5
c    3.0
d    2.0
e    1.0
f    0.0
dtype: float64
```

对于 DataFrame，combine_first 自然也会在列上做同样的事情，因此可以将其看作：用传递对象中的数据为调用对象的缺失数据“打补丁”。

```
In [118]:
df1 = pd.DataFrame({'a': [1., np.nan, 5., np.nan],
                    'b': [np.nan, 2., np.nan, 6.],
                    'c': range(2, 18, 4)})
df2 = pd.DataFrame({'a': [5., 4., np.nan, 3., 7.],
                    'b': [np.nan, 3., 4., 6., 8.]})
df1
Out[118]:
     a    b   c
0  1.0  NaN   2
1  NaN  2.0   6
2  5.0  NaN  10
3  NaN  6.0  14

In [119]:
df2
Out[119]:
     a    b
0  5.0  NaN
1  4.0  3.0
2  NaN  4.0
3  3.0  6.0
4  7.0  8.0

In [120]:
df1.combine_first(df2)
Out[120]:
     a    b     c
0  1.0  NaN   2.0
1  4.0  2.0   6.0
2  5.0  4.0  10.0
3  3.0  6.0  14.0
4  7.0  8.0   NaN
```

6.2.2 中国篮球运动员的基本信息合并

把清洗过的男女篮球运动员的信息合并。

```
In [121]:
basketball_data = pd.concat([male_data, female_data])
basketball_data['体重'] = basketball_data['体重'].apply(lambda x : x[0:-2]).
astype(int)
basketball_data.rename(columns = {'体重':'体重/kg'}, inplace = True)
basketball_data.head(5)
Out[121]:
```

	中文名	外文名	性别	国籍	出生日期	身高/cm	体重/kg	项目	省份
131	睢冉	Sui Ran	男	中国	1992年	192	95	篮球	山西太原
170	王哲林	Wang Zhelin	男	中国	1994年	214	110	篮球	福建
252	易建联	Yi Jianlian	男	中国	1987年	213	113	篮球	广东
279	周鹏	Zhou Peng	男	中国	1989年	206	90	篮球	辽宁
290	周琦	Zhou Qi	男	中国	1996年	217	95	篮球	河南新乡

任务 6.3 数据规约

6.3.1 数据规约方法

利用numpy.random.permutation函数可以轻松实现对Series或DataFrame的列的排列工作（permuting，随机重排序）。通过需要排列的轴的长度调用permutation，可产生一个表示新顺序的整数数组。

```
In [122]:
df = pd.DataFrame(np.arange(5 * 4).reshape((5, 4)))
sampler = np.random.permutation(5)
sampler
Out[122]:
array([3, 1, 4, 2, 0])
```

然后，就可以在基于iloc的索引操作或take函数中使用该数组了。

```
In [123]:
df
Out[123]:
    0   1   2   3
0   0   1   2   3
1   4   5   6   7
2   8   9  10  11
3  12  13  14  15
4  16  17  18  19

In [124]:
df.take(sampler)
```

```
Out[124]:
    0   1   2   3
3  12  13  14  15
1   4   5   6   7
4  16  17  18  19
2   8   9  10  11
0   0   1   2   3
```

如果不想用替换的方式选取随机子集，可以在 Series 和 DataFrame 上使用 sample 方法。

```
In [125]:
df.sample(n=3)
Out[125]:
    0   1   2   3
3  12  13  14  15
4  16  17  18  19
2   8   9  10  11
```

要通过替换的方式产生样本（允许重复选择），可以传递 replace=True 到 sample。

```
In [126]:
choices = pd.Series([5, 7, -1, 6, 4])
draws = choices.sample(n = 10, replace = True)
draws
Out[126]:
4    4
1    7
4    4
2   -1
0    5
3    6
1    7
4    4
0    5
4    4
dtype: int64
```

维度规约方法将在第 7 章特征工程中较为详细地介绍。

6.3.2 中国篮球运动员的基本信息规约

如果数据量比较大，超过了模型的限制，或者有其他条件约束，则需要减少数据的量，这可通过采样的方式来实现。下面例子实现从中国篮球运动员的基本信息中采样 50 条样本。

```
In [127]:
sample_data = all_data.sample(n = 50, replace = True)
sample_data[:5]
Out[127]:
```

	中文名	外文名	性别	国籍	出生日期	身高	体重	项目	省份
353	梁美玉	Liang meiyu	女	中国	34342	166cm	65kg	曲棍球	广东
347	刘浩	Liu Hao	男	中国	1988 年	NaN	NaN	自行车	吉林
343	刘兆尘	Liu Zhaochen	男	中国	1995 年	NaN	NaN	游泳	浙江
36	赛音吉日嘎拉	Sai Yin Ji Ri Ga La	男	中国	1989 年 12 月 4 日	NaN	NaN	柔道	内蒙古自治区
64	孙玉洁	Sun Yujie	女	中国	1992 年 8 月 10 日	185cm	72kg	NaN	辽宁

任务 6.4　数据变换

6.4.1　数据变换常用方法

1. 利用函数或映射进行数据转换

对于许多数据集，可能希望根据数组、Series 或 DataFrame 列中的值来实现转换工作。来看看下面这组有关肉类食物的数据。

```
In [128]:
data = pd.DataFrame({'food': ['bacon', 'pulled pork', 'bacon',
                              'Pastrami', 'corned beef', 'Bacon',
                              'pastrami', 'honey ham', 'nova lox'],
    .                         'ounces': [4, 3, 12, 6, 7.5, 8, 3, 5, 6]})
data
Out[128]:
          food  ounces
0        bacon     4.0
1  pulled pork     3.0
2        bacon    12.0
3     Pastrami     6.0
4  corned beef     7.5
5        Bacon     8.0
6     pastrami     3.0
7    honey ham     5.0
8     nova lox     6.0
```

假设想要添加一列表示该肉类食物来源的动物类型。先编写一个不同肉类到动物的映射。

```
In [129]:
meat_to_animal = {
  'bacon': 'pig',
  'pulled pork': 'pig',
  'pastrami': 'cow',
  'corned beef': 'cow',
  'honey ham': 'pig',
  'nova lox': 'salmon'
}
```

Series 的 map 方法可以接受一个函数或含有映射关系的字典型对象，但是这里有一个小问题，即有些肉类的首字母大写了，而另一些则没有。因此，还需要使用 Series 的 str.lower 方法，将各个首字母转换为小写。

```
In [130]:
lowercased = data['food'].str.lower()
lowercased
Out[130]:
0          bacon
1    pulled pork
2          bacon
3       pastrami
4    corned beef
5          bacon
6       pastrami
7      honey ham
8       nova lox
Name: food, dtype: object
 In [131]:
data['animal'] = lowercased.map(meat_to_animal)
data
Out[131]:
          food  ounces  animal
0        bacon     4.0     pig
1  pulled pork     3.0     pig
2        bacon    12.0     pig
3     Pastrami     6.0     cow
4  corned beef     7.5     cow
5        Bacon     8.0     pig
6     pastrami     3.0     cow
7    honey ham     5.0     pig
8     nova lox     6.0  salmon
```

也可以传入一个能够完成全部这些工作的函数。

```
In [132]:
data['food'].map(lambda x: meat_to_animal[x.lower()])
Out[132]:
0       pig
1       pig
2       pig
3       cow
4       cow
5       pig
6       cow
7       pig
8    salmon
Name: food, dtype: object
```

使用 map 是一种实现元素级转换以及其他数据清洗工作的便捷方式。

2. 替换值

利用 fillna 方法填充缺失数据可以看作值替换的一种特殊情况。前面已经看到，map 可用于修改对象的数据子集，而 replace 则提供了一种实现该功能的更简单、更灵活的方式。先看看下面这个 Series。

```
In [133]:
data = pd.Series([1., -999., 2., -999., -1000., 3.])
data
Out[133]:
0       1.0
1    -999.0
2       2.0
3    -999.0
4   -1000.0
5       3.0
```

−999 这个值可能是一个表示缺失数据的标记值。要将其替换为 pandas 能够理解的 NA 值，可以利用 replace 来产生一个新的 Series（除非传入 inplace = True）。

```
In [134]:
data.replace(-999, np.nan)
Out[134]:
0       1.0
1       NaN
2       2.0
3       NaN
4   -1000.0
5       3.0
dtype: float64
```

如果希望一次性替换多个值，可以传入一个由待替换值组成的列表以及一个替换值。

```
In [135]:
data.replace([-999, -1000], np.nan)
Out[135]:
0    1.0
1    NaN
2    2.0
3    NaN
4    NaN
5    3.0
dtype: float64
```

若要让每个值有不同的替换值，可以传递一个替换列表。

```
In [136]:
data.replace([-999, -1000], [np.nan, 0])
Out[136]:
0    1.0
1    NaN
2    2.0
3    NaN
4    0.0
5    3.0
```

```
dtype: float64
```

传入的参数也可以是字典。

```
In [137]:
data.replace({-999: np.nan, -1000: 0})
Out[137]:
0    1.0
1    NaN
2    2.0
3    NaN
4    0.0
5    3.0
dtype: float64
```

3. 重命名轴索引

跟 Series 中的值一样，轴标签也可以通过函数或映射进行转换，从而得到一个新的不同标签的对象。轴还可以被就地修改，而无需新建一个数据结构。接下来看看下面这个简单的例子。

```
In [138]:
data = pd.DataFrame(np.arange(12).reshape((3, 4)),
                    index = ['Ohio', 'Colorado', 'New York'],
                    columns = ['one', 'two', 'three', 'four'])
```

跟 Series 一样，轴索引也有一个 map 方法。

```
In [139]:
transform = lambda x: x[:4].upper()
data.index.map(transform)
Out[139]:
Index(['OHIO', 'COLO', 'NEW '], dtype = 'object')
```

可以将其赋值给 index，这样就可以对 DataFrame 进行就地修改。

```
In [140]:
data.index = data.index.map(transform)
data
Out[140]:
      one    two   three   four
OHIO    0      1       2      3
COLO    4      5       6      7
NEW     8      9      10     11
```

如果想要创建数据集的转换版（而不是修改原始数据），比较实用的方法是 rename。

```
In [141]:
data.rename(index = str.title, columns = str.upper)
Out[141]:
      ONE  TWO  THREE  FOUR
Ohio    0    1      2     3
Colo    4    5      6     7
New     8    9     10    11
```

特别说明一下，rename 可以结合字典型对象实现对部分轴标签的更新。

```
In [142]:
data.rename(index = {'OHIO': 'INDIANA'},
```

```
        columns = {'three': 'peekaboo'})
Out[142]:
       one  two  peekaboo  four
INDIANA   0    1         2     3
COLO      4    5         6     7
NEW       8    9        10    11
```

rename 可以实现复制 DataFrame 并对其索引和列标签进行赋值。如果希望就地修改某个数据集，传入 inplace=True 即可。

```
In [143]:
data.rename(index = {'OHIO': 'INDIANA'}, inplace = True)
data
Out[143]:
        one  two  three  four
INDIANA   0    1      2     3
COLO      4    5      6     7
NEW       8    9     10    11
```

4．离散化和面元划分

为了便于分析，连续数据常常被离散化或拆分为“面元”（bin）。假设有如下一组人员数据，希望将它划分为不同的年龄组。

```
In [144]:
ages = [20, 22, 25, 27, 21, 23, 37, 31, 61, 45, 41, 32]
```

接下来将这些数据划分为“18 到 25”“26 到 35”“35 到 60”以及“60 以上”几个面元。要实现该功能，需要使用 pandas 的 cut 函数。

```
In [145]:
bins = [18, 25, 35, 60, 100]
cats = pd.cut(ages, bins)
cats
Out[145]:
[(18, 25], (18, 25], (18, 25], (25, 35], (18, 25], ..., (25, 35], (60, 100],
(35,60], (35, 60], (25, 35]]
Length: 12
Categories (4, interval[int64]): [(18, 25] < (25, 35] < (35, 60] < (60, 100]]
```

pandas 返回的是一个特殊的 Categorical 对象。结果展示了 pandas.cut 划分的面元。可以将其看作一组表示面元名称的字符串。它的底层含有一个表示不同分类名称的类型数组，以及一个 codes 属性中的年龄数据的标签。

```
In [146]:
cats.codes
Out[146]:
array([0, 0, 0, 1, 0, 0, 2, 1, 3, 2, 2, 1], dtype = int8)

In [147]:
cats.categories
Out[147]:
IntervalIndex([(18, 25], (25, 35], (35, 60], (60, 100]]
            closed = 'right',
            dtype = 'interval[int64]')
```

```
In [148]:
pd.value_counts(cats)
Out[148]:
(18, 25]     5
(35, 60]     3
(25, 35]     3
(60, 100]    1
dtype: int64
```

pd.value_counts(cats)是 pandas.cut 结果的面元计数。

与“区间”的数学符号一样，圆括号表示开端，而方括号则表示闭端（包括）。哪边是闭端可以通过 right=False 进行修改。

```
In [149]:
pd.cut(ages, [18, 26, 36, 61, 100], right = False)
Out[149]:
[[18, 26), [18, 26), [18, 26), [26, 36), [18, 26), ..., [26, 36), [61, 100),
[36, 61), [36, 61), [26, 36)]
Length: 12
Categories (4, interval[int64]): [[18, 26) < [26, 36) < [36, 61) < [61, 100)]
```

可以通过传递一个列表或数组到 labels，设置自己的面元名称。

```
In [150]:
group_names = ['Youth', 'YoungAdult', 'MiddleAged', 'Senior']

pd.cut(ages, bins, labels = group_names)
Out[150]:
[Youth, Youth, Youth, YoungAdult, Youth, ..., YoungAdult, Senior, MiddleAged,
MiddleAged, YoungAdult]
Length: 12
Categories (4, object): [Youth < YoungAdult < MiddleAged < Senior]
```

如果向 cut 传入的是面元的数量而不是确切的面元边界，则它会根据数据的最小值和最大值计算等长面元。下面这个例子中，将一些均匀分布的数据分成 4 组。

```
In [151]:
data = np.random.rand(20)
pd.cut(data, 4, precision=2)
Out[151]:
[(0.34, 0.55], (0.34, 0.55], (0.76, 0.97], (0.76, 0.97], (0.34, 0.55], ...,
(0.34, 0.55], (0.34, 0.55], (0.55, 0.76], (0.34, 0.55], (0.12, 0.34]]
Length: 20
Categories (4, interval[float64]): [(0.12, 0.34] < (0.34, 0.55] < (0.55, 0.76]
< (0.76, 0.97]]
```

选项 precision=2，限定小数只有两位。

qcut 是一个非常类似于 cut 的函数，它可以根据样本分位数对数据进行面元划分。根据数据的分布情况，cut 可能无法使各个面元中含有相同数量的数据点。而 qcut 由于使用的是样本分位数，因此可以得到大小基本相等的面元。

```
In [152]:
data = np.random.randn(1000)  # Normally distributed
```

```
cats = pd.qcut(data, 4)  # Cut into quartiles
cats
Out[152]:
[(-0.0265, 0.62], (0.62, 3.928], (-0.68, -0.0265], (0.62, 3.928], (-0.0265,
0.62], ..., (-0.68, -0.0265], (-0.68, -0.0265], (-2.95, -0.68], (0.62, 3.928],
(-0.68, -0.0265]]
Length: 1000
Categories (4, interval[float64]): [(-2.95, -0.68] < (-0.68, -0.0265] < (-0.0265,
0.62] <(0.62, 3.928]]

In [153]:
pd.value_counts(cats)
Out[153]:
(0.62, 3.928]       250
(-0.0265, 0.62]     250
(-0.68, -0.0265]    250
(-2.95, -0.68]      250
dtype: int64
```

与 cut 类似，qcut 也可以传递自定义的分位数（0～1 之间的数值，包含端点）。

```
In [154]:
pd.qcut(data, [0, 0.1, 0.5, 0.9, 1.])
Out[154]:
[(-0.0265, 1.286], (-0.0265, 1.286], (-1.187, -0.0265], (-0.0265, 1.286], (-0.0265,
1.286], ..., (-1.187, -0.0265], (-1.187, -0.0265], (-2.95, -1.187], (-0.0265,
1.286], (-1.187, -0.0265]]
Length: 1000
Categories (4, interval[float64]): [(-2.95, -1.187] < (-1.187, -0.0265] <
(-0.0265, 1.286] < (1.286, 3.928]]
```

5. 检测和过滤异常值

过滤或变换异常值（outlier）在很大程度上就是运用数组运算。来看一个含有正态分布数据的 DataFrame。

```
In [155]:
data = pd.DataFrame(np.random.randn(1000, 4))
data.describe()
Out[155]:
                 0            1            2            3
count  1000.000000  1000.000000  1000.000000  1000.000000
mean      0.049091     0.026112    -0.002544    -0.051827
std       0.996947     1.007458     0.995232     0.998311
min      -3.645860    -3.184377    -3.745356    -3.428254
25%      -0.599807    -0.612162    -0.687373    -0.747478
50%       0.047101    -0.013609    -0.022158    -0.088274
75%       0.756646     0.695298     0.699046     0.623331
max       2.653656     3.525865     2.735527     3.366626
```

假设想要找出某列中绝对值大小超过 3 的值。

```
In [156]:
col = data[2]
col[np.abs(col) > 3]
```

```
Out[156]:
41    -3.399312
136   -3.745356
Name: 2, dtype: float64
```

要选出全部含有“超过 3 或–3 的值”的行，可以在布尔型 DataFrame 中使用 any 方法。

```
In [157]:
data[(np.abs(data) > 3).any(1)]
Out[157]:
            0         1         2         3
41   0.457246 -0.025907 -3.399312 -0.974657
60   1.951312  3.260383  0.963301  1.201206
136  0.508391 -0.196713 -3.745356 -1.520113
235 -0.242459 -3.056990  1.918403 -0.578828
258  0.682841  0.326045  0.425384 -3.428254
322  1.179227 -3.184377  1.369891 -1.074833
544 -3.548824  1.553205 -2.186301  1.277104
635 -0.578093  0.193299  1.397822  3.366626
782 -0.207434  3.525865  0.283070  0.544635
803 -3.645860  0.255475 -0.549574 -1.907459
```

根据这些条件，就可以对值进行设置。下面的代码可以将值限制在区间–3 到 3 以内。

```
In [158]:
data[np.abs(data) > 3] = np.sign(data) * 3
data.describe()
Out[158]:
                 0            1            2            3
count  1000.000000  1000.000000  1000.000000  1000.000000
mean      0.050286     0.025567    -0.001399    -0.051765
std       0.992920     1.004214     0.991414     0.995761
min      -3.000000    -3.000000    -3.000000    -3.000000
25%      -0.599807    -0.612162    -0.687373    -0.747478
50%       0.047101    -0.013609    -0.022158    -0.088274
75%       0.756646     0.695298     0.699046     0.623331
max       2.653656     3.000000     2.735527     3.000000
```

根据数据的值是正还是负，np.sign(data)可以生成 1 和–1。

```
In [159]:
np.sign(data).head()
Out[159]:
     0    1    2    3
0 -1.0  1.0 -1.0  1.0
1  1.0 -1.0  1.0 -1.0
2  1.0  1.0  1.0 -1.0
3 -1.0 -1.0  1.0 -1.0
4 -1.0  1.0 -1.0 -1.0
```

6. 计算指标/哑变量

另一种常用于统计建模或机器学习的转换方式是：将分类变量（categorical variable）转换为“哑变量”或“指标矩阵”。

如果 DataFrame 的某一列中含有 k 个不同的值，则可以派生出一个 k 列矩阵或 DataFrame（其值全为 1 和 0）。pandas 有一个 get_dummies 函数可以实现该功能（其实自己动手做一个也不难）。使用之前的一个 DataFrame 例子：

```
In [160]:
df = pd.DataFrame({'key': ['b', 'b', 'a', 'c', 'a', 'b'],
                   'data1': range(6)})
pd.get_dummies(df['key'])
Out[160]:
   a  b  c
0  0  1  0
1  0  1  0
2  1  0  0
3  0  0  1
4  1  0  0
5  0  1  0
```

有时候，可能想给指标 DataFrame 的列加上一个前缀，以便能够跟其他数据进行合并。get_dummies 的 prefix 参数可以实现该功能。

```
In [161]:
dummies = pd.get_dummies(df['key'], prefix = 'key')
df_with_dummy = df[['data1']].join(dummies)
df_with_dummy
Out[161]:
   data1  key_a  key_b  key_c
0      0      0      1      0
1      1      0      1      0
2      2      1      0      0
3      3      0      0      1
4      4      1      0      0
5      5      0      1      0
```

如果 DataFrame 中的某行同属于多个分类，则事情就会有点复杂。看一下 MovieLens 1 M 数据集。

```
In [162]:
mnames = ['movie_id', 'title', 'genres']
movies = pd.read_table('datasets/movielens/movies.dat', sep = '::',
                       header=None, names=mnames)
movies[:10]
Out[162]:
   movie_id                               title                         genres
0         1                    Toy Story (1995)   Animation|Children's|Comedy
1         2                      Jumanji (1995)  Adventure|Children's|Fantasy
2         3             Grumpier Old Men (1995)                Comedy|Romance
3         4            Waiting to Exhale (1995)                  Comedy|Drama
4         5  Father of the Bride Part II (1995)                        Comedy
5         6                         Heat (1995)         Action|Crime|Thriller
6         7                      Sabrina (1995)                Comedy|Romance
7         8                 Tom and Huck (1995)          Adventure|Children's
8         9                 Sudden Death (1995)                        Action
```

```
9      10                  GoldenEye (1995)     Action|Adventure|Thriller
```

要为每个 genre 添加指标变量就需要做一些数据规整操作。首先，从数据集中抽取出不同的 genres 值。

```
In [163]:
all_genres = []
for x in movies.genres:
    all_genres.extend(x.split('|'))
genres = pd.unique(all_genres)
```

现在有：

```
In [164]:
genres
Out[164]:
array(['Animation', "Children's", 'Comedy', 'Adventure', 'Fantasy',
       'Romance', 'Drama', 'Action', 'Crime', 'Thriller','Horror',
       'Sci-Fi', 'Documentary', 'War', 'Musical', 'Mystery', 'Film-Noir',
       'Western'], dtype=object)
```

构建指标 DataFrame 的方法之一是从一个全零 DataFrame 开始。

```
In [165]:
zero_matrix = np.zeros((len(movies), len(genres)))
dummies = pd.DataFrame(zero_matrix, columns=genres)
```

现在，迭代每一部电影，并将 dummies 各行的条目设为 1。要这么做，使用 dummies.columns 来计算每个类型的列索引。

```
In [166]:
gen = movies.genres[0]
gen.split('|')
Out[166]:
['Animation', "Children's", 'Comedy']

In [167]:
dummies.columns.get_indexer(gen.split('|'))
Out[167]: array([0, 1, 2])
```

然后，根据索引，使用.iloc 设定值。

```
In [168]:
for i, gen in enumerate(movies.genres):
    indices = dummies.columns.get_indexer(gen.split('|'))
    dummies.iloc[i, indices] = 1
```

最后，和以前一样，再将其与 movies 合并起来。

```
In [169]:
movies_windic = movies.join(dummies.add_prefix('Genre_'))
movies_windic.iloc[0]
Out[169]:
movie_id                                    1
title                        Toy Story (1995)
genres                Animation|Children's|Comedy
Genre_Animation                             1
Genre_Children's                            1
```

```
Genre_Comedy                                   1
Genre_Adventure                                0
Genre_Fantasy                                  0
Genre_Romance                                  0
Genre_Drama                                    0
                                ...
Genre_Crime                                    0
Genre_Thriller                                 0
Genre_Horror                                   0
Genre_Sci-Fi                                   0
Genre_Documentary                              0
Genre_War                                      0
Genre_Musical                                  0
Genre_Mystery                                  0
Genre_Film-Noir                                0
Genre_Western                                  0
Name: 0, Length: 21, dtype: object
```

对于数据量很大的数据集，用这种方式构建多成员指标变量就会变得非常慢。最好使用更低级的函数，将其写入 NumPy 数组，然后将结果包装在 DataFrame 中。

一个对统计应用有用的秘诀是：结合使用 get_dummies 和诸如 cut 之类的离散化函数。

```
In [170]:
np.random.seed(12345)
values = np.random.rand(10)
Ivalues
Out[170]:
array([ 0.9296,  0.3164,  0.1839,  0.2046,  0.5677,  0.5955,  0.9645,
        0.6532,  0.7489,  0.6536])

In [171]:
bins = [0, 0.2, 0.4, 0.6, 0.8, 1]
pd.get_dummies(pd.cut(values, bins))
Out[171]:
   (0.0, 0.2]  (0.2, 0.4]  (0.4, 0.6]  (0.6, 0.8]  (0.8, 1.0]
0           0           0           0           0           1
1           0           1           0           0           0
2           1           0           0           0           0
3           0           1           0           0           0
4           0           0           1           0           0
5           0           0           1           0           0
6           0           0           0           0           1
7           0           0           0           1           0
8           0           0           0           1           0
9           0           0           0           1           0
```

用 numpy.random.seed，使这个例子具有确定性。

7．层次化索引

层次化索引（hierarchical indexing）是 pandas 的一项重要功能，它使能在一个轴上拥有多个（两个以上）索引级别。抽象点说，它使能以低维度形式处理高维度数据。先来看一个简单的例子：创建一个 Series，并用一个由列表或数组组成的列表作为索引。

```
In [172]:
data = pd.Series(np.random.randn(9), index=[['a', 'a', 'a', 'b', 'b', 'c', 'c',
 'd', 'd'], [1, 2, 3, 1, 3, 1, 2, 2, 3]])
data
Out[172]:
a  1   -0.204708
   2    0.478943
   3   -0.519439
b  1   -0.555730
   3    1.965781
c  1    1.393406
   2    0.092908
d  2    0.281746
   3    0.769023
dtype: float64
```

看到的结果是经过美化的带有 MultiIndex 索引的 Series 的格式。索引之间的“间隔”表示“直接使用上面的标签”。

```
In [173]:
data.index
Out[173]:
MultiIndex(levels=[['a', 'b', 'c', 'd'], [1, 2, 3]],
             labels=[[0, 0, 0, 1, 1, 2, 2, 3, 3], [0, 1, 2, 0, 2, 0, 1, 1, 2]])
```

对于一个层次化索引对象，使用部分索引选取数据子集的操作更简单。

```
In [174]:
data['b']
Out[174]:
1   -0.555730
3    1.965781
dtype: float64

In [175]:
data['b':'c']
Out[175]:
b  1   -0.555730
   3    1.965781
c  1    1.393406
   2    0.092908
dtype: float64
In [176]:
data.loc[['b', 'd']]
Out[176]:
b  1   -0.555730
   3    1.965781
d  2    0.281746
   3    0.769023
dtype: float64
```

有时甚至还可以在“内层”中进行选取。

```
In [177]:
data.loc[:, 2]
Out[177]:
a    0.478943
c    0.092908
d    0.281746
dtype: float64
```

层次化索引在数据重塑和基于分组的操作（如透视表生成）中扮演着重要的角色。例如，可以通过 unstack 方法将这段数据重新安排到一个 DataFrame 中。

```
In [178]:
data.unstack()
Out[178]:
          1         2         3
a -0.204708  0.478943 -0.519439
b -0.555730       NaN  1.965781
c  1.393406  0.092908       NaN
d       NaN  0.281746  0.769023
```

unstack 的逆运算是 stack。

```
In [179]:
data.unstack().stack()
Out[179]:
a  1   -0.204708
   2    0.478943
   3   -0.519439
b  1   -0.555730
   3    1.965781
c  1    1.393406
   2    0.092908
d  2    0.281746
   3    0.769023
dtype: float64
```

对于一个 DataFrame，每条轴都可以有分层索引。

```
 In [180]:
frame = pd.DataFrame(np.arange(12).reshape((4, 3)),
                        index = [['a', 'a', 'b', 'b'], [1, 2, 1, 2]],
                                columns = [['Ohio', 'Ohio', 'Colorado'],
                               ['Green', 'Red', 'Green']])
frame
Out[180]:
     Ohio     Colorado
    Green   Red     Green
a 1     0     1         2
  2     3     4         5
b 1     6     7         8
  2     9    10        11
```

各层都可以有名称（可以是字符串，也可以是别的 Python 对象）。如果指定了名称，它就会显示在控制台输出中。

```
In [181]:
frame.index.names = ['key1', 'key2']
frame.columns.names = ['state', 'color']
frame
Out[181]:
state      Ohio     Colorado
color     Green  Red    Green
key1 key2
a    1        0    1        2
     2        3    4        5
b    1        6    7        8
     2        9   10       11
```

注意区分索引名 state、color 与行标签。

有了部分列索引，就可以轻松选取列分组。

```
In [182]:
frame['Ohio']
Out[182]:
color      Green  Red
key1 key2
a    1         0    1
     2         3    4
b    1         6    7
     2         9   10
```

可以单独创建 MultiIndex，然后复用。上面那个 DataFrame 中的（带有分级名称）列可以这样创建。

```
MultiIndex.from_arrays([['Ohio', 'Ohio', 'Colorado'], ['Green', 'Red', 'Green']],
                        names = ['state', 'color'])
```

有时，需要重新调整某条轴上各级别的顺序，或根据指定级别上的值对数据进行排序。swaplevel 接受两个级别编号或名称，并返回一个互换了级别的新对象（但数据不会发生变化）。

```
In [183]:
frame.swaplevel('key1', 'key2')
Out[183]:
state      Ohio     Colorado
color     Green   Red    Green
key2 key1
1    a        0     1        2
2    a        3     4        5
1    b        6     7        8
2    b        9    10       11
```

而 sort_index 则根据单个级别中的值对数据进行排序。交换级别时，常常也会用到 sort_index，这样最终结果就是按照指定顺序进行字母排序了。

```
In [184]:
frame.sort_index(level = 1)
Out[184]:
state      Ohio     Colorado
```

```
color      Green   Red    Green
key1 key2
a    1         0     1        2
b    1         6     7        8
a    2         3     4        5
b    2         9    10       11

In [185]:
frame.swaplevel(0, 1).sort_index(level = 0)
Out[185]:
state        Ohio      Colorado
color      Green   Red    Green
key2 key1
1    a         0     1        2
     b         6     7        8
2    a         3     4        5
     b         9    10       11
```

许多对 DataFrame 和 Series 的描述和汇总统计都有一个 level 选项，它用于指定在某条轴上求和的级别。再以上面那个 DataFrame 为例，可以根据行或列上的级别来进行求和。

```
In [186]:
frame.sum(level='key2')
Out[186]:
state  Ohio      Colorado
color Green   Red    Green
key2
1         6     8       10
2        12    14       16

In [187]:
frame.sum(level = 'color', axis = 1)
Out[187]:
color        Green   Red
key1 key2
a    1           2     1
     2           8     4
b    1          14     7
     2          20    10
```

经常想要将 DataFrame 的一个或多个列当作行索引来用，或者可能希望将行索引变成 DataFrame 的列。这里以下面这个 DataFrame 为例进行演示。

```
In [188]:
frame = pd.DataFrame({'a': range(7), 'b': range(7, 0, -1),
                      'c': ['one', 'one', 'one', 'two', 'two', 'two', 'two'],
                      'd': [0, 1, 2, 0, 1, 2, 3]})
frame
Out[188]:
a  b   c  d
0  0  7  one  0
1  1  6  one  1
```

```
2  2  5  one  2
3  3  4  two  0
4  4  3  two  1
5  5  2  two  2
6  6  1  two  3
```

DataFrame 的 set_index 函数会将其一个或多个列转换为行索引，并创建一个新的 DataFrame。

```
In [189]:
frame2 = frame.set_index(['c', 'd'])
frame2
Out[189]:
       a  b
c   d
one 0  0  7
    1  1  6
    2  2  5
two 0  3  4
    1  4  3
    2  5  2
    3  6  1
```

默认情况下，那些列会从 DataFrame 中移除，但也可以将其保留下来。

```
In [190]:
frame.set_index(['c', 'd'], drop = False)
Out[190]:
        a  b    c  d
c     d
one   0  0  7  one  0
      1  1  6  one  1
      2  2  5  one  2
two   0  3  4  two  0
      1  4  3  two  1
      2  5  2  two  2
      3  6  1  two  3
```

reset_index 的功能与 set_index 的功能刚好相反，层次化索引的级别会被转移到列里面。

```
In [191]:
frame2.reset_index()
Out[191]:
c   d    a  b
0  one   0  0  7
1  one   1  1  6
2  one   2  2  5
3  two   0  3  4
4  two   1  4  3
5  two   2  5  2
6  two   3  6  1
```

8．GroupBy 机制

Hadley Wickham（许多热门 R 语言包的作者）创造了一个用于表示分组运算的术语“split-apply-combine（拆分–应用–合并）”。第一个阶段，pandas 对象（无论是 Series、

DataFrame，还是其他的）中的数据会根据所提供的一个或多个键被拆分（split）为多组。拆分操作是在对象的特定轴上执行的。例如，DataFrame 可以在其行（axis=0）或列（axis=1）上进行分组。然后，将一个函数应用（apply）到各个分组并产生一个新值。最后，所有这些函数的执行结果会被合并（combine）到最终的结果对象中。结果对象的形式一般取决于数据上所执行的操作。图 6-1 所示为一个简单的分组聚合过程。

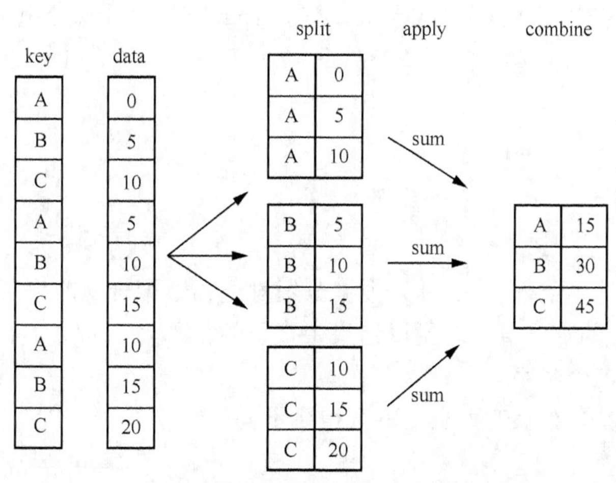

图 6-1 简单的分组聚合过程

分组键可以有如下多种形式，且类型不必相同。

① 列表或数组，其长度与待分组的轴一样。

② 表示 DataFrame 某个列名的值。

③ 字典或 Series，给出待分组轴上的值与分组名之间的对应关系。

④ 函数，用于处理轴索引或索引中的各个标签。

注意，后 3 种都只是快捷方式而已，其最终目的仍然是产生一组用于拆分对象的值。首先来看看下面这个非常简单的表格型数据集（以 DataFrame 的形式）。

```
In [192]:
df = pd.DataFrame({'key1' : ['a', 'a', 'b', 'b', 'a'],
                   'key2' : ['one', 'two', 'one', 'two', 'one'],
                   'data1' : np.random.randn(5),
                   'data2' : np.random.randn(5)})
df
Out[192]:
      data1     data2 key1 key2
0 -0.204708  1.393406    a  one
1  0.478943  0.092908    a  two
2 -0.519439  0.281746    b  one
3 -0.555730  0.769023    b  two
4  1.965781  1.246435    a  one
```

假设想要按 key1 进行分组，并计算 data1 列的平均值。实现该功能的方式有很多，而这里要用的是：访问 data1，并根据 key1 调用 GroupBy。

```
In [193]:
```

```
grouped = df['data1'].groupby(df['key1'])
grouped
Out[193]:
<pandas.core.groupby.SeriesGroupBy object at 0x7faa31537390>
```

变量 grouped 是一个 GroupBy 对象。它实际上还没有进行任何计算，只是含有一些有关分组键 df['key1']的中间数据而已。换句话说，该对象已经有了接下来对各分组执行运算所需的一切信息。例如，可以调用 GroupBy 的 mean 方法来计算分组平均值。

```
In [194]:
grouped.mean()
Out[194]:
key1
a    0.746672
b   -0.537585
Name: data1, dtype: float64
```

这里最重要的是，数据（Series）根据分组键进行了聚合，产生了一个新的 Series，其索引为 key1 列中的唯一值。之所以结果中索引的名称为 key1，是因为原始 DataFrame 的列 df['key1']就叫这个名字。

如果一次传入多个数组的列表，就会得到不同的结果。

```
In [195]:
means = df['data1'].groupby([df['key1'], df['key2']]).mean()
means
Out[195]:
key1  key2
a     one     0.880536
      two     0.478943
b     one    -0.519439
       two    -0.555730
Name: data1, dtype: float64
```

这里，通过两个键对数据进行了分组，得到的 Series 具有一个层次化索引（由唯一的键对组成）。

```
In [196]:
means.unstack()
Out[196]:
key2        one       two
key1
a      0.880536  0.478943
b     -0.519439 -0.555730
```

在这个例子中，分组键均为 Series。实际上，分组键可以是任何长度适当的数组。

```
In [197]:
states = np.array(['Ohio', 'California', 'California', 'Ohio', 'Ohio'])
years = np.array([2005, 2005, 2006, 2005, 2006])
df['data1'].groupby([states, years]).mean()
Out[197]:
California   2005    0.478943
             2006   -0.519439
Ohio         2005   -0.380219
```

```
          2006    1.965781
Name: data1, dtype: float64
```

通常，分组信息就位于相同的要处理的DataFrame中。这里，还可以将列名（可以是字符串、数字或其他Python对象）用作分组键。

```
In [198]:
df.groupby('key1').mean()
Out[198]:
         data1     data2
key1
a     0.746672  0.910916
b    -0.537585  0.525384

In [199]:
df.groupby(['key1', 'key2']).mean()
Out[199]:
               data1     data2
key1 key2
a    one    0.880536  1.319920
     two    0.478943  0.092908
b    one   -0.519439  0.281746
     two   -0.555730  0.769023
```

读者可能已经注意到了，上面的第一个例子在执行df.groupby('key1').mean()时，结果中没有key2列。这是因为df['key2']不是数值数据（俗称“麻烦列”），所以从结果中被排除了。默认情况下，所有数值列都会被聚合，但是有时可能会被过滤为一个子集，稍后就会碰到。

无论准备拿groupby做什么，都有可能会用到GroupBy的size方法，它可以返回一个含有分组大小的Series。

```
In [200]:
df.groupby(['key1', 'key2']).size()
Out[200]:
key1  key2
a       one    2
        two    1
b       one    1
        two    1
dtype: int64
```

注意，任何分组关键词中的缺失值，都会被从结果中除去。

6.4.2 中国篮球运动员的基本信息数据变换

把“千克”统一为“kg”。

```
In [201]:
female_data.loc[:, '体重'] = female_data.loc[:, '体重'].replace({'88千克': '88kg'})
female_data[:5]
Out[201]:
```

	中文名	外文名	性别	国籍	出生日期	身高/cm	体重	项目	省份
78	邵婷	Shao Ting	女	中国	1989 年	188	75kg	篮球	上海
119	孙梦然	Sun Meng Ran	女	中国	1992 年	197	77kg	篮球	天津
121	孙梦昕	Sun Meng Xin	女	中国	1993 年	190	77kg	篮球	山东
122	孙梦昕	Sun Meng Xin	女	中国	1993 年	190	77kg	篮球	山东
159	吴迪	Wu Di	女	中国	1990 年	186	72kg	篮球	天津

把某一省份的运动员找出来，如广东省的。

```
In [202]:
all_data[all_data['省份'] == '广东'][:5]
Out[202]:
```

	中文名	外文名	性别	国籍	出生日期	身高	体重	项目	省份
3	林希妤	Lin Xiyu	女	中国	1996 年 2 月 25 日	NaN	NaN	高尔夫	广东
10	马剑飞	Ma Jianfei	男	中国	1984 年 7 月 29 日	186 厘米	77kg	击剑	广东
15	莫有雪	Mo Youxue	男	中国	1988 年 2 月 16 日	179cm	65kg	田径	广东
55	苏炳添	Su Bingtian	男	中国	1989 年 8 月 29 日	172 厘米	65kg	田径	广东
81	王凯华	Wang Kaihua	男	中国	1994 年 2 月 16 日	175cm	55kg	田径	广东

将数据中的“项目”转换为“哑变量”。

```
In [203]:
pd.get_dummies(all_data['项目'])[:5]
Out[203]:
```

	举重	乒乓球	体操	击剑	女子 100 米栏	…	跳水	蹦床	铁人三项	马术	高尔夫
0	0	0	0	0	0	…	0	0	0	0	0
1	0	1	0	0	0	…	0	0	0	0	0
2	1	0	0	0	0	…	0	0	0	0	0
3	0	0	0	0	0	…	0	0	0	0	1
4	0	0	0	0	0	…	0	0	0	0	1

5 rows × 54 columns

用 describe 查看数据的一些描述性统计信息。

```
In [204]:
all_data.describe()
Out[204]:
```

	中文名	外文名	性别	国籍	出生日期	身高	体重	项目	省份
count	356	356	356	356	309	210	196	355	345

续表

	中文名	外文名	性别	国籍	出生日期	身高	体重	项目	省份
unique	356	353	2	1	281	84	62	54	63
top	毕晓琳	Wang Yan	女	中国	1999 年	178 厘米	70kg	游泳	辽宁
freq	1	2	223	356	5	8	17	46	41

通过 groupby 计算各省份女运动员的平均身高。

```
In [205]:
female_data = basketball_data[basketball_data['性别'].apply(lambda x :x == '女')]
female_data['身高/cm'].groupby(female_data['省份']).mean().astype('int')
Out[205]:
省份
上海           188
内蒙古鄂尔多斯    191
天津           193
山东           190
山西           201
广东           192
广西南宁        195
江苏           177
江苏无锡        180
河北           187
河南           190
湖北           198
辽宁           190
青岛胶南        197
黑龙江          191
Name: 身高/cm, dtype: int32
```

通过 groupby 计算各省份女运动员的平均体重。

```
In [206]:
female_data['体重/kg'].groupby(female_data['省份']).mean().astype('int')
Out[206]:
省份
上海           75
内蒙古鄂尔多斯    78
天津           75
山东           77
山西           103
广东           8
广西南宁        80
江苏           70
江苏无锡        70
河北           76
河南           79
湖北           88
辽宁           76
青岛胶南        90
```

```
黑龙江          85
Name: 体重/kg, dtype: int32
```

设置以省份为索引。

```
In [207]:
 all_data.set_index(['省份'])[:5]
Out[207]:
```

省份	中文名	外文名	性别	国籍	出生日期	身高	体重	项目
辽宁	毕晓琳	Bi Xiaolin	女	中国	1989 年 9 月 18 日	NaN	NaN	足球
辽宁	马龙	Ma Long	男	中国	1988 年 10 月 20 日	175cm	72kg	乒乓球
湖北	吕小军	Lv Xiaojun	男	中国	1984 年 7 月 27 日	172 厘米	77kg	举重
广东	林希妤	Lin Xiyu	女	中国	1996 年 2 月 25 日	NaN	NaN	高尔夫
湖南	李昊桐	Li Haotong	男	中国	1995 年 8 月 3 日	183 厘米	75kg	高尔夫

本章习题

1．缺失数据处理一般有哪些方法？

2．数据合并的常用方法有哪些？

3．merge 方法 how 参数有 4 个选项，分别说明它们的作用。

4．GroupBy 实现数据的分组，请结合实际例子说明其分组原理。

第 7 章　使用 Python 对电影人气进行预测（构建特征工程）

特征工程是利用数据领域的相关知识来创建能够使机器学习算法达到最佳性能的特征的过程。简言之，特征工程就是一个把原始数据转变成特征的过程，这些特征可以很好地描述这些数据，并且利用它们建立的模型在未知数据上的表现性能可以达到最优（或者接近最佳性能）。从数学的角度来看，特征工程就是人工地去设计输入变量 X。

【学习目标】

（1）掌握特征转换的方法和应用。

（2）掌握特征选择的方法和应用。

任务 7.1　特征工程简介

7.1.1　特征工程的重要性

为了解决实际问题，数据科学家和机器学习工程师要收集大量数据。因为他们想要解决的问题经常具有很高的相关性，而且是在混乱的世界中自然形成的，所以代表这些问题的原始数据有可能未经过滤，非常杂乱，甚至不完整。

因此，过去几年来，类似数据工程师的职位应运而生。这些工程师的唯一职责就是设计数据流水线和架构，用于处理原始数据，并将数据转换为公司其他部门相关人员（特别是数据科学家和机器学习工程师）可以使用的形式。尽管这项工作和机器学习专家构建机器学习流水线一样重要，但是经常被忽视和低估。

在数据科学家中进行的一项调查显示，他们工作中超过 80%的时间都用在捕获、清洗和组织数据上。构造机器学习流水线所花费的时间不到 20%，却占据着主导地位。数据科学家此外的大部分时间都在准备数据。

好的数据科学家不仅知道准备数据很重要，会占用大部分工作时间，而且知道这个步骤很艰难，没人喜欢。很多时候我们会觉得，像机器学习竞赛和学术文献中那样干净的数据是理所当然的。然而实际上，超过 90%的数据（最有趣、最有用的数据）都以原始形式存在。

准备数据的概念很模糊，包括捕获数据、存储数据、清洗数据，等等。清洗和组织数据占用的工作时间十分可观。数据工程师在这个步骤中能发挥最大作用。清洗数据的意思是将数据转换为云系统和数据库可以轻松识别的形式。组织数据一般更为彻底，经常包括将数据集的格式整体转换为更干净的格式。

特征工程在机器学习中扮演着至关重要的角色。它可以帮助我们对原始数据进行预处理和转换，提取和选择最相关的特征，构建和组合新的特征，归一化和标准化数据，处理缺失值和异常值，选择最相关的特征并进行降维。通过特征工程，我们可以提高模型的性能和准确性，提高模型的训练效率，并降低模型过拟合的风险。因此，特征工程在机器学习中是不可或缺的一部分。

7.1.2 特征工程是什么

特征工程（Feature Engineering）是这样一个过程：将数据转换为能更好地表示潜在问题的特征，从而提高机器学习性能。

为了进一步理解这个定义，我们看看特征工程具体包含什么。

转换数据的过程：注意这里并不特指原始数据或未过滤的数据等。特征工程适用于任何阶段的数据。通常，我们要将特征工程技术应用于在数据分发者眼中已经处理过的数据。还有很重要的一点是，我们要处理的数据经常是表格形式的。数据会被组织成行（观察值）和列（属性）。有时我们从最原始的数据形式开始入手，但是大部分时间，要处理的数据都已经在一定程度上被清洗和组织过了。

特征：从最基本的层面来说，特征是对机器学习过程有意义的数据属性。我们经常需要查看表格，确定哪些列是特征，哪些只是普通的属性。

更好地表示潜在问题：我们要使用的数据一定代表了某个领域的某个问题。我们要保证，在处理数据时，不能一叶障目不见泰山。转换数据的目的是要更好地表达更大的问题。

提高机器学习性能：特征工程是数据科学流程的一部分。如我们所见，这个步骤很重要，而且经常被低估。特征工程的最终目的是让我们获取更好的数据，以便学习算法从中挖掘模式，取得更好的效果。执行特征工程不仅是要获得更干净的数据，而且最终要在机器学习流水线中使用这些数据。

7.1.3 特征工程的评估

在文献中，特征和属性通常有明显的区分。属性一般是表格数据的列，特征则一般只指代对机器学习算法有益的属性。也就是说，某些属性对机器学习系统不一定有益，甚至有害。例如，当预测二手车下次维修的时间时，车的颜色应该不会对预测有什么帮助。本章中，我们一般将所有的列都称为特征，直到证明某些列是无用的或有害的。之后，我们会用代码将这些属性抛弃。那么，对这种决定做出评估就是至关重要的。如何评估机器学习系统和特征工程呢？

评估特征工程的例子：真的有人能预测天气吗？

考虑一个用于预测天气的机器学习流水线。为简化起见，假设我们的算法直接从传感器获取大气数据，并预测两个值之一：晴天或雨天。很明显，这条流水线是分类流水线，只能输出两个答案中的一个。我们每天早上运行这个流水线。如果算法输出晴天而且这天基本是晴朗的，则算法正确；同理，如果输出雨天而且这天下雨了，那么算法也是正确的。对于其他任何情况，输出都是错的。我们在一个月的每一天都运行算法，这样会收集差不多 30 个预测值和实际观测到的天气值。然后就可以计算出算法的准确率。也许算法在 30 天内正确预测了 20 次，那么准确率是三分之二，大约为 67%。利用这个标准化的值或准确率，我们可以调整算法，观察准确率上升还是下降。

当然，这个例子过度简化了，但是思路很明确：对于任何机器学习流水线而言，如果不能使用一套标准指标评估其性能，那么它就是没用的。因此，特征工程不可能没有评估过程。

以下是评估特征工程的步骤。

步骤 1：在应用任何特征工程之前，得到机器学习模型的基准性能。

步骤 2：应用一种或多种特征工程。

步骤 3：对于每种特征工程，获取一个性能指标，并与基准性能进行对比。

步骤 4：如果性能的增量（变化）大于某个阈值（一般由我们定义），则认为这种特征工程是有益的，并在机器学习流水线上应用。

步骤 5：性能的改变一般以百分比计算（如果基准性能从 40%的准确率提升到 76%的准确率，那么改变是 90%）。

性能的定义随算法不同而改变。大部分优秀的主流机器学习算法会告诉你，在数据科学的实践中有数十种公认的指标。

1．评估监督学习算法

当进行预测建模（即监督学习）时，性能直接与模型利用数据结构的能力，以及使用数据结构进行恰当预测的能力有关。一般而言，可以将监督学习分为两种更具体的类型：分类（预测定性响应）和回归（预测定量响应）。

评估分类问题时，直接用 5 折交叉验证计算逻辑回归模型的准确率。

（1）评估分类问题的例子

注意本案例是示例代码，不能直接运行。

```
In [1]:
from sklearn.linear_model import LogisticRegression
from sklearn.model_selection import cross_val_score
X = some_data_in_tabular_format
y = response_variable
lr = LinearRegression()
scores = cross_val_score(lr, X, y, cv = 5, scoring = 'accuracy')
scores
Out[1]:
[.765, .67, .8, .62, .99]
```

与之类似，对于回归问题，我们用线性回归的均方误差（Mean Square Error，MSE）进行评估，同样使用 5 折交叉验证。

（2）评估回归问题的例子

```
# （此代码是示例代码，不能直接运行）
In [2]:
from sklearn.linear_model import LinearRegression
from sklearn.model_selection import cross_val_score
X = some_data_in_tabular_format
y = response_variable
lr = LinearRegression()
scores = cross_val_score(lr, X, y, cv = 5, scoring = 'mean_squared_error')
scores
Out[2]:
[31.543, 29.5433, 32.543, 32.43, 27.5432]
```

我们用这两个线性模型，而不是出于速度和低方差的考虑使用更新、更高级的模型。这样可以更加确定，性能的增长直接与特征工程相关，而不是因为模型可以发现隐藏的模式。

2. 评估无监督学习算法

这个问题比较棘手。因为无监督学习不做出预测，所以不能直接根据模型预测的准确率进行评估。尽管如此，如果我们进行了聚类分析，通常会利用轮廓系数（Silhouette Coefficient，这是一个表示聚类分离性的变量，在-1 和 1 之间）加上一些人工分析来确定特征工程是提升了性能还是在浪费时间。

下面的例子用 Python 和 scikit-learn 导入并计算了一些假数据的轮廓系数。

```
# （此代码是示例代码，不能直接运行）
In [3]:
attributes = tabular_data
cluster_labels = outputted_labels_from_clustering
from sklearn.metrics import silhouette_score
silhouette_score(attributes, cluster_labels)
```

大体上，我们会在 3 个领域内对特征工程的好处进行量化。

① 监督学习，也叫预测分析。回归——预测定量数据，主要使用均方误差作为测量指标。分类——预测定性数据，主要使用准确率作为测量指标。

② 无监督学习：聚类——将数据按特征行为进行分类，主要用轮廓系数作为测量指标。

③ 统计检验：用相关系数、t 检验、卡方检验，以及其他方法评估并量化原始数据和转换后数据的效果。

任务 7.2 电影人气预测

7.2.1 scikit-learn 简介

sklearn（scikit-learn）是基于 Python 语言的机器学习工具。它建立在 NumPy、SciPy、pandas 和 Matplotlib 之上，其 API 设计得非常好，所有对象的接口简单。sklearn 有六大任务模块，分别是分类、回归、聚类、降维、模型选择和预处理。

sklearn 包含众多数据预处理和特征工程相关的模块。虽然刚接触 sklearn 时，大家都会为其中包含的各种算法的广度、深度所震惊，但其实 sklearn 六大板块中有两块都是关于数据预处理和特征工程的，两个板块互相交互，为建模之前的全部工程打下基础。图 7-1 所示为从其官网的截屏。

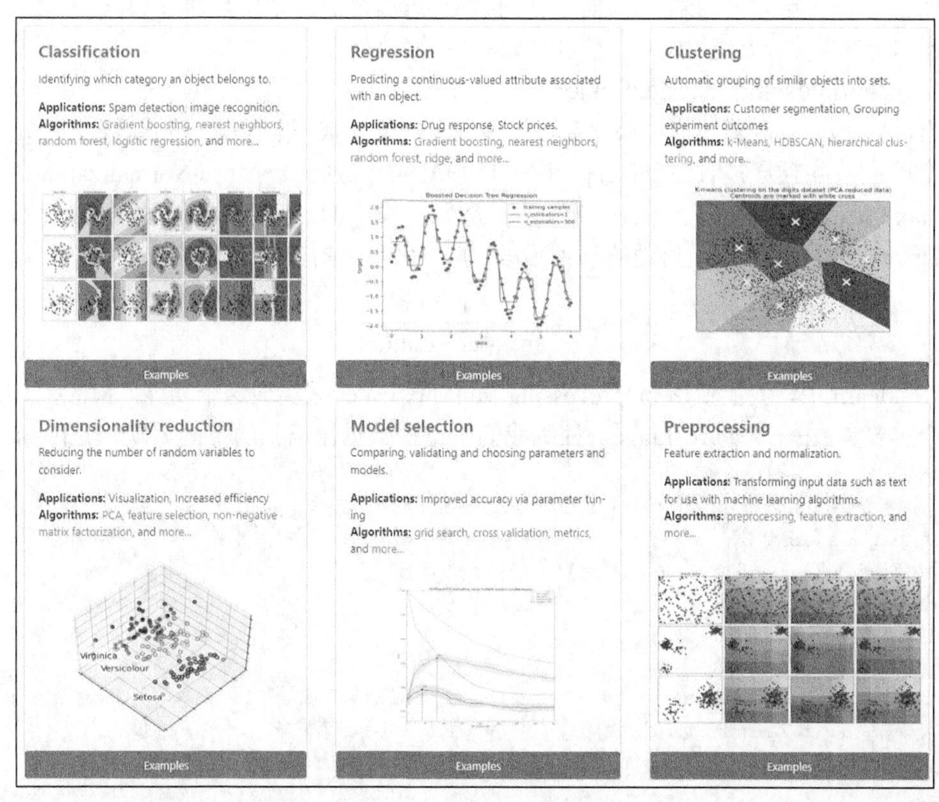

图 7-1　sklearn 六大板块

模块 Classification：包含分类算法。
模块 Regression：包含回归算法。
模块 Clustering：包含聚类算法。
模块 Dimensionality reduction：包含降维算法。
模块 Model selection：包含模型选择和评估方法。
模块 Preprocessing：几乎包含数据预处理的所有内容。

7.2.2　特征转换

在机器学习算法实践中，我们往往有着将不同规格的数据转换到同一规格，或不同分布的数据转换到某个特定分布的需求，这种需求统称为将数据“无量纲化”。譬如以梯度和矩阵为核心的算法中，又譬如逻辑回归、支持向量机、神经网络相关算法中，无量纲化可以加快求解速度；而在距离类模型，譬如k近邻分类算法中，无量纲化可以帮我们提升模型精度，避免某一个取值范围特别大的特征对距离计算造成影响。一个特例是决策树算法，对决策树我们不需要无量纲化，决策树可以把任意数据都处理得很好。

数据的无量纲化可以是线性的，也可以是非线性的。线性的无量纲化包括中心化（Zero-centered 或者 Mean- subtraction）处理和缩放处理（Scale）。中心化的本质是让所有记录减去一个固定值，即让样本数据平移到某个位置。缩放的本质是通过除以一个固定值，将数据固定在某个范围之中，取对数也算是一种缩放处理。

1．preprocessing.MinMaxScaler

当数据（x）按照最小值中心化后，再按极差（最大值-最小值）缩放，数据移动了最小值个单位，并且会被收敛到[0,1]，这个过程就叫作数据归一化（Normalization，又称 Min-Max Scaling）。注意，Normalization 是归一化，不是正则化，真正的正则化是 Regularization，不是数据预处理的一种手段。归一化之后的数据服从正态分布，公式如下：

$$x^* = \frac{x - \min(x)}{\max(x) - \min(x)}$$

在 sklearn 中，我们使用 preprocessing.MinMaxScaler 来实现这个功能。MinMaxScaler 有一个重要参数——feature_range，控制我们希望把数据压缩到的范围，默认是[0,1]。

```
In [4]:
from sklearn.preprocessing import MinMaxScaler
import pandas as pd
data = [[-1, 2], [-0.5, 6], [0, 10], [1, 18]]
pd.DataFrame(data)
# 实现归一化
scaler = MinMaxScaler()                      # 实例化
scaler = scaler.fit(data)                    # fit，在这里本质是生成min(x)和max(x)
result = scaler.transform(data)              # 通过接口导出结果
# result = scaler.fit_transform(data) # fit_transform一步导出结果
result
Out[4]:
array([[0.  , 0.  ],
       [0.25, 0.25],
       [0.5 , 0.5 ],
       [1.  , 1.  ]])
```

将归一化后的结果逆转。

```
In [5]:
scaler.inverse_transform(result)
```

使用 MinMaxScaler 的参数 feature_range 实现将数据归一化到[5,10]以内的范围中。

```
scaler = MinMaxScaler(feature_range = [5,10])       # 依然实例化
result = scaler.fit_transform(data)                 # fit_transform一步导出结果
result
Out[5]:
array([[ 5.  ,  5.  ],
       [ 6.25,  6.25],
       [ 7.5 ,  7.5 ],
```

```
       [10.  , 10.  ]])
```

当 X 中的特征数量非常多的时候，fit 会报错并表示数据量太大了计算不了，此时使用 partial_fit 作为训练接口。

```
# scaler = scaler.partial_fit(data)
```

使用 NumPy 来实现归一化。

```
In [6]:
import numpy as np
X = np.array([[-1, 2], [-0.5, 6], [0, 10], [1, 18]])
# 归一化
X_nor = (X - X.min(axis = 0)) / (X.max(axis = 0) - X.min(axis = 0))
X_nor
Out[6]:
array([[0.  , 0.  ],
       [0.25, 0.25],
       [0.5 , 0.5 ],
       [1.  , 1.  ]])
```

逆转归一化。

```
In [7]:
X_returned = X_nor * (X.max(axis = 0) - X.min(axis = 0)) + X.min(axis = 0)
X_returned
Out[7]:
array([[-1. ,  2. ],
       [-0.5,  6. ],
       [ 0. , 10. ],
       [ 1. , 18. ]])
```

2．preprocessing.StandardScaler

当数据（x）按均值（μ）中心化后，再按标准差（σ）缩放，数据就会服从为均值为 0、方差为 1 的正态分布（即标准正态分布），这个过程就叫作数据标准化（Standardization，又称 Z-score normalization），公式如下：

$$x^* = \frac{x-\mu}{\sigma}$$

```
In [8]:
from sklearn.preprocessing import StandardScaler
data = [[-1, 2], [-0.5, 6], [0, 10], [1, 18]]

scaler = StandardScaler()                              # 实例化
scaler.fit(data)                                       # fit，本质是生成均值和方差
scaler.mean_                                           # 查看均值的属性 mean_
Out[8]:
array([-0.125,  9.   ])
```

查看方差。

```
In [9]:
scaler.var_                                            # 查看方差的属性 var_
Out[9]:
array([ 0.546875, 35.      ])
```

通过 transform 接口导出结果。

```
In [10]:
x_std = scaler.transform(data)      # 通过接口导出结果
x_std.mean(), x_std                 # 导出的结果是一个数组，用 mean()查看均值和转换后的值
Out[10]:
(0.0,
 array([[-1.18321596, -1.18321596],
        [-0.50709255, -0.50709255],
        [ 0.16903085,  0.16903085],
        [ 1.52127766,  1.52127766]]))
```

查看方差。

```
In [11]:
x_std.std()                          # 用 std()查看方差
Out[11]:
1.0
```

逆转标准化。

```
In [12]:
scaler.inverse_transform(x_std)      # 使用 inverse_transform 逆转标准化
```

对于 StandardScaler 和 MinMaxScaler 来说，空值 NaN 会被当作缺失值，在 fit 的时候忽略，在转换的时候保持缺失值 NaN 的状态显示。并且，尽管去量纲化过程不是具体的算法，但在 fit 接口中，只允许导入至少二维数组，导入一维数组会报错。通常来说，我们输入的 X 会是特征矩阵，现实案例中特征矩阵不太可能是一维的，所以不会存在这个问题。

StandardScaler 和 MinMaxScaler 的选择需视情况而定。在大多数机器学习算法中，会选择 StandardScaler 来进行特征缩放，因为 MinMaxScaler 对异常值非常敏感。在聚类、逻辑回归、支持向量机和神经网络这些算法中，StandardScaler 往往是最好的选择。

MinMaxScaler 在不涉及距离度量、梯度、协方差计算以及数据需要被压缩到特定区间时使用广泛，例如数字图像处理中量化像素强度时，都会使用 MinMaxScaler 将数据压缩于[0,1]区间之中。

建议先试试看 StandardScaler，效果不好再换为 MinMaxScaler。

除了 StandardScaler 和 MinMaxScaler 之外，sklearn 也提供了其他缩放处理方法。例如，在希望压缩数据，却不影响数据的稀疏性时（不影响矩阵中取值为 0 的个数时），我们会使用 MaxAbsScaler；在异常值多、噪声非常大时，我们可能会选用分位数来无量纲化，此时使用 RobustScaler。常见的无量纲化方法如表 7-1 所示。

表 7-1　常见的无量纲化方法

无量纲化	功能	中心化	缩放	详解
.StandardScaler	标准化	均值	方差	通过减掉均值并将数据缩放到单位方差来标准化特征，标准化完毕的特征服从标准正态分布，即方差为 1，均值为 0
.MinMaxScaler	归一化	最小值	极差	通过最大值最小值将每个特征缩放到给定范围，默认为[0,1]

续表

无量纲化	功能	中心化	缩放	详解
.MaxAbsScaler	缩放	N/A	最大值	通过让每一个特征里的数据，除以该特征中绝对值最大的数值的绝对值，将数据压缩到[−1,1]之间，这种做法并没有中心化数据，因此不会破坏数据的稀疏性。数据的稀疏性是指，数据中包含 0 的比例，0 越多，数据越稀疏
.RobustScaler	无量纲化	中位数	四分位数范围	使用可以处理异常值，对异常值不敏感的统计量来缩放数据。这个缩放器删除中位数并根据百分位数范围缩放数据。百分位数范围是第一分位数（25%）和第三分位数（75%）之间的范围。数据集的标准化是通过去除均值，缩放到单位方差来完成的，但是异常值通常会对样本的均值和方差造成负面影响，当异常值很多、噪声很大时，用中位数和四分位数范围通常会产生更好的效果
.Normalizer	无量纲化	N/A	sklearn 中未明确，依范数原理应当如下。l1：样本向量的长度/样本中每个元素绝对值的和。l2：样本向量的长度/样本中每个元素的欧氏距离	将样本独立缩放到单位范数。每个至少带一个非 0 值的样本都会被独立缩放，使得整个样本（整个向量）的长度都为 l1 范数或 l2 范数。这个类可以处理密集数组（numpy arrays）或 scipy 中的稀疏矩阵（scipy.sparse），如果希望避免复制/转换过程中的负担，请使用 CSR 格式的矩阵。将输入的数据缩放到单位范数是文本分类或聚类中的常见操作。例如，两个 l2 正则化后的 TF-IDF 向量的点积是向量的余弦相似度，并且是信息检索社区常用的向量空间模型的基本相似性度量。使用参数 norm 来确定要正则化的范数方向，可以选择“l1”“l2”以及“max”3 种选项。默认 l2 范数。这个评估器的 fit 接口什么也不做，但在管道中使用依然是很有用的
.Power-Transformer	非线性无量纲化	N/A	N/A	应用特征功率变换使数据更接近正态分布。功率变换是一系列参数单调变换，用于使数据分布更像高斯分布。这对于建模非常有用
.Quantile-Transformer	非线性无量纲化	N/A	N/A	使用百分位数转换特征，通过缩小边缘异常值和非异常值之间的距离来提供特征的非线性变换。可以使用参数 output_distribution = "normal"来将数据映射到标准正态分布
.KernelCenterer	中心化	均值	N/A	将核矩阵中心化，设 $K(\boldsymbol{x}, z)$是由 phi($\boldsymbol{x}$)^{T} phi(z)定义的核，其中 phi 是将 $\boldsymbol{x}$ 映射到希尔伯特空间的函数。KernelCenterer 在不明确计算 phi($\boldsymbol{x}$)的情况下让数据中心化为 0 均值。它相当于使用 sklearn.preprocessing.StandardScaler(with_std = False)来将 phi($\boldsymbol{x}$)中心化

3．处理分类型特征：编码与哑变量

在机器学习中，大多数算法，譬如逻辑回归、支持向量机 SVM、k 近邻算法等都只能够处理数值型数据，不能处理文字型数据。在 sklearn 中，除了专用来处理文字的算法，其他算法在 fit 的时候全部要求输入数组或矩阵，也不能够导入文字型数据（其实手写决策树算法和朴素贝叶斯算法可以处理文字，但是 sklearn 中规定必须导入数值型数据）。

然而在现实中，许多标签和特征在数据收集完毕的时候，都不是以数字来表现的。比如说，学历的取值可以是[“小学”，“初中”，“高中”，“大学”]，付费方式可能包含[“支付宝”，“现金”，“微信”]等。在这种情况下，为了让数据适应算法和库，我们必须将数

据进行编码，即将文字型数据转换为数值型数据。

① preprocessing.LabelEncoder：标签专用，能够将分类转换为分类数值。

```
In [13]:
from sklearn.preprocessing import LabelEncoder
from sklearn.impute import SimpleImputer
# 以泰坦尼克号数据为例
data = pd.read_csv(r".\Narrativedata.csv",index_col = 0)
Age = data.loc[:,"Age"].values.reshape(-1,1)      # sklearn 中的特征矩阵必须是二维的
imp_median = SimpleImputer(strategy = "median")   # 用中位数填补
imp_median = imp_median.fit_transform(Age)
# 在这里使用中位数填补 Age
data.loc[:,"Age"] = imp_median
# 使用众数填补 Embarked
Embarked = data.loc[:,"Embarked"].values.reshape(-1,1)
imp_mode = SimpleImputer(strategy = "most_frequent")
data.loc[:,"Embarked"] = imp_mode.fit_transform(Embarked)
y = data.iloc[:,-1]                         # 要输入的是标签，不是特征矩阵，所以允许是一维数据
le = LabelEncoder()                         # 实例化
le = le.fit(y)                              # 导入数据
label = le.transform(y)                     # 使用 transform 接口调取结果
le.classes_                                 # 使用属性.classes_查看标签中究竟有多少类别
Out[13]:
array(['No', 'Unknown', 'Yes'], dtype = object)
```

查看获取的结果 label。

```
In [14]:
label                                       # 查看获取的结果 label
Out[14]:                                    # 结果数据较多，展示部分结果
array([0, 2, 2, 2, 0, 0, 0, 0, 2, 2, 1, 2, 0, 0, 0, 1, 0, 2, 0, 2, 1, 2,
       2, 2, 0, 1, 0, 0, 2, 0, 0, 2, 2, 0, 0, 0, 2, 0, 0, 2, 0, 0, 0, 1,
       2, 0, 0, 2, 0, 0, 0, 0, 2, 2, 0, 2, 2, 0, 2, 0, 0, 2, 0, 0, 0, 2,
       2, 0, 2, 0, 0, 0, 0, 0, 2, 1, 0, 1, 2, 2, 0, 2, 2, 0, 2, 2, 0, 0,
       2, 0, 0, 0, 0, 0, 0, 0, 1, 2, 2, 0, 0, 0, 0, 0, 0, 0, 2, 2, 0, 2……])
```

也可以直接使用 fit_transform 一步到位。

```
In [15]:
le.fit_transform(y)
```

使用 inverse_transform 可以逆转。

```
In [16]:
le.inverse_transform(label)                 # 使用 inverse_transform 可以逆转
```

让标签等于我们运行出来的结果。

```
In [17]:
data.iloc[:,-1] = label                     # 让标签等于我们运行出来的结果
data.head()
Out[17]:
```

	Age	Sex	Embarked	Survived
0	22.0	male	S	0

续表

	Age	Sex	Embarked	Survived
1	38.0	female	C	2
2	26.0	female	S	2
3	35.0	female	S	2
4	35.0	male	S	0

② preprocessing.OrdinalEncoder：特征专用，能够将分类特征转换为分类数值，接下来对 Sex 和 Embarked 两列进行转换。

```
In [18]:
from sklearn.preprocessing import OrdinalEncoder
data_ = data.copy()
data_.head()
Out[18]:
```

	Age	Sex	Embarked	Survived
0	22.0	male	S	0
1	38.0	female	C	2
2	26.0	female	S	2
3	35.0	female	S	2
4	35.0	male	S	0

```
In [19]:
# 接口 categories_对应 LabelEncoder 的接口 classes_，一样的功能
OrdinalEncoder().fit(data_.iloc[:,1:-1]).categories_
data_.iloc[:,1:-1] = OrdinalEncoder().fit_transform(data_.iloc[:,1:-1])
data_.head()
Out[19]:
```

	Age	Sex	Embarked	Survived
0	22.0	1.0	2.0	0
1	38.0	0.0	0.0	2
2	26.0	0.0	2.0	2
3	35.0	0.0	2.0	2
4	35.0	1.0	2.0	0

③ preprocessing.OneHotEncoder：独热编码，创建哑变量。

前面已经用 OrdinalEncoder 把分类变量 Sex 和 Embarked 都转换成数字对应的类别了。在登船港口 Embarked 这一列中，我们使用[0,1,2]代表了 3 个不同的登船港口，然而这种转换正确吗？

我们来思考 3 种不同性质的分类数据。

① 登船港口（S、C、Q）：3 种取值 S、C、Q 是相互独立的，彼此之间完全没有联系，表达的是 S≠C≠Q 的概念。这是名义变量。

② 学历（小学、初中、高中）：3 种取值不是完全独立的，我们可以明显看出，在性质上可以有高中>初中>小学这样的联系，学历有高低，但是学历取值之间却不是可以计算的，我们不能说小学 + 某个取值 = 初中。这是有序变量。

③ 体重（>45kg、>90kg、>135kg）：各个取值之间有联系，且是可以互相计算的，比如 135kg − 45kg = 90kg，分类之间可以通过数学计算互相转换。这是有距变量。

然而在对特征进行编码的时候，这 3 种分类数据都会被我们转换为[0,1,2]，这 3 个数字在算法看来，是连续且可以计算的，这 3 个数字相互不等，有大小，并且有着可以相加相乘的联系。所以算法会把登船港口、学历这样的分类特征，都误会成是体重这样的分类特征。即我们把分类转换成数字的时候，忽略了数字中自带的数学性质，所以给算法传达了一些不准确的信息，而这会影响我们的建模。

类别 OrdinalEncoder 可以用来处理有序变量，但对于名义变量，我们只有使用哑变量的方式来处理，才能够尽量向算法传达最准确的信息。哑变量编码示意图如图 7-2 所示。

```
"S"  [0,          "S"  [[1,0,0],
"Q"   1,    ➡     "Q"    [0,1,0],
"C"   2]          "C"    [0,0,1]]
```

图 7-2　哑变量编码示意图

这样的变化，让算法能够彻底领悟，原来 3 个取值是没有可计算性质的，是“有你就没有我”的不等概念。在我们的数据中，性别和登船港口，都是这样的名义变量。因此我们需要使用独热编码，将两个特征都转换为哑变量。

```
In [20]:
from sklearn.preprocessing import OneHotEncoder
X = data.iloc[:,1:-1]
enc = OneHotEncoder(categories = 'auto').fit(X)
result = enc.transform(X).toarray()
result
Out[20]:
```

	Age	Sex	Embarked	Survived	0	1	2	3	4
0	22.0	male	S	0	0.0	1.0	0.0	0.0	1.0
1	38.0	female	C	2	1.0	0.0	1.0	0.0	0.0
2	26.0	female	S	2	1.0	0.0	0.0	0.0	1.0
3	35.0	female	S	2	1.0	0.0	0.0	0.0	1.0
4	35.0	male	S	0	0.0	1.0	0.0	0.0	1.0

转换后依然可以还原。

```
In [21]:
pd.DataFrame(enc.inverse_transform(result))
enc.get_feature_names()          # 返回每一个经过哑变量转换后生成稀疏矩阵列的名字
```

```
result
Out[21]:
array([[0., 1., 0., 0., 1.],
       [1., 0., 1., 0., 0.],
       [1., 0., 0., 0., 1.],
       ...,
       [1., 0., 0., 0., 1.],
       [0., 1., 1., 0., 0.],
       [0., 1., 0., 1., 0.]])
```

下面代码将两表上下相连。

```
# axis = 1，表示跨行进行合并，也就是将两表左右相连；如果是 axis = 0，就是将两表上下相连
In [22]:
newdata = pd.concat([data,pd.DataFrame(result)],axis = 1)
newdata.head()
Out[22]:
```

	Age	Sex	Embarked	Survived	0	1	2	3	4
0	22.0	male	S	0	0.0	1.0	0.0	0.0	1.0
1	38.0	female	C	2	1.0	0.0	1.0	0.0	0.0
2	26.0	female	S	2	1.0	0.0	0.0	0.0	1.0
3	35.0	female	S	2	1.0	0.0	0.0	0.0	1.0
4	35.0	male	S	0	0.0	1.0	0.0	0.0	1.0

最终保留的特征如下。

```
In [23]:
newdata.drop(["Sex","Embarked"],axis = 1,inplace = True)
newdata.columns = ["Age","Survived","Female","Male","Embarked_C","Embarked_Q","
Embarked_S"]
newdata.head()
Out[23]:
```

	Age	Survived	Female	Male	Embarked_C	Embarked_Q	Embarked_S
0	22.0	0	0.0	1.0	0.0	0.0	1.0
1	38.0	2	1.0	0.0	1.0	0.0	0.0
2	26.0	2	1.0	0.0	0.0	0.0	1.0
3	35.0	2	1.0	0.0	0.0	0.0	1.0
4	35.0	0	0.0	1.0	0.0	0.0	1.0

特征可以做哑变量，标签也可以吗？可以，使用类 sklearn.preprocessing.LabelBinarizer 即可实现。许多算法都可以处理多标签问题（例如决策树），但是这样的做法在现实中不常见，因此在这里就不赘述了。编码与哑变量方法如表 7-2 所示。

表 7-2 编码与哑变量方法

编码与哑变量方法	功能	重要参数	重要属性	重要接口
.LabelEncoder	分类标签编码	N/A	.classes_：查看标签中究竟有多少类别	fit、transform、fit_ transform、inverse_ transform
.OrdinalEncoder	分类特征编码	N/A	.categories_：查看特征中究竟有多少类别	fit、transform、fit_ transform、inverse_ transform
.OneHotEncoder	独热编码，为名义变量创建哑变量	Categories：每个特征都有哪些类别，默认为“auto”，表示让算法自己判断，或者可以输入列表，每个元素都是一个列表，表示每个特征中的不同类别。 handle_unknown：当输入了 categories，且算法遇见了 categories 中没有写明的特征或类别时，是否报错。默认为“error”，表示请报错，也可以选择“ignore”表示请无视。如果选择“ignore”，则未在 categories 中注明的特征或类别的哑变量会全部显示为 0。在逆转（inverse transform）中，未知特征或类别会被返回为 None	.categories_：查看特征中究竟有多少类别，如果是自己输入的类别，那就不需要查看了	fit、transform、fit_ transform、inverse_ transform、get_feature_names：查看生成的哑变量的每一列都是什么特征的什么取值

数据类型以及常用的统计量如表 7-3 所示。

表 7-3 数据类型以及常用的统计量

数据类型	数据名称	数学含义	描述	举例	可用操作
离散、定性	名义	=、≠	名义变量就是不同的名字，用来告诉我们，这两个数据是否相同	邮编、性别、眼睛的颜色、职工号	众数、信息熵情形分析表或列联表、相关性分析、卡方检验
离散、定性	有序	<、>	有序变量为数据的相对大小提供信息，告诉我们数据的顺序，但数据之间大小的间隔不是具有固定意义的，因此有序变量不能加减	材料的硬度、学历	中位数、分位数、非参数相关分析（等级相关）、测量系统分析、符号检验
连续、定量	有距	+、-	有距变量之间的间隔是有固定意义的，可以加减	日期、以摄氏度或华氏度为量纲的温度	均值、标准差、皮尔逊相关系数、t 和 F 检验
连续、定量	比率	*、/	比变量之间的间隔和比例本身都是有意义的，既可以加减又可以乘除	以开尔文为量纲的温度、货币数量、计数、年龄、质量、长度、电流	几何平均、调和平均、百分数、变化量

4．处理连续型特征：二值化与分段

（1）sklearn.preprocessing.Binarizer

该方法根据阈值将数据二值化（将特征值设置为 0 或 1），用于处理连续型变量。大于阈值的值映射为 1，而小于或等于阈值的值映射为 0。默认阈值为 0 时，特征中所有的正值都映射到 1。二值化是对文本计数数据的常见操作，分析人员可以决定仅考虑某种现

象的存在与否。

将年龄二值化。

```
In [24]:
data_2 = data.copy()
from sklearn.preprocessing import Binarizer
X = data_2.iloc[:,0].values.reshape(-1,1)       # 类为特征专用，所以不能使用一维数组
transformer = Binarizer(threshold = 30).fit_transform(X)
data_2.iloc[:,0] = transformer
data_2.head()
Out[24]:
```

	Age	Sex	Embarked	Survived
0	0.0	male	S	0
1	1.0	female	C	2
2	0.0	female	S	2
3	1.0	female	S	2
4	1.0	male	S	0

（2）sklearn.preprocessing.KBinsDiscretizer

这是将连续型变量划分为分类变量的方法，能够将连续型变量排序后按顺序分箱编码。该方法总共包含 3 个重要参数，其说明如表 7-4 所示

表 7-4　KBinsDiscretizer 方法的参数说明

参数	说明
n_bins	每个特征中分箱的个数，默认为 5，一次会运用到所有导入的特征
encode	编码的方式，默认为“onehot”。 “onehot”：做哑变量，之后返回一个稀疏矩阵，每一列是一个特征中的一个类别，含有该类别的样本表示为 1，不含的表示为 0。 “ordinal”：每个特征的每个箱都被编码为一个整数，返回的每一列是一个特征，每个特征下含有不同整数编码的箱的矩阵。 “onehot-dense”：做哑变量，之后返回一个密集数组
strategy	用来定义箱宽的方式，默认为“quantile”。 “uniform”：表示等宽分箱，即每个特征中的每个箱的最大值之间的差为（特征.max()−特征.min()）/(n_bins)。 “quantile”：表示等位分箱，即每个特征中的每个箱内的样本数量都相同。 “kmeans”：表示按聚类分箱，每个箱中的值到最近的一维 k 均值聚类的簇心的距离都相同

```
In [25]:
from sklearn.preprocessing import KBinsDiscretizer
X = data.iloc[:,0].values.reshape(-1,1)
est = KBinsDiscretizer(n_bins = 3, encode = 'ordinal', strategy = 'uniform')
est.fit_transform(X)
# 查看转换后分的箱：变成了一列中的 3 箱
set(est.fit_transform(X).ravel())
est = KBinsDiscretizer(n_bins = 3, encode = 'onehot', strategy = 'uniform')
```

```
# 查看转换后分的箱：变成了哑变量
est.fit_transform(X).toarray()
Out[25]:
array([[1., 0., 0.],
       [0., 1., 0.],
       [1., 0., 0.],
       ...,
       [0., 1., 0.],
       [1., 0., 0.],
       [0., 1., 0.]])
```

7.2.3 特征选择

特征工程还有特征提取、特征创造、特征选择几个任务。这几个主要任务的比较如表 7-5 所示。

表 7-5 特征工程的几个主要任务的比较

特征转换	特征转换是将数据从一种表示形式转换为另一种表示形式的过程。它包括将时间序列数据转换为频域数据，将文本数据转换为词袋模型等
特征提取	从文字、图像、声音等其他非结构化数据中提取新信息作为特征。比如说，从淘宝宝贝的名称中提取出产品类别、产品颜色、是否是网红产品等
特征创造	把现有特征进行组合，或互相计算，得到新的特征。比如说，有一列特征是速度，一列特征是距离，就可以通过让两列相除，创造新的特征：通过距离所花的时间
特征选择	从所有的特征中，选择有意义，对模型有帮助的特征，以避免必须将所有特征都导入模型去训练的情况

接下来介绍特征选择的方法。特征选择前一定要与数据提供者沟通，理解数据。一定要抓住给你提供数据的人，尤其是理解业务和数据含义的人，与他们聊一段时间。技术能够让模型起飞，前提是你和业务人员一样理解数据。所以特征选择的第一步，其实是根据我们的目标，用业务常识来选择特征。来看完整版泰坦尼克号数据中的这些特征，如图 7-3 所示。

	乘客编号	存活	舱位等级	姓名	性别	年龄	同船的兄弟姐妹数量	同船的父辈的数量	票号	乘客的体热指标	船舱编号	乘客登船的港口
0	1	0	3	Braund, Mr. Owen Harris	male	22.0	1	0	A/5 21171	7.2500	NaN	S
1	2	1	1	Cumings, Mrs. John Bradley (Florence Briggs Th...	female	38.0	1	0	PC 17599	71.2833	C85	C
2	3	1	3	Heikkinen, Miss. Laina	female	26.0	0	0	STON/O2. 3101282	7.9250	NaN	S
3	4	1	1	Futrelle, Mrs. Jacques Heath (Lily May Peel)	female	35.0	1	0	113803	53.1000	C123	S
4	5	0	3	Allen, Mr. William Henry	male	35.0	0	0	373450	8.0500	NaN	S

图 7-3 完整版泰坦尼克号数据的特征

其中是否存活是我们需要的标签。很明显，以判断“是否存活”为目的，票号和乘客编号明显是无关特征，可以直接删除。姓名、舱位等级和船舱编号，也基本可以判断是相关性比较低的特征。性别、年龄、同船的兄弟姐妹数量和同船的父辈的数量这些应该是相关性比较高的特征。

所以，特征工程的第一步是：理解业务。

当然，在真正的数据应用领域，例如金融、医疗和电商，我们的数据不可能像泰坦尼克号数据的特征这样少，这样明显。那如果遇见极端情况，我们无法依赖对业务的理解来选择特征，该怎么办呢？我们有 4 种方法可以用来选择特征：过滤法、嵌入法、包装法和降维算法。下面介绍前 3 种方法。先导入数据。

```
# 导入数据，我们使用 digit recognizor 数据为例
In [26]:
import pandas as pd
data = pd.read_csv(r".\digit recognizor.csv")
X = data.iloc[:,1:]
y = data.iloc[:,0]
print(X.shape)
Out[26]:
(42000, 784)
```

这个数据的数据量相对夸张，如果使用支持向量机和神经网络，很可能会直接跑不出来。使用 KNN 跑一次大概需要半个小时。用这个数据举例，更能够体现特征工程的重要性。

1. 过滤法（Filter）

过滤法通常用作预处理步骤，特征选择完全独立于任何机器学习算法。它是根据各种统计检验中的分数以及相关性的各项指标来选择特征。预处理步骤如图 7-4 所示。

全部特征 ──→ 最佳特征子集 ──→ 算法 ──→ 模型评估

图 7-4　预处理步骤

（1）方差过滤（VarianceThreshold 方法）

这是通过特征本身的方差来筛选特征的方法。比如一个特征本身的方差很小，就表示样本在这个特征上基本没有差异，可能特征中的大多数值都一样，甚至整个特征的取值都相同，那这个特征对于样本区分没有什么作用。所以无论接下来的特征工程要做什么，都要优先消除方差为 0 的特征。sklearn 中的 VarianceThreshold 方法有个重要参数 threshold，表示方差的阈值，表示舍弃所有方差小于 threshold 的特征，不填参数则默认方差为 0，即删除所有的记录都相同的特征。

```
In [27]:
from sklearn.feature_selection import VarianceThreshold
selector = VarianceThreshold()                 # 实例化，不填参数则默认方差为 0
X_var0 = selector.fit_transform(X)             # 获取删除不合格特征之后的新特征矩阵
# 也可以直接写成 X = VairanceThreshold().fit_transform(X)
Print(X_var0.shape)
Out[27]:
(42000, 708)
In [28]:
pd.DataFrame(X_var0).head()
Out[28]:
```

0	1	2	3	4	5	6	7	8	9	…	698	699	700	701	702	703	704	705	706	707	708
0	0	0	0	0	0	0	0	0	0	0	…	0	0	0	0	0	0	0	0	0	0
1	0	0	0	0	0	0	0	0	0	0	…	0	0	0	0	0	0	0	0	0	0
2	0	0	0	0	0	0	0	0	0	0	…	0	0	0	0	0	0	0	0	0	0
3	0	0	0	0	0	0	0	0	0	0	…	0	0	0	0	0	0	0	0	0	0
4	0	0	0	0	0	0	0	0	0	0	…	0	0	0	0	0	0	0	0	0	0

可以看见，我们已经删除了方差为 0 的特征，依然剩下 708 个，明显还需要进一步的特征选择。然而，如果我们知道需要多少个特征，方差也可以帮助我们将特征选择一步到位。比如说，我们希望留下一半的特征，那可以设定一个让特征总数减半的方差阈值，只要找到特征方差的中位数，再将这个中位数作为参数 threshold 的值输入就好了。

```
In [29]:
import numpy as np
# X.var()# 每一列的方差
X_fsvar = VarianceThreshold(np.median(X.var().values)).fit_transform(X)
np.median(X.var().values)
X_fsvar.shape
Out[29]:
(42000, 392)
```

当特征是二分类时，特征的取值就是伯努利随机变量，这些变量的方差可以计算为：

$$\mathrm{Var}[\boldsymbol{X}] = p(1-p)$$

其中 $\boldsymbol{X}$ 是特征矩阵，p 是二分类特征中的一类在这个特征中所占的概率。

若特征是伯努利随机变量，假设 p=0.8，即二分类特征中某种分类占到 80%以上的时候删除特征。

```
In [30]:
X_bvar = VarianceThreshold(.8 * (1 - .8)).fit_transform(X)
X_bvar.shape
Out[30]:
(42000, 685)
```

这样做了以后，对模型效果会有怎样的影响呢？在这里，我们为大家准备了 KNN 和随机森林算法分别在方差过滤前和方差过滤后运行的效果和运行时间的对比。KNN 是 k 近邻算法中的分类算法，其原理非常简单，是利用每个样本到其他样本点的距离来判断每个样本点的相似度，然后对样本进行分类。KNN 必须遍历每个特征和每个样本，因而特征越多，KNN 的计算也就会越缓慢。这一段代码对比运行时间过长，下面为大家呈现了代码和结果。

导入模块并准备数据。

```
# KNN VS 随机森林算法在不同方差过滤效果下的对比
In [31]:
from sklearn.ensemble import RandomForestClassifier as RFC
from sklearn.neighbors import KNeighborsClassifier as KNN
```

```
from sklearn.model_selection import cross_val_score
import numpy as np
X = data.iloc[:,1:]
y = data.iloc[:,0]
X_fsvar = VarianceThreshold(np.median(X.var().values)).fit_transform(X)
```

我们从模块 neighbors 导入 KNeighborsClassifier，并将其缩写为 KNN，导入随机森林算法，并将其缩写为 RFC，然后导入交叉验证模块和 numpy。其中未过滤的数据是 X 和 y，使用中位数过滤后的数据是 X_fsvar，使用的代码是我们之前已经运行过的代码。

KNN 方差过滤前：

```
In [32]:
cross_val_score(KNN(),X,y,cv = 5).mean()
Out[32]:
0.965857142857143
```

KNN 方差过滤前运行时间：

```
In [33]:
%%timeit
cross_val_score(KNN(),X,y,cv = 5).mean()
# Python 中的魔法命令，可以直接使用%%timeit 来计算运行这条代码所需的时间
# 为了计算所需的时间，需要将这个代码运行很多次（通常是 7 次）后求平均值
# 这段代码在不同的机器上运行的时间可能不同
Out[33]:
50.1 s ± 1.3 s per loop (mean ± std. dev. of 7 runs, 1 loop each)
```

KNN 方差过滤后：

```
In [34]:
cross_val_score(KNN(),X_fsvar,y,cv = 5).mean()
Out[34]:
0.966
```

KNN 方差过滤后运行时间：

```
In [35]:
%%timeit
cross_val_score(KNN(),X_fsvar,y,cv = 5).mean()
Out[35]:
39.8 s ± 3.19 s per loop (mean ± std. dev. of 7 runs, 1 loop each)
```

可以看出，对于 KNN，过滤后的效果明显。那随机森林算法又如何呢？

随机森林算法方差过滤前：

```
In [36]:
cross_val_score(RFC(n_estimators = 10,random_state = 0),X,y,cv = 5).mean()
Out[36]:
0.9373571428571429
```

随机森林算法方差过滤前运行时间：

```
In [37]:
%%timeit
cross_val_score(RFC(n_estimators = 10,random_state = 0),X,y,cv = 5).mean()
Out[37]:
11.4 s ± 868 ms per loop (mean ± std. dev. of 7 runs, 1 loop each)
```

随机森林算法方差过滤后：

```
In [38]:
cross_val_score(RFC(n_estimators = 10,random_state = 0),X_fsvar,y,cv = 5).mean()
Out[38]:
0.9390476190476191
```

随机森林算法方差过滤后运行时间：

```
In [39]:
%%timeit
cross_val_score(RFC(n_estimators = 10,random_state = 0),X_fsvar,y,cv = 5).mean()
Out[39]:
12.1 s ± 267 ms per loop (mean ± std. dev. of 7 runs, 1 loop each)
```

首先可以观察到的是，随机森林算法的准确率略逊于KNN，运行时间却低于KNN。其次，方差过滤后，随机森林算法的准确率也微弱上升，但运行时间却几乎是没有变化。

为什么随机森林算法运行如此之快？为什么方差过滤对随机森林算法没有很大的影响？这是由于两种算法的原理中涉及的计算量不同。KNN、单棵决策树、支持向量机（SVM）、神经网络和回归算法，都需要遍历特征或升维来进行运算，所以它们本身的运算量就很大，需要的时间就很长，因此方差过滤这样的特征选择对它们来说就尤为重要。但对于不需要遍历特征的算法，比如随机森林算法，它随机选取特征进行分枝，本身运算就非常快速，因此特征选择对它来说效果一般。这其实很容易理解，无论过滤法如何降低特征的数量，随机森林算法也只会选取固定数量的特征来建模；而最近邻算法就不同了，特征越少，距离计算的维度就越少，模型明显会随着特征的减少变得轻量。因此，过滤法的主要对象是：需要遍历特征或升维的算法。而过滤法的主要目的是：在维持算法表现的前提下，帮助算法降低计算成本。对受影响的算法来说，我们可以将方差过滤的影响总结如表7-6所示。

表7-6　方差过滤的影响总结

	阈值很小，被过滤掉的特征比较少	阈值比较大，被过滤掉的特征有很多
模型表现	不会有太大影响	可能变更好，代表被滤掉的特征大部分是噪声；也可能变糟糕，代表被滤掉的特征中很多都是有效特征
运行时间	可能降低模型的运行时间，基于方差很小的特征有多少；当方差很小的特征不多时，对模型没有太大影响	一定能够降低模型的运行时间。算法在遍历特征时的计算越复杂，运行时间下降得越多

在我们的对比当中，我们使用的方差阈值是特征方差的中位数，因此属于阈值比较大，过滤掉的特征比较多的情况。我们可以观察到，无论是KNN还是随机森林算法，在过滤掉一半特征之后，模型的精确度都上升了。这说明被我们过滤掉的特征在当前随机模式（random_state = 0）下大部分是噪声。那我们就可以保留这个去掉了一半特征的数据，来为之后的特征选择做准备。当然，如果过滤之后模型的效果反而变差了，我们就可以认为，被我们过滤掉的特征中有很多有效特征，那我们就放弃过滤，使用其他手段来进行特征选择。

怎么选取超参数 threshold 呢？我们怎样知道，方差过滤掉的到底是噪声还是有效特征呢？过滤后模型到底会变好还是会变坏呢？答案是：每个数据集不一样，只能自己去尝试。这里的方差阈值，其实相当于是一个超参数，要选定最优的超参数，我们可以画学习曲线，找模型效果最好的点。但现实中，我们往往不会这样去做，因为这样会耗费大量的时间。我们只会使用阈值为 0 或者阈值很小的方差过滤，来为我们优先消除一些明显用不到的特征，然后我们会选择更优的特征选择方法继续削减特征数量。

（2）相关性过滤

方差过滤完毕之后，我们就要考虑下一个问题：相关性了。我们希望选出与标签相关且有意义的特征，因为这样的特征能够为我们提供大量信息。如果特征与标签无关，那只会白白浪费我们的计算内存，可能还会给模型带来噪声。在 sklearn 中，有 3 种常用的方法来评判特征与标签之间的相关性：卡方过滤、F 检验和互信息法。

① 卡方过滤。卡方过滤是专门针对离散型标签（即分类问题）的相关性过滤，它基于卡方检验的理论基础。卡方检验类 feature_selection.chi2 计算每个非负特征和标签之间的卡方统计量，并依照卡方统计量由高到低为特征排名。再结合 feature_selection.SelectKBest 这个可以输入“评分标准”来选出前 k 个分数最高的特征的类，我们可以借此除去最可能独立于标签，与我们分类目的无关的特征。

另外，如果卡方过滤检测到某个特征中所有的值都相同，会提示我们使用方差先进行方差过滤。并且，刚才我们已经验证过，当我们使用方差过滤筛选掉一半的特征后，模型的表现是提升的。因此在这里，我们使用 threshold=中位数时完成的方差过滤的数据来做卡方过滤（如果方差过滤后模型的表现反而降低了，那我们就不会使用方差过滤后的数据，而是使用原数据）。

```
In [40]:
from sklearn.ensemble import RandomForestClassifier as RFC
from sklearn.model_selection import cross_val_score
from sklearn.feature_selection import SelectKBest
from sklearn.feature_selection import chi2
# 假设在这里需要 300 个特征
X_fschi = SelectKBest(chi2, k = 300).fit_transform(X_fsvar, y)
X_fschi.shape
Out[40]:
(42000, 300)
```

验证一下模型的效果。

```
In [41]:
cross_val_score(RFC(n_estimators = 10,random_state = 0),X_fschi,y,cv = 5).mean()
Out[41]:
0.9344761904761905
```

可以看出，模型的效果降低了，这说明我们在设定 k=300 的时候删除了与模型相关且有效的特征。我们的 k 值设置得太小，要么我们需要调整 k 值，要么我们必须放弃相关性过滤。当然，如果模型的表现提升，则说明我们的相关性过滤是有效的，是过滤掉了模型的噪声的，这时候我们就保留相关性过滤的结果。

那如何设置一个最佳的 k 值呢？在现实数据中，数据量很大，模型很复杂的时候，我们也许不能先去跑一遍模型看看效果，而是希望最开始就能够选择一个最优的超参数 k。

那第一个方法就是学习曲线，如图 7-5 所示。

```
In [42]:
%matplotlib inline
import matplotlib.pyplot as plt

score = []
for i in range(390,200,-10):
    X_fschi = SelectKBest(chi2, k = i).fit_transform(X_fsvar, y)
    once = cross_val_score(RFC(n_estimators = 10,random_state = 0),X_fschi,y,
cv = 5).mean()
    score.append(once)
plt.plot(range(390,200,-10),score)
plt.show()
Out[42]:
```

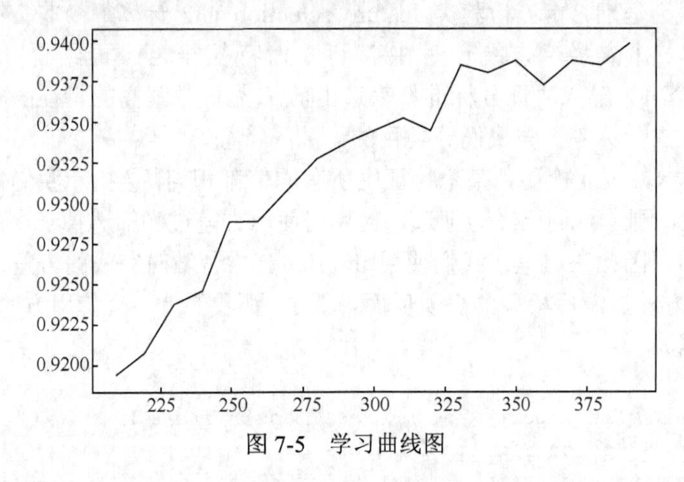

图 7-5　学习曲线图

通过图 7-5 中的曲线，我们可以观察到，随着 k 值的不断增加，模型的表现不断上升，这说明，k 越大越好，数据中所有的特征都是与标签相关的。但是运行这条曲线的时间同样也是非常的长，接下来我们就来介绍一种更好的选择 k 的方法：看 p 值选择 k。

卡方过滤的本质是推测两组数据之间的差异，其过滤的原假设是“两组数据是相互独立的”。卡方过滤返回卡方值和 p 值两个统计量，其中卡方值很难界定有效的范围，而 p 值，我们一般使用 0.01 或 0.05 作为显著性水平，即 p 值判断的边界，具体我们可以这样来看，如表 7-7 所示。

表 7-7　卡方过滤 p 值说明

p 值	≤0.05 或 0.01	>0.05 或 0.01
数据差异	差异不是自然形成的	这些差异是很自然的样本误差
相关性	两组数据是相关的	两组数据是相互独立的
原假设	拒绝原假设，接受备选假设	接受原假设

从特征工程的角度，我们希望选取的卡方值很大，p 值小于 0.05 的特征，即和标签是相关联的特征。而调用 SelectKBest 之前，我们可以直接从 chi2 实例化后的模型中获得各个特征所对应的卡方值和 p 值。

```
In [43]:
chivalue, pvalues_chi = chi2(X_fsvar,y)
# print(chivalue, pvalues_chi)
# k 取多少？我们想要消除所有 p 值大于设定值，比如 0.05 或 0.01 的特征
k = chivalue.shape[0] - (pvalues_chi > 0.05).sum()
# X_fschi = SelectKBest(chi2, k = 填写具体的 k).fit_transform(X_fsvar, y)
# cross_val_score(RFC(n_estimators = 10,random_state = 0),X_fschi,y,cv = 5).mean()
```

结果显示，所有特征的 p 值都是 0，这说明对于 digit recognizor 这个数据集来说，方差过滤已经把所有和标签无关的特征都剔除了，或者这个数据集本身就不含与标签无关的特征。在这种情况下，舍弃任何一个特征，都会舍弃对模型有用的信息，而使模型表现下降，因此在我们对计算速度感到满意时，我们不需要使用相关性过滤来过滤我们的数据。如果我们认为运算速度太缓慢，那我们可以酌情删除一些特征，但前提是，我们必须牺牲模型的表现。接下来，我们试试看用其他的相关性过滤方法验证一下我们在这个数据集上的结论。

② F 检验。F 检验，又称方差齐性检验，是用来捕捉每个特征与标签之间的线性关系的过滤方法。它既可以做回归，也可以做分类。sklearn 提供 feature_selection.f_classif（F 检验分类）和 feature_selection.f_regression（F 检验回归）两个类。其中 F 检验分类用于标签是离散型变量的数据，而 F 检验回归用于标签是连续型变量的数据。

和卡方过滤一样，这两个类需要和类 SelectKBest 连用，并且我们也可以直接通过输出的统计量来判断我们到底要设置一个什么样的 k。需要注意的是，F 检验在数据服从正态分布时效果会非常稳定，因此如果使用 F 检验过滤，我们会先将数据转换成服从正态分布的方式。

F 检验的本质是寻找两组数据之间的线性关系，其原假设是“数据不存在显著的线性关系”。它返回 F 值和 p 值两个统计量。和卡方过滤一样，我们希望选取 p 值小于 0.05 或 0.01 的特征，这些特征与标签是显著线性相关的，而 p 值大于 0.05 或 0.01 的特征则被我们认为是和标签没有显著线性关系的特征，应该被删除。以 F 检验的分类为例，我们继续在数字数据集上来进行特征选择：

```
In [44]:
from sklearn.feature_selection import f_classif
F, pvalues_f = f_classif(X_fsvar,y)
# print(F, pvalues_f)
k = F.shape[0] - (pvalues_f > 0.05).sum()
# X_fsF = SelectKBest(f_classif, k = 填写具体的 k).fit_transform(X_fsvar, y)
# cross_val_score(RFC(n_estimators = 10,random_state = 0),X_fsF,y,cv = 5).mean()
```

得到的结论和我们用卡方过滤得到的结论一样：没有任何特征的 p 值大于 0.01，所有的特征都是和标签相关的，因此我们不需要相关性过滤。

③ 互信息法。互信息法是用来捕捉每个特征与标签之间的任意关系（包括线性和非线性关系）的过滤方法。和 F 检验相似，它既可以做回归也可以做分类。sklearn 提供两

个类 feature_selection.mutual_info_classif（互信息分类）和 feature_selection.mutual_info_regression（互信息回归）。这两个类的用法和参数都与 F 检验一样，不过互信息法比 F 检验更加强大，F 检验只能找出线性关系，而互信息法可以找出任意关系。

互信息法不返回 p 值或 F 值类似的统计量，它返回“每个特征与目标之间的互信息量的估计”，这个估计量在[0,1]之间取值，为 0 则表示两个变量独立，为 1 则表示两个变量完全相关。以互信息分类为例的代码如下。

```
In [45]:
from sklearn.feature_selection import mutual_info_classif as MIC
result = MIC(X_fsvar,y)
k = result.shape[0] - sum(result < = 0)
# X_fsmic = SelectKBest(MIC, k = 填写具体的 k).fit_transform(X_fsvar, y)
# cross_val_score(RFC(n_estimators = 10,random_state = 0),X_fsmic,y,cv = 5).mean()
```

结果显示，所有特征的互信息量估计都大于 0，因此所有特征都与标签相关。

当然，无论是 F 检验还是互信息法，大家也都可以使用学习曲线，只是使用统计量的方法会更加高效。当统计量判断已经没有特征可以删除时，无论用学习曲线如何跑，删除特征都只会降低模型的表现。当然了，如果数据量太庞大，模型太复杂，我们还是可以牺牲模型表现来提升模型速度，一切都看具体需求。

到这里我们学习了常用的基于过滤法的特征选择，包括方差过滤，基于卡方、F 检验和互信息的相关性过滤，讲解了各种过滤的原理和面临的问题，以及怎样调这些过滤类的超参数。通常来说，建议先使用方差过滤，然后使用互信息法来捕捉相关性，不过了解各种各样的过滤方法也是必要的。各种过滤方法的总结如表 7-8 所示。

表 7-8　各种过滤方法的总结

方法	说明	超参数的选择
VarianceThreshold	方差过滤，可输入方差阈值，返回方差大于阈值的新特征矩阵	看具体数据究竟是含有更多噪声还是更多有效特征，一般就使用 0 或 1 来筛选，也可以画学习曲线或取中位数跑模型来帮助确认
SelectKBest	用来选取 k 个统计量结果最佳的特征，生成符合统计量要求的新特征矩阵	看配合使用的统计量
chi2	卡方过滤，专用于分类算法，捕捉相关性	追求 p 小于显著性水平的特征
f_classif	F 检验分类，只能捕捉线性相关性，要求数据服从正态分布	追求 p 小于显著性水平的特征
f_regression	F 检验回归，只能捕捉线性相关性，要求数据服从正态分布	追求 p 小于显著性水平的特征
mutual_info_classif	互信息分类，可以捕捉任何相关性，不能用于稀疏矩阵	追求互信息量估计大于 0 的特征
mutual_info_regression	互信息回归，可以捕捉任何相关性，不能用于稀疏矩阵	追求互信息量估计大于 0 的特征

2．嵌入法（Embedded）

嵌入法是一种让算法自己决定使用哪些特征的方法，即特征选择和算法训练同时进行。在使用嵌入法时，我们先使用某些机器学习的算法和模型进行训练，得到各个特征的权值系数，根据权值系数从大到小选择特征。这些权值系数往往代表了特征对模型的某种贡献或某种重要性，比如决策树和树的集成模型中的 feature_importances_属性。可以列出各个特征对树的建立的贡献，我们就可以基于这种贡献的评估，找出对模型建立最有用的特征。因此相比于过滤法，嵌入法的结果会更加精确到模型的效用本身，对于提高模型效力有更好的效果。并且，由于考虑特征对模型的贡献，因此无关的特征（需要相关性过滤的特征）和无区分度的特征（需要方差过滤的特征）都会因为缺乏对模型的贡献而被删除掉，可谓是过滤法的进化版。嵌入法特征选择原理示意图如图 7-6 所示。

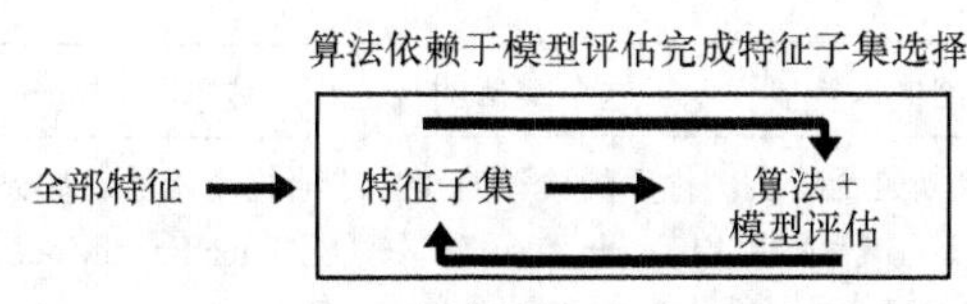

图 7-6　嵌入法特征选择原理示意图

然而，嵌入法也不是没有缺点。过滤法中使用的统计量可以使用统计知识和常识来查找范围（如 p 值应当低于显著性水平 0.05），而嵌入法中使用的权值系数却没有这样的范围。我们可以说，权值系数为 0 的特征对模型丝毫没有作用，但当大量特征都对模型有贡献且贡献不一时，我们就很难去界定一个有效的临界值。这种情况下，模型权值系数就是我们的超参数，我们或许需要学习曲线，或者根据模型本身的某些性质去判断这个超参数的最佳值究竟应该是多少。接下来讲解随机森林和决策树模型的嵌入法。

另外，嵌入法引入了算法来挑选特征，因此其计算速度也会和应用的算法有很大的关系。如果采用计算量很大，计算缓慢的算法，嵌入法本身也会非常耗时。并且，在选择完毕之后，我们还是需要自己评估模型。

下面介绍 sklearn 中的 SelectFromModel 方法，其参数及说明如表 7-9 所示。

```
Class  feature_selection.SelectFromModel(estimator, threshold = None, prefit = False, norm_order = 1,max_features = None)
```

SelectFromModel 是一个元变换器，可以与任何在拟合后具有 coef_、feature_importances_属性或参数中有可选惩罚项的评估器一起使用（比如随机森林和树模型就具有属性 feature_importances_，逻辑回归就带有 L1 和 L2 惩罚项，线性支持向量机也支持 L2 惩罚项）。

对于有 feature_importances_的模型来说，若重要性低于提供的阈值参数，则认为这些特征不重要并被移除。

feature_importances_的取值范围是[0,1]，如果设置阈值很小，比如 0.001，就可以删除那些对标签预测完全没贡献的特征。如果设置的阈值很接近 1，可能只有一两个特征能够被留下。

对于使用惩罚项的模型来说，正则化惩罚项越大，特征在模型中对应的系数就会越小。当正则化惩罚项大到一定程度时，部分特征系数会变成 0，当正则化惩罚项继续增大到一定程度时，所有的特征系数都会趋于 0。但是我们会发现一部分特征系数会更容易先变成 0，这部分系数就是可以筛掉的。也就是说，我们选择特征系数较大的特征。另外，支持向量机和逻辑回归使用参数 C 来控制返回的特征矩阵的稀疏性，参数 C 越小，返回的特征越少。Lasso 回归，用 alpha 参数来控制返回的特征矩阵，alpha 的值越大，返回的特征越少。

表 7-9　SelectFromModel 方法的参数及说明

参数	说明
estimator	使用的模型评估器，只要是带 feature_importances_或者 coef_属性，或带有 L1 和 L2 惩罚项的模型都可以使用
threshold	特征重要性的阈值，重要性低于这个阈值的特征都将被删除
prefit	默认 False，判断是否将实例化后的模型直接传递给构造函数。如果为 True，则必须直接调用 fit 和 transform，不能使用 fit_transform，并且 SelectFromModel 不能与 cross_val_score、GridSearchCV 和克隆估计器的类似实用程序一起使用
norm_order	k 可输入非零整数、正无穷、负无穷，默认值为 1
max_features	在阈值设定下，要选择的最大特征数。要禁用阈值并仅根据 max_features 选择，请设置 threshold = -np.inf

重点要考虑的是前两个参数。在这里，我们使用随机森林为例，则需要学习曲线来帮助寻找最佳特征值。

```
In [46]:
from sklearn.feature_selection import SelectFromModel
from sklearn.ensemble import RandomForestClassifier as RFC
RFC_ = RFC(n_estimators = 10,random_state = 0)
X_embedded = SelectFromModel(RFC_,threshold = 0.005).fit_transform(X,y)
# 在这里我们只想取出有限的特征。0.005 这个阈值对于有 780 个特征的数据来说，是非常高的阈值，因为平均每个特征只能够分到大约 0.001 的 feature_importances_
X_embedded.shape
Out[46]:
(42000, 47)
```

画学习曲线来找最佳阈值，如图 7-7 所示。

```
# 模型的维度明显被降低了
# 同样地，我们也可以画学习曲线来找最佳阈值
In [47]:
import numpy as np
import matplotlib.pyplot as plt
RFC_.fit(X,y).feature_importances_
threshold = np.linspace(0,(RFC_.fit(X,y).feature_importances_).max(),20)
score = []
for i in threshold:
    X_embedded = SelectFromModel(RFC_,threshold = i).fit_transform(X,y)
```

```
    once = cross_val_score(RFC_,X_embedded,y,cv = 5).mean()
    score.append(once)
plt.plot(threshold,score)
plt.show()
Out[47]:
```

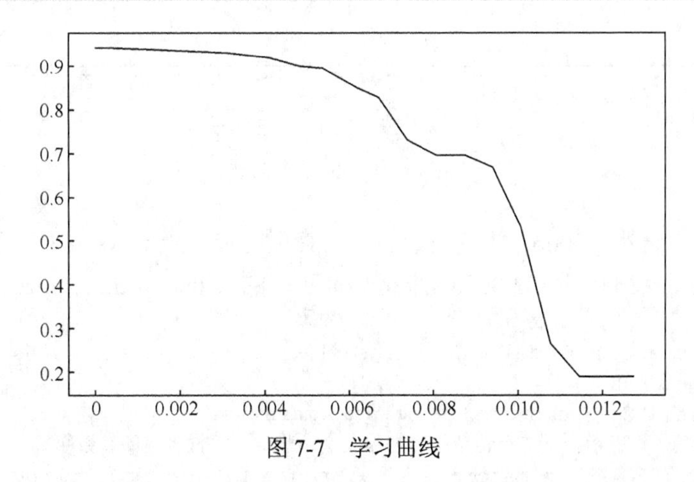

图 7-7　学习曲线

从图 7-7 来看，随着阈值越来越高，模型的效果逐渐变差，被删除的特征越来越多，信息损失也逐渐变大。但是在 0.00134 之前，模型的效果都可以，因此我们可以从中挑选一个数值来验证一下模型的效果。

```
In [48]:
X_embedded = SelectFromModel(RFC_,threshold = 0.00067).fit_transform(X,y)
X_embedded.shape
cross_val_score(RFC_,X_embedded,y,cv = 5).mean()
Out[48]:
(42000,324)
0.9391190476190475
```

结果显示，特征个数瞬间缩到 324 左右，这比我们在方差过滤的时候选择中位数过滤出来的特征数要小，并且交叉验证分数高于方差过滤后的结果，这是由于嵌入法比方差过滤更具体到模型的表现。换一个算法，使用同样的阈值，效果可能就没有这么好了。

和其他调参一样，我们可以在第一条学习曲线后选定一个范围，使用细化的学习曲线来找到最佳值，如图 7-8 所示。

```
In [49]:
score2 = []
for i in np.linspace(0,0.00134,20):
    X_embedded = SelectFromModel(RFC_,threshold = i).fit_transform(X,y)
    once = cross_val_score(RFC_,X_embedded,y,cv = 5).mean()
    score2.append(once)
plt.figure(figsize = [20,5])
plt.plot(np.linspace(0,0.00134,20),score2)
plt.xticks(np.linspace(0,0.00134,20))
plt.show()
Out[49]:
```

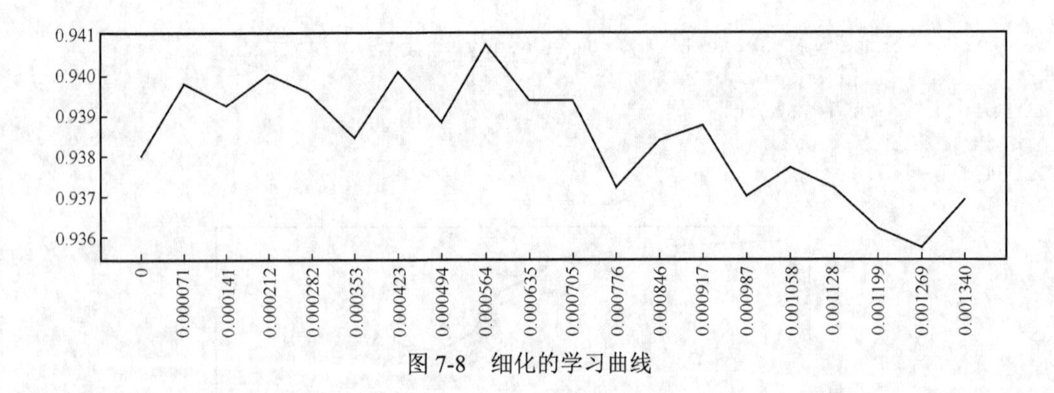

图 7-8　细化的学习曲线

查看图 7-8，果然 0.00067 并不是最高点，真正的最高点 0.000564 已经将模型效果提升到了 94%以上。我们使用 0.000564 来跑一跑我们的 SelectFromModel。

```
In [50]:
X_embedded = SelectFromModel(RFC_,threshold = 0.000564).fit_transform(X,y)
print(X_embedded.shape)
cross_val_score(RFC_,X_embedded,y,cv = 5).mean()
# 我们可能已经找到了现有模型下的最佳结果，如果我们调整一下随机森林的参数呢？
cross_val_score(RFC(n_estimators = 100,random_state = 0),X_embedded,y,cv = 5)
.mean()
Out[50]:
(42000, 340)
0.9634285714285715
```

得出的特征数目有 340 个，依然小于方差筛选，并且模型的表现也比没有筛选之前更高，已经完全可以和计算一次半小时的 KNN 相匹敌。接下来再对随机森林进行调参，准确率应该还可以再升高不少。可见，在嵌入法下，我们很容易就能够实现特征选择的目标：减少计算量，提升模型表现。因此，比起要思考很多统计量的过滤法来说，嵌入法可能是更有效的一种方法。然而，在算法本身很复杂的时候，过滤法的计算远远比嵌入法要快，所以大型数据中，我们还是会优先考虑过滤法。

3. 包装法（Wrapper）

包装法也是一个特征选择和算法训练同时进行的方法，与嵌入法十分相似，它也是依赖于算法自身的选择（比如 coef_属性或 feature_importances_属性）来完成特征选择。但不同的是，我们往往使用一个目标函数作为黑盒来帮助我们选取特征，而不是自己输入某个评估指标或统计量的阈值。包装法在初始特征集上训练评估器，并且通过 coef_属性或 feature_importances_属性获得每个特征的重要性。然后，从当前的一组特征中修剪最不重要的特征。在修剪的集合上递归地重复该过程，直到最终到达所需数量的要选择的特征。区别于过滤法和嵌入法的一次训练解决所有问题，包装法要使用特征子集进行多次训练，因此它所需要的计算成本是最高的。包装法特征选择原理图如图 7-9 所示。

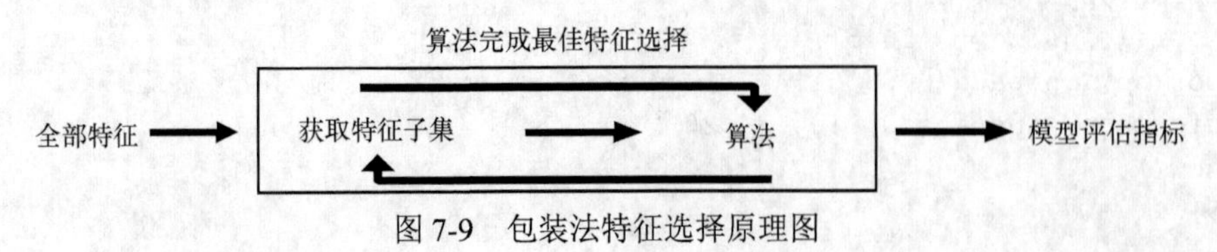

图 7-9　包装法特征选择原理图

注意，在图 7-9 中的“算法”，指的不是我们最终用来导入数据的分类或回归算法（即不是随机森林），而是专业的数据挖掘算法，即我们的目标函数。这些数据挖掘算法的核心功能是选取最佳特征子集。

最典型的目标函数是递归特征消除法（Recursive Feature Elimination，RFE）。它是一种贪婪的优化算法，旨在找到性能最佳的特征子集。它反复创建模型，并在每次迭代时保留最佳特征或剔除最差特征，下一次迭代时，它会使用上一次建模中没有被选中的特征来构建下一个模型，直到所有特征都耗尽为止。然后，它根据自己保留或剔除特征的顺序来对特征进行排名，最终选出一个最佳子集。包装法的效果是所有特征选择方法中最利于提升模型表现的，它可以使用很少的特征达到很优秀的效果。除此之外，在特征数目相同时，包装法和嵌入法的效果能够匹敌，不过它比嵌入法算得更缓慢，所以也不适用于太大型的数据。相比之下，包装法是最能保证模型效果的特征选择方法。

sklearn 中的 feature_selection.RFE 方法如下。

```
class sklearn.feature_selection.RFE(estimator, n_features_to_select = None,
step = 1, verbose = 0)
```

参数 estimator 是需要填写的实例化后的评估器，n_features_to_select 是想要选择的特征个数，step 表示每次迭代中希望移除的特征个数。

```
In [51]:
from sklearn.feature_selection import RFE
RFC_ = RFC(n_estimators = 10,random_state = 0)
selector = RFE(RFC_, n_features_to_select = 340, step = 50).fit(X, y)
selector.support_.sum()# 340
X_wrapper = selector.transform(X)
cross_val_score(RFC_,X_wrapper,y,cv = 5).mean()
Out[51]:
0.9379761904761905
```

我们也可以对包装法画学习曲线，如图 7-10 所示。

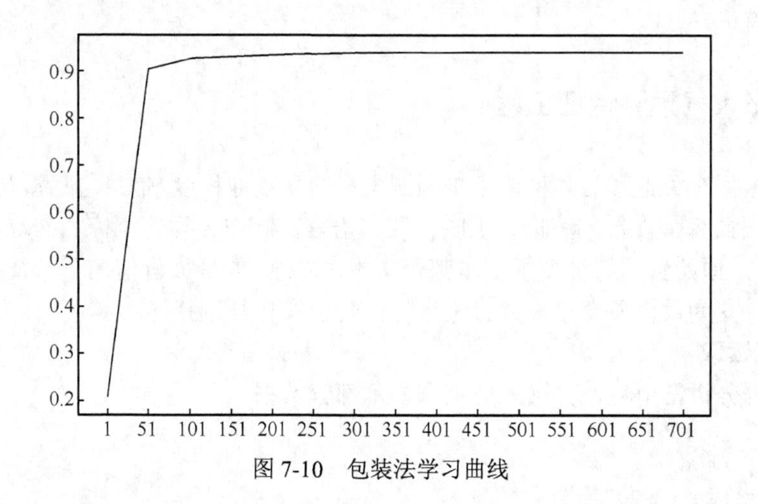

图 7-10　包装法学习曲线

```
In [52]:
score = []
```

```
for i in range(1,751,50):
    X_wrapper = RFE(RFC_,n_features_to_select = i, step = 50).fit_transform(X,y)
    once = cross_val_score(RFC_,X_wrapper,y,cv = 5).mean()
    score.append(once)
plt.figure(figsize = [20,5])
plt.plot(range(1,751,50),score)
plt.xticks(range(1,751,50))
plt.show()
Out[52]:
```

从图 7-10 明显能够看出，在包装法下，应用 50 个特征时，模型的表现就已经达到了 90%以上，比嵌入法和过滤法都高效很多。我们可以放大图像，寻找模型变得非常稳定的点来画进一步的学习曲线（就像我们在嵌入法中做的那样）。如果我们此时追求的是最大化降低模型的运行时间，我们甚至可以直接选择 50 作为特征的数目，这是一个在缩减了 94%的特征的基础上，还能保证模型表现在 90%以上的特征组合，不可谓不高效。

同时，我们提到过，在特征数目相同时，包装法能够在效果上匹敌嵌入法。试试看如果我们也使用 340 作为特征数目，运行一下，可以感受包装法和嵌入法哪一个的速度更快。由于包装法效果和嵌入法相差不多，在更小的范围内使用学习曲线，我们也可以将包装法的效果调得很好，大家可以去试试看。

我们对特征选择方法进行简单总结。这些方法的代码都不难，但是每种方法的原理都不同，并且都涉及不同调整方法的超参数。从经验来说，过滤法更快速，但更粗糙。包装法和嵌入法更精确，比较适合到具体算法去调整，但计算量比较大，运行时间长。当数据量很大的时候，优先使用方差过滤和互信息法调整，再使用其他特征选择方法。使用逻辑回归时，优先使用嵌入法。使用支持向量机时，优先使用包装法。迷茫的时候，从过滤法走起，看具体数据具体分析。

其实特征选择只是特征工程中的第一步。真正的高手，往往使用特征创造或特征提取来寻找高级特征。

7.2.4 电影人气预测特征工程

本案例根据有关电影的各种信息来预测电影的受欢迎程度，信息包括演员、工作人员、情节关键字、预算、收入、海报、上映日期、语言、制作公司、国家、TMDB 投票计数和平均投票等。原始数据特征变量基本都是文本，本案例的最大价值在于特征工程的构建，即怎么把文本变为数值型变量，并且进行特征转换和特征选择。

1. 数据读取

导入数据分析常用包，并读入数据和显示部分数据。

```
In [53]:
import numpy as np
import pandas as pd
import matplotlib.pyplot as plt
import seaborn as sns
```

```
%matplotlib inline
plt.rcParams['font.sans-serif'] = ['KaiTi']  # 中文
plt.rcParams['axes.unicode_minus'] = False   # 负号
# 读取训练集和测试集
data = pd.read_csv('movie-popularity-prediction/movies_train.csv')
data2 = pd.read_csv('movie-popularity-prediction/movies_test.csv')
# 只显示 5 列
pd.set_option('display.max_columns',5)
# 查看数据前 5 行
data.head()
Out[53]:
```

	id	budget	…	cast	crew
0	27245	0	…	[{'cast_id': 3, 'character': 'Dragon Eye Morri...	[{'credit_id': '52fe4537c3a368484e04e84d', 'de...
1	325428	0	…	[{'cast_id': 0, 'character': '', 'credit_id': ...	[{'credit_id': '5545566892514137d3000052', 'de...
2	15008	0	…	[{'cast_id': 2, 'character': 'Graeme Obree', '...	[{'credit_id': '52fe462f9251416c7506ff91', 'de...
3	21343	0	…	[{'cast_id': 2, 'character': 'Alex', 'credit_i...	[{'credit_id': '52fe4415c3a368484e00e69b', 'de...
4	15443	0	…	[{'cast_id': 1, 'character': 'Cliff Starkey', ...	[{'credit_id': '52fe465b9251416c75075b0b', 'de...

查看训练集和测试集数据基础信息。

```
In [54]:
data = data.infer_objects()
data2 = data2.infer_objects()
data.info()
Out[54]:
<class 'pandas.core.frame.DataFrame'>
RangeIndex: 31801 entries, 0 to 31800
Data columns (total 23 columns):
 #   Column                Non-Null Count  Dtype
---  ------                --------------  -----
 0   id                    31801 non-null  int64
 1   budget                31801 non-null  int64
 2   genres                31801 non-null  object
 3   homepage              5470 non-null   object
 4   original_language     31794 non-null  object
 5   original_title        31801 non-null  object
 6   overview              31139 non-null  object
 7   popularity            31801 non-null  float64
 8   poster_path           31524 non-null  object
 9   production_companies  31801 non-null  object
 10  production_countries  31801 non-null  object
 11  release_date          31749 non-null  object
```

```
 12  revenue               31801 non-null  float64
 13  runtime               31621 non-null  float64
 14  spoken_languages      31801 non-null  object
 15  status                31746 non-null  object
 16  tagline               14285 non-null  object
 17  title                 31801 non-null  object
 18  vote_average          31801 non-null  float64
 19  vote_count            31801 non-null  float64
 20  keywords              31801 non-null  object
 21  cast                  31801 non-null  object
 22  crew                  31801 non-null  object
dtypes: float64(5), int64(2), object(16)
memory usage: 5.6+ MB
```

可以看到大部分变量都不是数值型，需要进行处理。

变量信息解释如下。

id——电影 ID 数值型变量

title——电影名称 文本变量

homepage——电影主页 文本变量

genres——电影类别 分类型变量

overview——电影概述 文本变量

poster_path——电影海报的位置 图片文本变量

tagline——电影标语 文本变量

runtime——电影的放映时长 数值型变量

spoken_languages——电影语言 分类型变量

original_language——电影原语言 分类型变量

original_title——电影原始名称 文本变量

production_companies——电影制作公司 分类型变量

production_countries——电影的制作国家 分类型变量

release_date——电影上映日期 时间变量

budget——电影预算 数值型变量

revenue——电影收入 数值型变量

status——电影状态 分类型变量

vote_count——电影票数 数值型变量

vote_average——电影的平均票数 数值型变量

keywords——电影关键词 文本变量

cast——电影演员 字典变量

crew——电影剧组 字典变量

popularity——电影的人气评分 目标变量，数值型

2. 数据预处理

首先进行特征删除，由于数据的文本型变量较多，较难处理。将一些没用的文本变量和难以提取信息的文本特征选择删除，这里先选择删除电影 ID、电影主页、电影概述、

电影海报的位置、电影标语、电影关键词、电影制作公司和电影的制作国家。

```
In [55]:
# 删除的变量
col_drop = ['id','homepage','overview','poster_path','tagline','keywords',
            'production_companies','production_countries']
# 测试集 ID 留着后面提交
ID = data2['id']
data.drop(col_drop,axis = 1,inplace = True)
data2.drop(col_drop,axis = 1,inplace = True)
```

接着对剩余的文本变量一一进行处理，进行新的特征工程的构建。按以下步骤进行。

步骤 1：首先对电影名称 title 和电影的原始名称 original_title 进行一个匹配，相同返回 1，不相同返回 0，从而构建一个新特征 name_change。

步骤 2：通过对电影语言 spoken_languages 是否含有英语进行判断，构建一个虚拟变量 spoken，电影语言里包含英语返回 1，不包含返回 0。

步骤 3：同样我们对电影原语言 original_language 是否为英语进行判断，构建虚拟变量 original，是英语返回 1，不是英语返回 0。

步骤 4：通过对电影上映日期 release_date 进行计算，得到该影片的年龄 movie_age（使用 2022-发行年份得到，并转化为整形数）。由于计算过程中发现存在缺失值，对缺失值采用均值进行填充。

步骤 5：对字典变量电影演员 cast、电影剧组 crew 进行简单处理，计算它们的个数，构建新的特征——电影知名演员个数 cast_num，电影剧组成员个数 crew_num。

步骤 6：对于电影类别，进行虚拟变量处理。通过代码发现总共有 20 种电影类别。由于每个电影可能涉及不止一个类别，所以整体构建 20 个虚拟变量。如果电影类别存在这一类就为 1，不存在就为 0。

步骤 7：变量 status 表示电影的状态，直接进行独立热编码处理，生成 5 个虚拟变量。

下面结合代码详细介绍上述步骤。

首先对电影名称和电影的原始名称进行匹配，相同返回 1，不相同返回 0，从而构建一个新特征。

```
In [56]:
data = data.assign(name_change = lambda d: (d.title == d.original_title)*1)
data2 = data2.assign(name_change = lambda d: (d.title == d.original_title)*1)
```

定义函数检测电影语言是否是英语。

```
In [57]:
def check_languages(txt):
    txt = eval(txt)
    if 'en'in txt:
        languages = 1
    else:
        languages = 0
   return languages
```

检测电影语言 spoken_languages 是否是英语。

```
In [58]:
```

```
data['spoken'] = data['spoken_languages'].apply(check_languages)
data2['spoken'] = data2['spoken_languages'].apply(check_languages)
```

对电影原语言也是一样的处理，先定义如下检测函数。

```
In [59]:
def check_languages2(txt):
    if  txt == 'en':
        languages = 1
    else:
        languages = 0
   return languages
```

检测电影原语言 original_language 是否是英语。

```
In [60]:
data['original'] = data['original_language'].apply(check_languages2)
data2['original'] = data2['original_language'].apply(check_languages2)
```

通过对电影上映日期进行计算，得到该影片的年龄，缺失值采用均值填充。

```
In [61]:
data['movie_age'] = (2022-pd.to_datetime(data['release_date']).dt.year).fillna
((2022-pd.to_datetime(data['release_date']).dt.year).mean()).astype('int')
data2['movie_age'] = (2022-pd.to_datetime(data2['release_date']).dt.year).fillna
((2022-pd.to_datetime(data2['release_date']).dt.year).mean()).astype('int')
```

对字典变量电影演员 cast、电影剧组 crew 进行简单处理，计算它们的个数，构建一个新的特征。

```
In [62]:
def check(d):
    return len(d)
data['cast_num'] = data['cast'].apply(check)
data2['cast_num'] = data2['cast'].apply(check)

data['crew_num'] = data['crew'].apply(check)
data2['crew_num'] = data2['crew'].apply(check)
```

对于电影类别，进行虚拟变量处理。由于一个电影可能属于多个类别，不能直接独立热编码，需要进行前期处理。

首先得到所有类别的名称列表。

```
In [63]:
all_kind = []
for a in [eval(i)for i in data['genres'].unique()]:
    for a1 in a:
        all_kind.append(a1)
set_kind = list(set(all_kind))
```

定义处理函数，生成虚拟变量。

```
In [64]:
def check2(txt):
    txt = eval(txt)
    dummys = []
    for k in set_kind:
        if k in txt:
```

```
            dummys.append(1)
        else:
            dummys.append(0)
    return np.array(dummys)
def check3(col,data):
    all_kind = []
    for a in [eval(i)for i in data[col].unique()]:
        for a1 in a:
            all_kind.append(a1)
    set_kind = list(set(all_kind))
    print(f'{col}特征里面有{len(set_kind)}个类别，生成{len(set_kind)}个虚拟变量')
    dummys_max = np.array([np.array(arr) for arr in data[col].apply(check2)
.to_numpy()])
    for i,kind in enumerate(set_kind):
        data[f'{col}_{kind}'] = dummys_max[:,i]
```

应用函数。

```
In [65]:
check3('genres',data)
check3('genres',data2)
```

这样每个电影对应 20 个类别特征，如果它属于这个类别，取值为 1，不属于取值为 0。

将构建完的旧特征进行删除。

```
In [66]:
col_drop2 = ['original_title','title','release_date','cast','crew','genres',
'spoken_languages','original_language']
data.drop(col_drop2,axis = 1,inplace = True)
data2.drop(col_drop2,axis = 1,inplace = True)
```

变量 status 是典型的分类变量，可以直接进行虚拟变量独立热编码处理。

```
In [67]:
data = pd.get_dummies(data)
data2 = pd.get_dummies(data2)
```

再次查看所有变量的信息。

```
In [68]:
data.info()
Out[68]:
<class 'pandas.core.frame.DataFrame'>
RangeIndex: 31801 entries, 0 to 31800
Data columns (total 37 columns):
 #   Column                Non-Null Count  Dtype
---  ------                --------------  -----
 0   budget                  31801 non-null  int64
 1   popularity              31801 non-null  float64
 2   revenue                 31801 non-null  float64
 3   runtime                 31621 non-null  float64
 4   vote_average            31801 non-null  float64
 5   vote_count              31801 non-null  float64
 6   name_change             31801 non-null  int32
 7   spoken                  31801 non-null  int64
```

```
 8   original                31801 non-null  int64
 9   movie_age               31801 non-null  int32
 10  cast_num                31801 non-null  int64
 11  crew_num                31801 non-null  int64
 12  genres_War              31801 non-null  int32
 13  genres_Mystery          31801 non-null  int32
 14  genres_History          31801 non-null  int32
 15  genres_Romance          31801 non-null  int32
 16  genres_Documentary      31801 non-null  int32
 17  genres_Foreign          31801 non-null  int32
 18  genres_Western          31801 non-null  int32
 19  genres_Horror           31801 non-null  int32
 20  genres_Action           31801 non-null  int32
 21  genres_Comedy           31801 non-null  int32
 22  genres_Science Fiction  31801 non-null  int32
 23  genres_Fantasy          31801 non-null  int32
 24  genres_Crime            31801 non-null  int32
 25  genres_Adventure        31801 non-null  int32
 26  genres_Drama            31801 non-null  int32
 27  genres_TV Movie         31801 non-null  int32
 28  genres_Animation        31801 non-null  int32
 29  genres_Music            31801 non-null  int32
 30  genres_Thriller         31801 non-null  int32
 31  genres_Family           31801 non-null  int32
 32  status_In Production    31801 non-null  uint8
 33  status_Planned          31801 non-null  uint8
 34  status_Post Production  31801 non-null  uint8
 35  status_Released         31801 non-null  uint8
 36  status_Rumored          31801 non-null  uint8
dtypes: float64(5), int32(22), int64(5), uint8(5)
memory usage: 5.2 MB
```

可以看到所有的特征变量都是数值型，可以进行模型运算了。

电影时间一列还有缺失值，需要填充，采用均值进行填充。

```
In [69]:
data['runtime'] = data['runtime'].fillna(data['runtime'].mean())
data2['runtime'] = data2['runtime'].fillna(data2['runtime'].mean())
```

status 这个变量测试集独热出来多了一列，由于训练集的 status 没有 status_Canceled，面对这种情况，我们选择删除这个虚拟变量特征。

```
In [70]:
data2.drop(columns = ['status_Canceled'],inplace = True)
```

最后我们将训练集的 popularity 作为响应变量 y 提取出来，完成特征工程的构建。

```
# 取出 y
In [71]:
y = data['popularity']
data.drop(columns = ['popularity'],inplace = True)

# 取出 X
In [72]:
```

```
X = data.copy()
X2 = data2[data.columns]
```

查看训练集、测试集、y 的形状。

```
In [73]:
print(X.shape,y.shape,X2.shape)
Out[73]:
(31801, 36) (31801,) (13629, 36)
```

可以看到最终训练集和测试集都是 36 个变量，训练集 31801 条数据，测试集 13629 条数据，下面开始数据探索，分析机器学习的模型构建。

3. 特征变量分布探索

查看特征变量的箱形图，如图 7-11 所示。

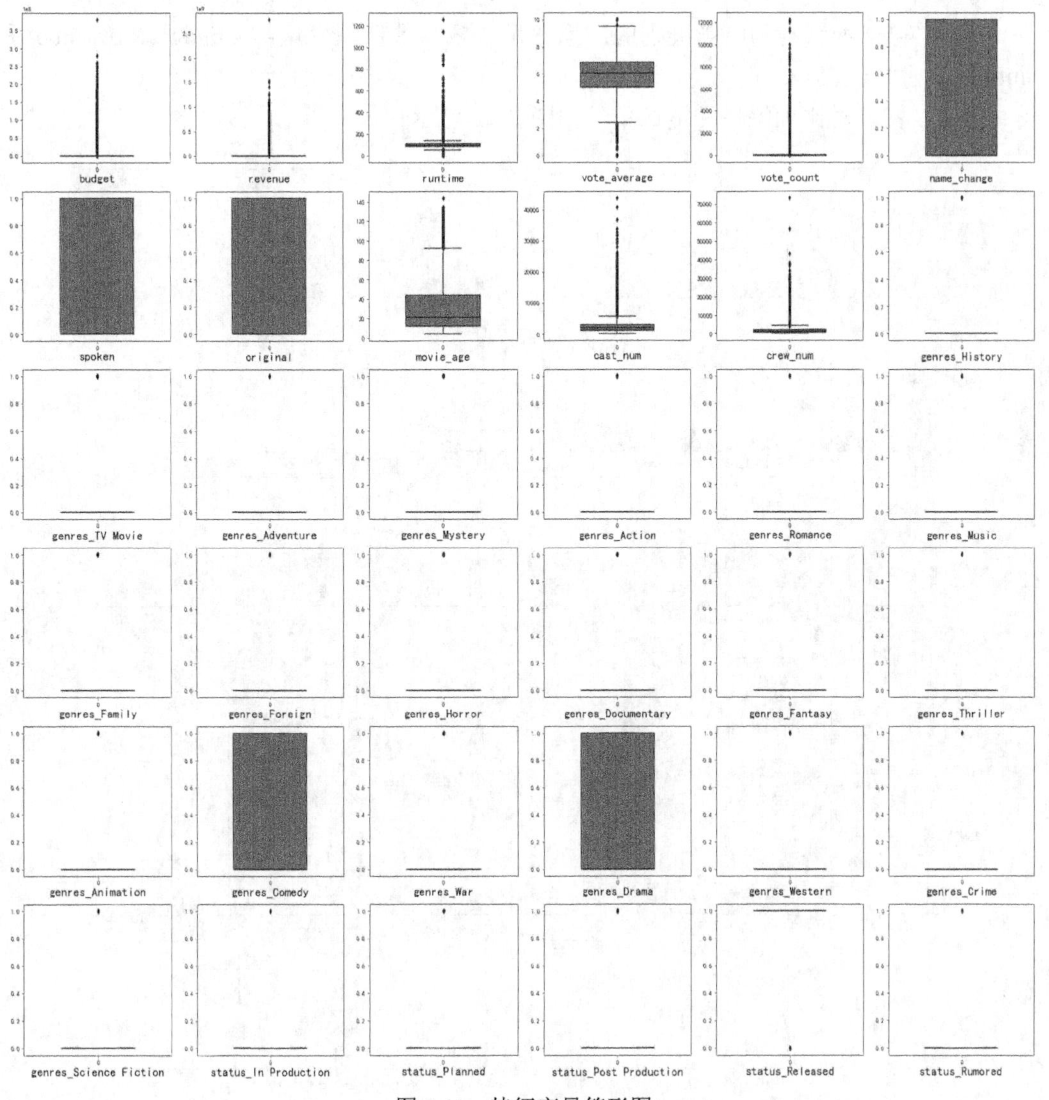

图 7-11　特征变量箱形图

```
In [74]:
columns = data.columns.tolist() # 列表头
dis_cols = 6                    # 一行几个
dis_rows = len(columns)
plt.figure(figsize = (4 * dis_cols, 4 * dis_rows))

for i in range(len(columns)):
    plt.subplot(dis_rows,dis_cols,i+1)
    sns.boxplot(data = data[columns[i]], orient = "v",width = 0.5)
    plt.xlabel(columns[i],fontsize = 20)
plt.tight_layout()
# plt.savefig('特征变量箱形图.jpg',dpi = 512)
plt.show()
Out[74]:
```

从图 7-11 可以看到电影类别的虚拟变量较多，数值型变量——budget、revenue 和 runtime 的极大值较多。

画密度图，对比训练集和测试集，如图 7-12 所示。

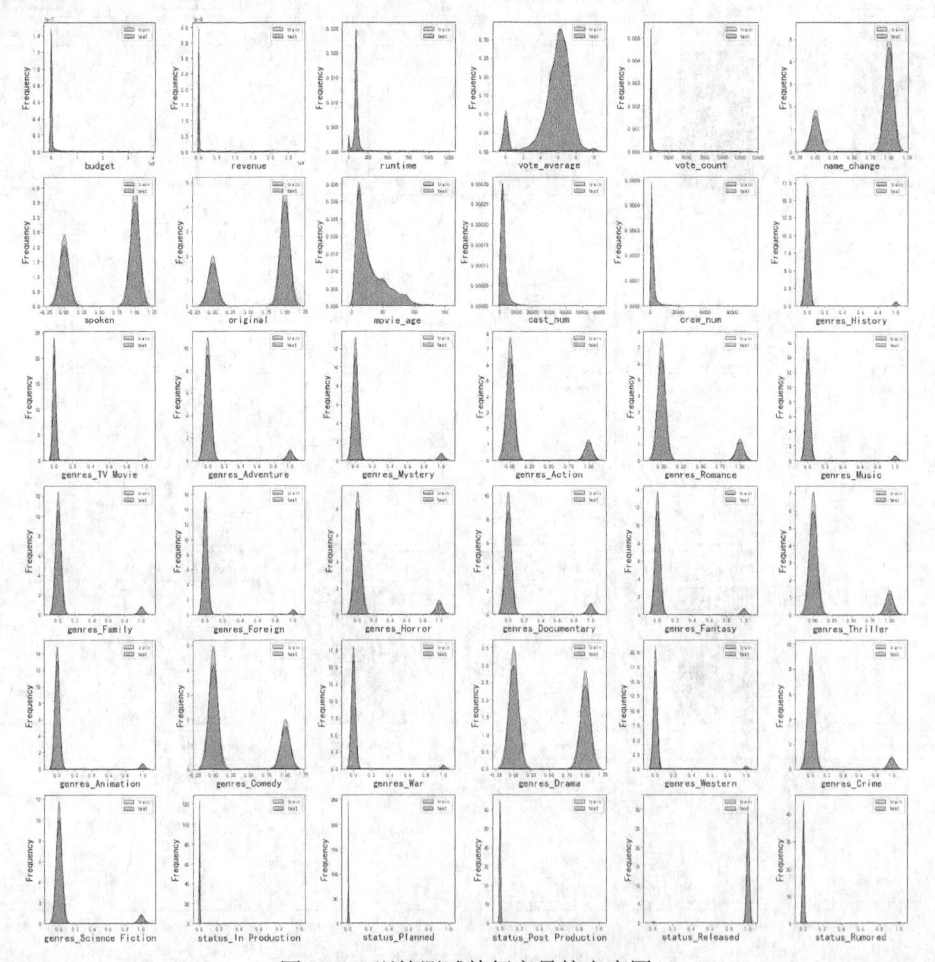

图 7-12　训练测试特征变量核密度图

```
In [75]:
dis_cols = 6                        # 一行几个
dis_rows = len(columns)
plt.figure(figsize = (4 * dis_cols, 4 * dis_rows))

for i in range(len(columns)):
    ax = plt.subplot(dis_rows, dis_cols, i+1)
    ax = sns.kdeplot(data[columns[i]], color = "Red" ,shade = True)
    ax = sns.kdeplot(data2[columns[i]], color = "Blue",warn_singular = False,
shade = True)
    ax.set_xlabel(columns[i],fontsize = 20)
    ax.set_ylabel("Frequency",fontsize = 18)
    ax = ax.legend(["train", "test"])
plt.tight_layout()
# plt.savefig('训练测试特征变量核密度图.jpg',dpi = 500)
plt.show()
Out[75]:
```

从图 7-12 可看出训练集和测试集数据的分布较为一致。

4．异常值处理

处理 y 异常值。y 是数值型变量，画其箱形图、直方图和核密度图，查看 y 的分布，如图 7-13 所示。

```
In [76]:
plt.figure(figsize = (6,2),dpi = 128)
plt.subplot(1,3,1)
y.plot.box(title = '响应变量箱形图')
plt.subplot(1,3,2)
y.plot.hist(title = '响应变量直方图')
plt.subplot(1,3,3)
y.plot.kde(title = '响应变量核密度图')
# sns.kdeplot(y, color = 'Red', shade = True)
# plt.savefig('处理前响应变量.png')
plt.tight_layout()
plt.show()
Out[76]:
```

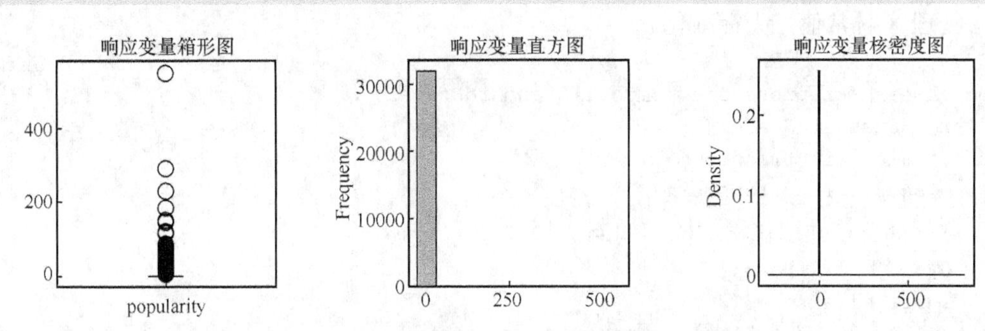

图 7-13　响应变量箱形图、直方图和核密度图

从图 7-13 可以看到 y 有很严重的异常值，要筛掉，将 y 大于 50 的样本都筛掉。

处理 y 的异常值后的响应变量箱形图、直方图和核密度图如图 7-14 所示。

```
In [77]:
y = y[y < = 50]
plt.figure(figsize = (6,2),dpi = 128)
plt.subplot(1,3,1)
y.plot.box(title = '响应变量箱形图')
plt.subplot(1,3,2)
y.plot.hist(title = '响应变量直方图')
plt.subplot(1,3,3)
y.plot.kde(title = '响应变量核密度图')
# sns.kdeplot(y, color = 'Red', shade = True)
# plt.savefig('处理后响应变量.png')
plt.tight_layout()
plt.show()
Out[77]:
```

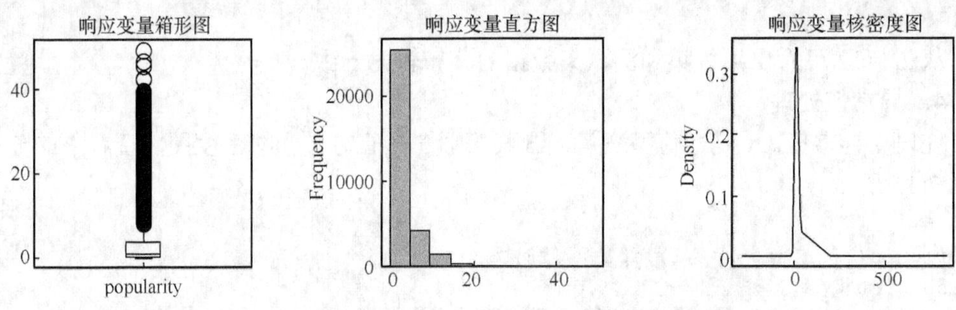

图 7-14　响应变量箱形图、直方图和核密度图（处理异常值后）

从图 7-14 可以看到极端值情况好了一些，然后将筛出来的样本赋值给 X。

```
In [78]:
X = X.iloc[y.index,:]
X.shape
Out[78]:
(31771, 36)
```

31801 条数据变成了 31771 条。

处理 X 异常值，先标准化。

```
In [79]:
from sklearn.preprocessing import StandardScaler
scaler = StandardScaler()
X_s = scaler.fit_transform(X)
X2_s = scaler.fit_transform(X2)
```

画特征变量标准化箱形图，如图 7-15 所示。

```
In [80]:
plt.figure(figsize = (20,8))
plt.boxplot(x = X_s,labels = data.columns)
plt.hlines([-20,20],0,len(columns))
plt.xticks(rotation = 40)
# plt.savefig('特征变量标准化箱形图.png',dpi = 256)
```

```
plt.show()
Out[80]:
```

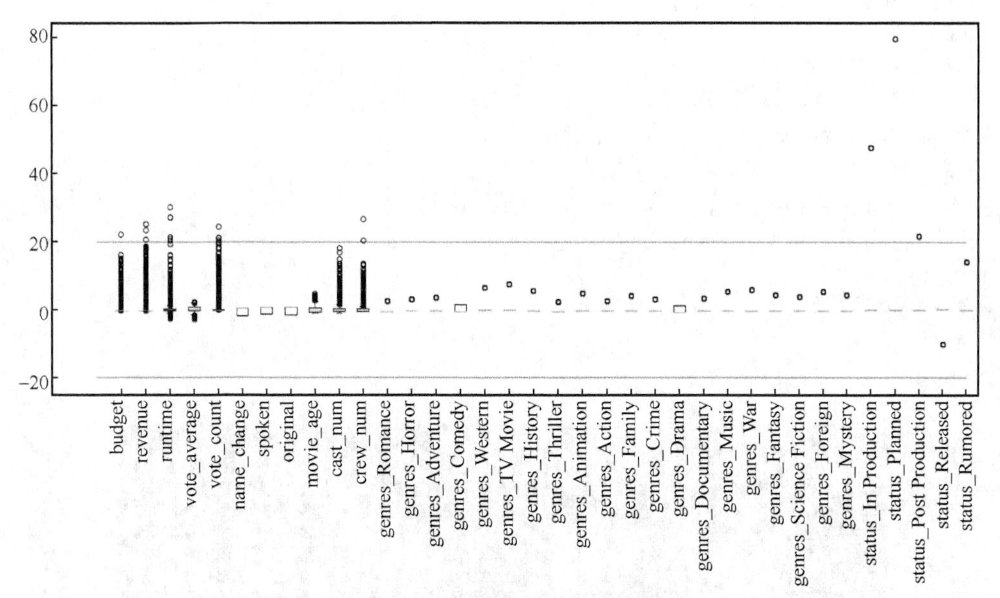

图 7-15　特征变量标准化箱形图

从图 7-15 可以看到 budget、revenue、runtime、vote_count、genres_Family、status_In Production 和 status_Planned 这几个特征都有严重的异常值，超过了 20 倍的方差，需要进行筛除。

处理异常值多的列。

```
In [81]:
def deal_outline(data,col,n):    # 数据，要处理的列名，几倍的方差
    for c in col:
        mean = data[c].mean()
        std = data[c].std()
        data = data[(data[c]>mean-n*std)&(data[c]<mean+n*std)]
        # print(data.shape)
   return data
```

删除超过 10 倍方差的。

```
In [82]:
X = deal_outline(X,['budget','revenue','runtime','vote_count','genres_Family',
'status_In Production','status_Planned'],10)
y = y[X.index]
X.shape,y.shape
Out[82]:
((31536, 36), (31536,))
```

这里使用方差过滤筛选特征，有兴趣的读者可以尝试前面介绍的其他特征选择方法，看模型效果对比哪种特征选择方法更适合本数据集。

```
In [83]:
from sklearn.feature_selection import VarianceThreshold
```

```
selector = VarianceThreshold()                    # 实例化，不填参数默认方差为0
X = selector.fit_transform(X)
X2 = selector.transform(X2)
X.shape,X2.shape
Out[83]:
((31536, 34), (13629, 34))
```

画训练集特征热力图，如图 7-16 所示。

```
In [84]:
corr = plt.subplots(figsize = (18,16),dpi = 128)
corr = sns.heatmap(data.assign(Y = y).corr(method = 'spearman'),annot = True,
square = True)
plt.savefig('训练集特征热力图.png',dpi = 512)
Out[84]:
```

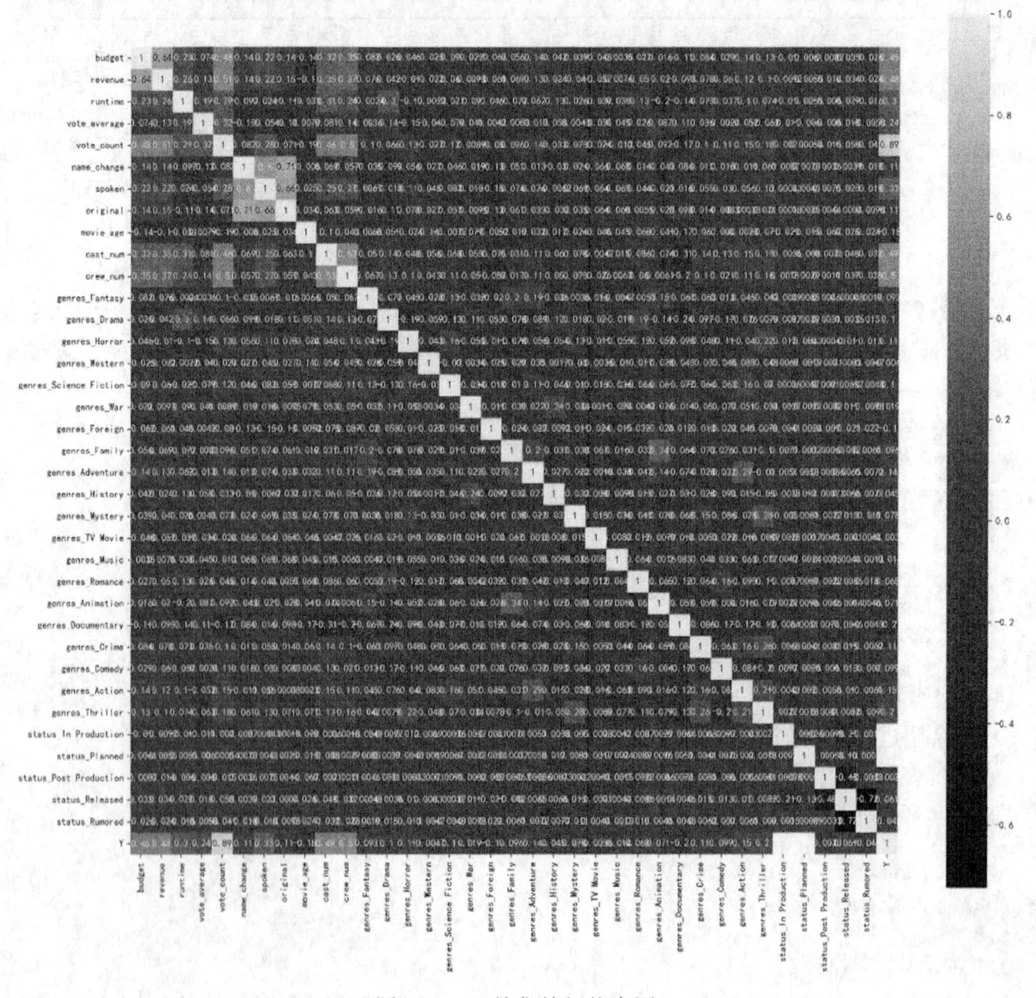

图 7-16　训练集特征热力图

从图 7-16 可以看到，y 与 budget、revenue、cast_num、crew_num 和 vote_count 这几个变量的相关性高，说明这几个变量对于 y 的影响较大。

5．机器学习

划分训练集和验证集，80%的数据用于训练，20%的数据用于验证。

```
In [85]:
from sklearn.model_selection import train_test_split
X_train,X_val,y_train,y_val = train_test_split(X,y,test_size = 0.2,random_state
 = 0)
```

数据标准化。

```
In [86]:
from sklearn.preprocessing import StandardScaler
scaler = StandardScaler()
scaler.fit(X_train)
X_train_s = scaler.transform(X_train)
X_val_s = scaler.transform(X_val)
X2_s = scaler.transform(X2)
print('训练数据形状：')
print(X_train_s.shape,y_train.shape)
print('验证测试数据形状：')
(X_val_s.shape,y_val.shape,X2_s.shape)
Out[86]:
训练数据形状：
(25228, 34) (25228,)
验证测试数据形状：
((6308, 34), (6308,), (13629, 34))
```

模型选择，采用 10 种模型，对比验证集精度。

```
In [87]:
from sklearn.linear_model import LinearRegression
from sklearn.linear_model import ElasticNet
from sklearn.neighbors import KNeighborsRegressor
from sklearn.tree import DecisionTreeRegressor
from sklearn.ensemble import RandomForestRegressor
from sklearn.ensemble import GradientBoostingRegressor
from xgboost.sklearn import XGBRegressor
from lightgbm import LGBMRegressor
from sklearn.svm import SVR
from sklearn.neural_network import MLPRegressor
```

定义评估函数。

```
In [88]:
from sklearn.metrics import mean_absolute_error
from sklearn.metrics import mean_squared_error,r2_score

def evaluation(y_test, y_predict):
    mae = mean_absolute_error(y_test, y_predict)
    mse = mean_squared_error(y_test, y_predict)
    rmse = np.sqrt(mean_squared_error(y_test, y_predict))
    # mape = (abs(y_predict -y_test)/ y_test).mean()
    r_2 = r2_score(y_test, y_predict)
return mae, rmse, r_2  # mse
```

模型实例化。

```
# 线性回归
In [89]:
model1 = LinearRegression()
# 惩罚回归
model2 = ElasticNet(alpha = 0.05, l1_ratio = 0.5)
# K 近邻
model3 = KNeighborsRegressor(n_neighbors = 10)
# 决策树
model4 = DecisionTreeRegressor(random_state = 77)
# 随机森林
model5 = RandomForestRegressor(n_estimators = 500,  max_features = int(X_train
.shape[1]/3) , random_state = 0)
# 梯度提升
model6 = GradientBoostingRegressor(n_estimators = 500,random_state = 123)
# 极端梯度提升
model7 = XGBRegressor(objective = 'reg:squarederror', n_estimators = 1000,
random_state = 0)
# 轻量梯度提升
model8 = LGBMRegressor(n_estimators = 1000,objective = 'regression',
random_state = 0)    # 默认是二分类
# 支持向量机
model9 = SVR(kernel = "rbf")
# 神经网络
model10 = MLPRegressor(hidden_layer_sizes = (16,8), random_state = 77, max_iter = 10000)
model_list = [model1,model2,model3,model4,model5,model6,model7,model8,model9,model10]
model_name = ['线性回归','惩罚回归','K 近邻','决策树','随机森林','梯度提升','极端梯度提升',
'轻量梯度提升','支持向量机','神经网络']
```

拟合训练模型，计算模型误差指标。

```
In [90]:
df_eval = pd.DataFrame(columns = ['MAE','RMSE','R2'])
for i in range(10):
    model_C = model_list[i]
    name = model_name[i]
    model_C.fit(X_train_s, y_train)
    pred = model_C.predict(X_val_s)
    s = evaluation(y_val,pred)
df_eval.loc[name,:] = list(s)
Out[90]:
[LightGBM] [Warning] Auto-choosing row-wise multi-threading, the overhead of
testing was 0.008725 seconds.
You can set `force_row_wise = true` to remove the overhead.
And if memory is not enough, you can set `force_col_wise = true`.
[LightGBM] [Info] Total Bins 1814
[LightGBM] [Info] Number of data points in the train set: 25228, number of used
features: 34
[LightGBM] [Info] Start training from score 2.699631
```

查看不同模型的评价指标。

```
In [91]:
df_eval
Out[91]:
```

	MAE	RMSE	R2
线性回归	1.692315	2.550462	0.540301
惩罚回归	1.691408	2.556652	0.538067
K 近邻	1.601809	2.615129	0.516695
决策树	1.388315	2.647379	0.504701
随机森林	1.033398	1.889824	0.747607
梯度提升	1.025609	1.865539	0.754052
极端梯度提升	1.152878	2.051612	0.702542
轻量梯度提升	1.07754	1.951419	0.730886
支持向量机	1.211364	2.349438	0.609911
神经网络	1.063905	1.965903	0.726876

画图查看。

```
In [92]:
bar_width = 0.4
colors = ['c', 'b', 'g', 'tomato', 'm', 'y', 'lime', 'k','orange','pink','grey',
'tan']
fig, ax = plt.subplots(3,1,figsize = (6,12))
for i,col in enumerate(df_eval.columns):
    n = int(str('31')+str(i+1))
    plt.subplot(n)
    df_col = df_eval[col]
    m = np.arange(len(df_col))

    # hatch = ['-','/','+','x'],
    plt.bar(x = m,height = df_col.to_numpy(),width = bar_width,color = colors)

    # plt.xlabel('Methods',fontsize = 12)
    names = df_col.index
    plt.xticks(range(len(df_col)),names,fontsize = 14)
    plt.xticks(rotation = 40)

    if col == 'R2':
        plt.ylabel(r'$R^{2}$',fontsize = 14)
    else:
        plt.ylabel(col,fontsize = 14)
plt.tight_layout()
# plt.savefig('柱状图.jpg',dpi = 512)
plt.show()
```

```
Out[92]:
```

各种算法的评价指标如图 7-17 所示。

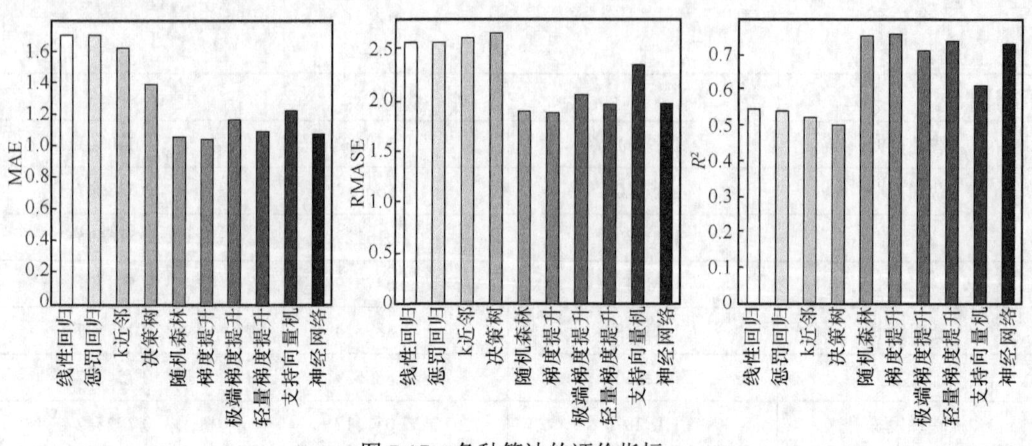

图 7-17　各种算法的评价指标

我们采用 3 种最优的模型进一步搜索最优超参数：随机森林、梯度提升和轻量梯度提升，然后进行预测和存储。

6. 超参数搜索

轻量梯度提升超参数优化，利用 K 折交叉验证搜索最优超参数。

```
In [93]:
from sklearn.model_selection import KFold, StratifiedKFold
from sklearn.model_selection import GridSearchCV,RandomizedSearchCV
# Choose best hyperparameters by RandomizedSearchCV
# 随机搜索决策树的参数
param_distributions = {'max_depth': range(4, 10), 'subsample':np.linspace(0.5,
1,5 ),'num_leaves': [15, 31, 63, 127],
                       'colsample_bytree': [0.6, 0.7, 0.8, 1.0]}
                        # 'min_child_weight':np.linspace(0,0.1,2 ),
kfold = KFold(n_splits = 3, shuffle = True, random_state = 1)
model = RandomizedSearchCV(estimator = LGBMRegressor(objective = 'regression',
random_state = 0),
                          param_distributions = param_distributions, n_iter =
200)
model.fit(X_train_s, y_train)
Out[93]:
[LightGBM] [Warning] Auto-choosing row-wise multi-threading, the overhead of
testing was 0.001577 seconds.
You can set `force_row_wise = true` to remove the overhead.
And if memory is not enough, you can set `force_col_wise = true`.
[LightGBM] [Info] Total Bins 1802
[LightGBM] [Info] Number of data points in the train set: 20182, number of used
features: 34
[LightGBM] [Info] Start training from score 2.701659
```

查看最优参数。

```
In [94]:
model.best_params_
Out[94]:
{'subsample': 0.75, 'num_leaves': 15, 'max_depth': 4, 'colsample_bytree': 1.0}
```

最优参数赋值给模型，然后拟合评价。

```
In [95]:
model = model.best_estimator_
model.score(X_val_s, y_val)
Out[95]:
0.7544094718162637
```

可以看到拟合优度上升了一点。

利用找出来的最优超参数在所有的训练集上训练，然后预测。

```
In [96]:
model = LGBMRegressor(objective = 'regression',subsample = 0.625,learning_rate
= 0.01,n_estimators = 1000,num_leaves = 15, max_depth = 4,colsample_bytree =
1.0,random_state = 0)
model.fit(np.r_[X_train_s,X_val_s],np.r_[y_train,y_val])
print(model.score(np.r_[X_train_s,X_val_s],np.r_[y_train,y_val]))
pred = model.predict(X2_s)
Out[96]:
[LightGBM] [Warning] Auto-choosing row-wise multi-threading, the overhead of
testing was 0.003505 seconds.
You can set `force_row_wise = true` to remove the overhead.
And if memory is not enough, you can set `force_col_wise = true`.
[LightGBM] [Info] Total Bins 1823
[LightGBM] [Info] Number of data points in the train set: 31536, number of used
 features: 34
[LightGBM] [Info] Start training from score 2.703384
[LightGBM] [Warning] No further splits with positive gain, best gain: -inf
[LightGBM] [Warning] No further splits with positive gain, best gain: -inf
[LightGBM] [Warning] No further splits with positive gain, best gain: -inf
```

存储预测结果。

```
In [97]:
df = pd.DataFrame(ID)
df['popularity'] = pred
df.to_csv('LGBM预测结果.csv',index = False)
```

梯度提升和随机森林也是采用一样的方法搜索超参数，然后训练和预测。梯度提升相关代码如下。

```
In [98]:
param_distributions = {'max_depth': range(4, 10), 'subsample':np.linspace(0.5,
1,5 ),'learning_rate': np.linspace(0.05,0.3,6 ), 'n_estimators':[100,500,1000,
1500, 2000]}
kfold = KFold(n_splits = 3, shuffle = True, random_state = 1)
model = RandomizedSearchCV(estimator = GradientBoostingRegressor(n_estimators =
500,random_state = 123),param_distributions = param_distributions, n_iter = 5)
model.fit(X_train_s, y_train)
model = model.best_estimator_
```

```
model.fit(np.r_[X_train_s,X_val_s],np.r_[y_train,y_val])
print(model.score(np.r_[X_train_s,X_val_s],np.r_[y_train,y_val]))
pred = model.predict(X2_s)
df['popularity'] = pred
df.to_csv('梯度提升预测结果.csv',index = False)
Out[98]:
0.8687595604754724
```

随机森林相关代码如下。

```
In [99]:
param_distributions = {'max_depth': range(4, 10), 'n_estimators':[100,500,1000,
1500, 2000]}
kfold = KFold(n_splits = 3, shuffle = True, random_state = 1)
model = RandomizedSearchCV(estimator = RandomForestRegressor(n_estimators = 500,
max_features = int(X_train.shape[1]/3) , random_state = 0),param_distributions
= param_distributions, n_iter = 5)
model.fit(X_train_s, y_train)
model = model.best_estimator_
model.fit(np.r_[X_train_s,X_val_s],np.r_[y_train,y_val])
print(model.score(np.r_[X_train_s,X_val_s],np.r_[y_train,y_val]))
pred = model.predict(X2_s)
df['popularity'] = pred
df.to_csv('随机森林提升预测结果.csv',index = False)
Out[99]:
0.8078192207061511
```

再次查看变量的重要性。以 LGBM 为例，画出每个特征变量对响应变量影响程度的图。

```
In [100]:
model = LGBMRegressor(objective = 'regression',subsample = 0.5,learning_rate =
0.01,n_estimators = 1000,num_leaves = 127, max_depth = 4,colsample_bytree =
1.0,random_state = 0)
model.fit(np.r_[X_train_s,X_val_s],np.r_[y_train,y_val])
plt.figure(figsize = (4,8))
sorted_index = model.feature_importances_.argsort()
plt.barh(range(data.shape[1]), model.feature_importances_[sorted_index])
plt.yticks(np.arange(data.shape[1]), data.columns[sorted_index])
plt.xlabel('Feature Importance')
plt.ylabel('Feature')
plt.show()
Out[100]:
[LightGBM] [Warning] Auto-choosing row-wise multi-threading, the overhead of
testing was 0.002476 seconds.
You can set `force_row_wise = true` to remove the overhead.
And if memory is not enough, you can set `force_col_wise = true`.
[LightGBM] [Info] Total Bins 1823
[LightGBM] [Info] Number of data points in the train set: 31536, number of used
 features: 34
[LightGBM] [Info] Start training from score 2.703384
[LightGBM] [Warning] No further splits with positive gain, best gain: -inf
[LightGBM] [Warning] No further splits with positive gain, best gain: -inf
[LightGBM] [Warning] No further splits with positive gain, best gain: -inf
```

可以看到影响 y 变量最重要的是 vote_count、movie_age、cast_num 和 crew_num 等变量，movie_age、cast_num 和 crew_num 变量是自己构建的变量，说明这几个特征还是很有效的。

目前在 Kaggle 上能得到最好的预测结果的最好的模型参数如下。

```
In [101]:
model = LGBMRegressor(objective = 'regression',subsample = 0.65,learning_rate =
0.01,n_estimators = 800,num_leaves = 127,max_depth = 5,colsample_bytree = 0.75,
random_state = 10)
model.fit(np.r_[X_train_s,X_val_s],np.r_[y_train,y_val])
print(model.score(np.r_[X_train_s,X_val_s],np.r_[y_train,y_val]))
pred = model.predict(X2_s)
df['popularity'] = pred
df.to_csv('LGBM2.csv',index = False)
Out[101]:
[LightGBM] [Warning] Auto-choosing row-wise multi-threading, the overhead of
testing was 0.002529 seconds.
You can set `force_row_wise = true` to remove the overhead.
And if memory is not enough, you can set `force_col_wise = true`.
[LightGBM] [Info] Total Bins 1823
[LightGBM] [Info] Number of data points in the train set: 31536, number of used
 features: 34
[LightGBM] [Info] Start training from score 2.703384
[LightGBM] [Warning] No further splits with positive gain, best gain: -inf
```

本章习题

1．特征工程是什么？

2．评估特征工程有哪些步骤？

3．在实际应用中，StandardScaler 和 MinMaxScaler 两种数据缩放方法该怎么选择？

4．特征选择和特征提取有什么区别？

5．方差过滤中，阈值的大小选择不同，模型的性能和运行时间也不同，具体有什么区别？

6．相关性过滤有哪些方法？

7．嵌入法选择特征的原理是什么？

8．包装法选择特征的原理是什么？

9．特征选择的方法有多种，这些方法一般情况下如何选择？

第 8 章 基于 Python 的销售数据仓库应用案例

现在请各位读者思考一个问题：

假设有一家电子商务公司，销售各类产品。但最近公司的销售额有波动，现在已经收集了大量的销售数据，若想要深入了解销售趋势，以便更好地制定战略，那如何更好地分析这些数据来优化公司的业务决策呢？

【学习目标】

（1）了解数据仓库出现的背景及其特点。

（2）了解数据仓库的模型分类与建模方法。

（3）掌握数据仓库案例的设计、分析、展示方法。

任务 8.1 数据仓库简介

8.1.1 数据仓库出现的背景及其特点

着手分析销售数据之前，让我们先深入了解一下数据仓库的背景和特点。

随着数据库技术和管理系统的不断演进与广泛应用，人们已经不再满足于传统的业务处理方式。随着大数据时代的到来，数据的规模不断扩大，因此如何高效利用这些数据，将其转化为商业价值，已成为企业取得成功的关键因素。举例来说，尽管数据库系统在处理事务、实现基础功能（如“增删改查”）方面表现出色，但却难为决策分析提供充分支持。这是因为事务处理主要关注即时响应，通常处理的是当前数据，而决策分析则需要综合考虑数据的完整性和历史性，对分析处理的时效性要求并不十分紧迫。因此，为了提升决策分析的有效性和全面性，人们逐渐将部分甚至大部分数据从联机事务处理（On-Lime Transaction Processing，OLTP）系统中分离出来，形成了现代的数据仓库系统。

数据仓库的奠基人比尔·恩门（Bill Inmon），在他于 1991 年出版的著作《建立数据仓库》中，提出了一个被广泛认可的定义：数据仓库是一个以主题为导向、集成的、相对稳定的、记录历史变化的数据集合，旨在为管理决策提供支持。

数据仓库的核心任务在于对经过多年的联机事务处理所积累的大量数据进行系统分析和整理。利用数据仓库独特的数据存储结构，不仅实现了数据的整合，还为各种分析方法如联机分析处理（On-Line Analytical Processing，OLAP）、数据挖掘（Data Mining）等提供了理想的平台。此外，数据仓库还支持决策支持系统（Decision-making Support System，DSS）和主管信息系统（Executive Information System，EIS）的构建，使决策者能够迅速高效地从海量数据中提取有价值的信息。这不仅有助于决策制定，还使组织能够迅速响应外部环境的变化，从而构建起商务智能（Business Intelligence，BI）体系。

通过上述阐述，我们可以认识到，数据仓库并不仅仅是一个普通的数据库。它具备一些独特的特点。作为一个集中存储和管理各类数据的地方，数据仓库汇聚了来自不同来源的数据，例如销售、客户和产品等。数据仓库经过优化，旨在支持查询和分析，帮助您更好地理解业务状况，并发现潜在的趋势和模式。

以下是数据仓库的主要特点。

① 面向主题：数据仓库以业务主题为核心，将数据按照业务领域进行组织和存储，使数据更加聚焦于特定业务问题。举例来说，一个零售业的数据仓库可以以销售、库存、客户等主题来组织数据。

② 集成性：数据仓库集成了多个不同数据源的数据，将这些数据进行统一存储和管理，以提供全面的分析视角。例如，将来自销售系统、物流系统和客户关系管理系统的数据集成到一个数据仓库中。

③ 相对稳定：数据仓库的数据通常是只读的，不会频繁变动，保持稳定性和一致性，以支持长期的分析和历史数据比较。举个例子，过去五年内的销售数据在数据仓库中不会被修改。

④ 反映历史变化：数据仓库记录数据的历史变化，允许用户追溯数据的演变和趋势。例如，一个数据仓库可以存储每月销售数据的历史记录，使分析人员能够观察销售趋势的变化。

现在我们已经深入了解了数据仓库的背景和特点。在我们继续分析销售趋势之前，这些知识将为我们提供坚实的理论基础。

8.1.2　数据仓库的功能

为了解决我们面临的问题，我们将建立一个数据仓库，并赋予它以下关键功能。

① 数据抽取（Data Extraction）：数据仓库从多样化的源系统中提取数据。这些源系统可以包括企业内部的事务处理系统、外部数据提供商和第三方服务等。数据抽取涵盖了数据的选择、转换和清洗，以确保数据的质量和一致性。

② 数据转换（Data Transformation）：在数据被抽取后，需要对其进行转换以适应数据仓库的存储和分析需求。这可能包括数据格式的调整、数据合并、数据清洗和数据标准化等操作。

③ 数据加载（Data Loading）：经过转换的数据被加载到数据仓库中，通常分为不同的层次，如原始数据层、集成层和维度模型层。数据加载可以是全量加载（将所有数据加载到仓库）或增量加载（只加载新增或变更的数据）。

④ 数据存储（Data Storage）：数据仓库的数据存储在多个层次中，最常见的是维度

模型和事实表。维度模型以主题为导向，事实表则包含度量数据（如销售额、数量）以及与维度相关联的外键。

⑤ 数据访问（Data Access）：用户可以使用各种工具和查询语言访问数据仓库中的数据。这些工具可能包括商业智能平台、数据分析工具和自定义查询等，使用户能够进行复杂的数据分析和报告生成。

⑥ 数据分析与报告（Data Analysis and Reporting）：一旦数据进入数据仓库，用户可以进行各种分析，包括联机分析处理（OLAP）、数据挖掘和趋势分析等。分析结果可以通过报表、仪表盘和图表等形式进行展示。

⑦ 元数据管理（Metadata Management）：元数据是描述数据的数据，它在数据仓库中扮演着重要角色，帮助用户理解数据的含义、来源和结构。元数据管理有助于数据仓库的维护和数据质量控制。

⑧ 安全和访问控制（Security and Access Control）：数据仓库存储着组织的核心数据，因此安全性和访问控制至关重要。数据仓库需要确保只有授权用户能够访问特定的数据和分析工具。

这些功能构建了数据仓库的核心架构，使组织能够整合、存储和分析来自多源的数据，以支持更精准的决策制定和深入的业务洞察。不同的数据仓库架构在细节上可能有所不同。

8.1.3 数据仓库与数据库的区别

也许你会好奇，数据仓库和普通数据库之间的区别是什么？实际上，数据仓库注重于支持分析和报告，通常涵盖大量历史数据，以进行长期趋势分析。相比之下，传统数据库主要用于事务处理，专注于实时数据的插入、更新和删除。数据仓库的结构也更适合分析查询，常常运用维度模型（如星形模型）来组织数据。

数据仓库和传统数据库在设计、用途和特点等方面存在显著的区别。以下是它们之间的主要差异。

① 数据存储和结构。

数据仓库：采用主题导向的存储结构，将数据按照业务主题组织，以满足分析和决策需求。通常使用维度模型或星形模型来组织数据。

传统数据库：面向事务处理，以表作为基本数据单元，用于支持操作性的增删改查操作。

② 数据整合和集成。

数据仓库：集成来自不同数据源的数据，整合为一个统一的数据存储，以便进行跨源分析。

传统数据库：主要用于单一应用程序，较少需要数据整合。

③ 数据历史性。

数据仓库：记录数据的历史变化，允许用户追溯数据的演变和趋势。

传统数据库：通常只包含当前数据状态，不具备存储历史数据的能力。

④ 查询和分析。

数据仓库：优化复杂查询和分析，支持联机分析处理（OLAP）操作，如钻取、切片和切块等。

传统数据库：更适用于快速事务处理和单表查询。

⑤ 数据量和性能。

数据仓库：处理大量数据，通常需要优化查询性能以支持复杂的分析操作。

传统数据库：数据量相对较小，关注事务处理的高性能。

⑥ 数据清洗和转换。

数据仓库：数据抽取、转换和加载过程是关键环节，加载前需要清洗和转换以确保数据的质量和一致性。

传统数据库：较少需要数据清洗和转换，更注重事务数据的准确性。

⑦ 数据质量和一致性。

数据仓库：数据质量和一致性对分析和决策影响重大。

传统数据库：也关注数据质量，但更侧重操作性数据的准确性。

⑧ 使用者和目的。

数据仓库：面向分析师、决策者和业务用户，支持数据驱动的决策制定。

传统数据库：面向应用程序开发人员和事务处理，支持日常系统运行。

总的来说，数据仓库和传统数据库在设计、功能和应用领域上存在显著的差异，每种类型的数据库都有其特定的优势和适用场景。它们各自服务于不同的业务需求，为组织在不同层面提供了数据支持。

任务 8.2　数据仓库模型

8.2.1　事实表和维度表

在我们的数据仓库中，我们将运用事实表和维度表来有效组织数据。

事实表和维度表是数据仓库中两个关键的概念，用于精细组织和存储数据，以支持后续的分析和报告。

① 事实表（Fact Table）。

现在可以想象有一张大桌子，上面摆放着各种不同的物品，例如水果、蔬菜和玩具等。每个物品都附有一个标签，标示着它们的数量和价格。这些标签就相当于事实表，在数据仓库中，事实表记录了某个事件或交易的重要指标，例如销售额、数量和成本等。这些数据是你在分析过程中需要重点关注的核心要素，就如同大桌子上的各个物品。

② 维度表（Dimension Table）。

维度就是用来分类和组织这些物品的不同容器。可以想象水果放在一个篮子里，蔬菜放在另一个篮子里，玩具则放在一个箱子里。这些篮子和箱子就好比维度表，在数据仓库中，维度表包含了描述数据上下文的属性。维度表能够为事实数据提供各种角度的视角，例如时间、地区、产品等。它们协助你更好地理解事实数据，并从不同的角度来审视，就如同你可以从不同的容器里观察放置的物品。

综上所述，事实表是记录关键事件核心数据的地方，维度表则用于更好地理解和分析这些数据的属性。借助事实表和维度表，我们能够在数据仓库中构建出有序的、容易查询和分析的数据结构，从而有效地支持业务决策。

8.2.2 数据模型的分类

数据模型可以分为关系模型和多维模型两种类型。在下面的案例中，我们将采用多维模型。多维模型由维度和事实组成，这有助于更加清晰地描述数据之间的关系。

数据模型是对现实世界中实体、属性、关系和约束的抽象表示，用于描述数据之间的结构、组织和关联。数据模型的作用在于帮助我们深入理解数据的本质，使得数据能够被更有效地管理、存储、处理和分析。数据模型根据其用途和层次可以分为概念性的、逻辑性的和物理性的不同类型。

在数据库和信息系统的设计中，数据模型起到了指导和沟通的作用，帮助各方更好地理解数据的组织方式和关联，从而支持系统开发、数据库设计和业务分析等工作。

数据模型主要包括以下 3 种。

① 概念数据模型：描述高层次的业务概念，通常使用实体、属性和关系来表示，用于与业务用户进行交流和理解。

② 逻辑数据模型：建立在概念数据模型基础上，更详细地定义了实体、属性、关系和规则，但与具体数据库系统无关，用于数据库设计和业务流程分析。

③ 物理数据模型：将逻辑数据模型映射到具体的数据库系统，考虑了数据的存储、索引、性能优化等方面，用于实际数据库的实现。

数据模型提供了一种抽象的视角，有助于应对数据的复杂性。通过数据模型，我们能够更好地理解和描述数据的结构，促进团队合作、系统设计和满足业务需求。数据模型在数据库、信息系统和数据仓库的开发过程中具有关键作用，为整个过程提供了指导和支持。

8.2.3 建模阶段划分

建模的每个阶段都为数据仓库的构建奠定了坚实的基础，为了深入地了解建模的各个阶段，我们将对各个阶段进行简单介绍。

① 需求分析阶段：团队与业务用户和利益相关者紧密合作，明确数据仓库的目标、范围和业务需求。这包括理解分析的业务主题、定义指标和度量、确定分析查询的要求等。

② 概念数据模型阶段：团队创建概念数据模型，这是高层次的业务概念表示。该模型描述了实体、属性和关系，有助于确保团队与业务用户之间对数据的共同理解。

③ 逻辑数据模型阶段：团队将概念数据模型进一步细化为逻辑数据模型。逻辑数据模型更加详细地定义了实体、属性、关系、约束和规则，但不牵涉具体数据库系统的实现。

④ 物理数据模型阶段：逻辑数据模型被映射到具体的数据库系统，形成物理数据模

型。这包括选择数据类型、定义索引和优化性能等，以满足实际数据库系统的要求。

⑤ 数据抽取、转换和加载设计阶段：设计数据抽取、转换和加载流程，将数据从不同的源系统抽取到数据仓库中。这可能涉及数据清洗、数据转换和数据整合等操作。

⑥ 维度建模或标准化模型设计阶段：设计数据仓库的具体模型架构。如果采用维度建模，需要定义事实表和维度表的结构；如果采用标准化模型，需要定义各个标准化表。

⑦ 数据仓库架构设计阶段：设计数据仓库的整体架构，包括数据存储、访问方式、安全性和性能优化等。这确保数据仓库能够高效地支持查询和分析。

⑧ 元数据管理设计阶段：设计元数据管理策略，确保数据仓库的数据定义、来源和转换规则等信息得到维护和管理。

⑨ 安全和权限设计阶段：定义数据仓库的安全性和权限控制策略，确保只有授权用户可以访问特定的数据和功能。

⑩ 测试和验证阶段：在模型设计完成后，进行测试和验证，确保数据仓库能够按预期支持各种查询和分析需求。

⑪ 部署和维护阶段：最后，将设计好的数据仓库模型部署到生产环境中，并进行日常维护、性能优化和数据更新。

这些阶段相互关联，构成了数据仓库建模的完整过程。在每个阶段，团队需要与业务用户和利益相关者保持紧密合作，确保数据仓库能够满足业务需求，并为提供有价值的分析奠定坚实基础。

8.2.4　常用建模方法

当前在数据仓库建模领域，存在多种流行的建模方法，每种方法从不同角度出发，满足不同的业务需求和分析目标。以下是 3 种常见的数据仓库建模方法的简要介绍。

① 范式建模法（Normalization Modeling）：范式建模法强调数据的标准化和规范化，以消除数据冗余。在这种方法中，数据被分解为多个标准化的表，每个表都包含一个主键和相应的属性。尽管这种方法适用于关注数据一致性和避免冗余的情况，但在查询和分析时可能需要执行多次关联操作，从而降低性能。

② 维度建模法（Dimensional Modeling）：维度建模法关注业务主题和数据分析需求，使用维度模型（如星形模型和雪花模型）来表示事实表和维度表。在维度模型中，事实表包含度量数据，维度表包含用于描述数据上下文的属性。这种方法适用于快速查询、简化分析以及支持 OLAP 操作。

③ 实体建模法（Entity Modeling）：实体建模法通常用于关系数据库的建模，使用实体-关系模型来表示实体、属性和实体之间的关系。这种方法注重建立实体之间的关联，适用于需要详细描述数据之间关系的情况。

每种建模方法都具有独特的优势和适用场景。选择合适的建模方法取决于业务需求、数据特性、查询和分析的要求，以及团队的技术和经验。有时，在实际建模过程中也可能会结合多种方法，以充分满足业务的复杂需求。无论采用哪种方法，目标都是建立一个能够有效支持业务分析和决策的数据仓库结构。

3 种数据仓库建模方法的示例如下。

① 范式建模法示例：例如，构建一个人力资源数据仓库，包含员工信息、部门信息和项目信息。在范式建模中，我们将数据分解成多个标准化的表。

- 员工表（Employees）：包含员工的员工号、姓名和出生日期等信息，以及一个员工号作为主键。
- 部门表（Departments）：包含部门的部门号、部门名称等信息，以及一个部门号作为主键。
- 项目表（Projects）：包含项目的项目号、项目名称等信息，以及一个项目号作为主键。
- 员工-部门关系表（Employee-Departments）：连接员工和部门的关系，包含员工号和部门号，作为外键引用员工表和部门表。

范式建模减少了数据冗余，但在分析查询时可能需要多次关联不同表，影响查询性能。

② 维度建模法示例：考虑构建一个销售数据仓库，包含销售订单、产品、客户和时间信息。在维度建模中，我们使用星形模型来表示数据。

- 事实表（Sales Facts）：包含销售订单的数量、销售额等度量数据。
- 产品维度表（Product Dimension）：包含产品的属性，如产品名称、类别等。
- 客户维度表（Customer Dimension）：包含客户的属性，如客户名称、地区等。
- 时间维度表（Time Dimension）：包含时间的属性，如年、季度、月份等。

在维度建模中，查询和分析通常更直观，因为维度模型简化了多表关联操作。

③ 实体建模法示例：假设构建一个学生信息管理系统，包含学生、课程和教师的信息。在实体建模中，使用实体-关系模型表示数据。

- 学生实体（Student Entity）：包含学生的学号、姓名、出生日期等属性。
- 课程实体（Course Entity）：包含课程的课程号、课程名称等属性。
- 教师实体（Teacher Entity）：包含教师的工号、姓名等属性。
- 选课关系（Enrollment Relationship）：连接学生和课程的关系，包含学生学号和课程号。

实体建模法强调实体和关系之间的连接，适用于需要详细描述数据之间关系的情况，如教务管理系统。

在我们的案例中，我们将采用维度建模法，以事实表为核心，围绕维度表构建数据仓库。这有助于支持复杂的分析查询，为决策提供更好的数据支持。

8.2.5 星形模型和雪花模型

在维度建模中，我们采用的是星形模型。这是一种多维数据模型，以事实表为核心，维度表围绕它形成星形结构。另外，雪花模型在星形模型的基础上，将维度表进一步规范化，以减少数据冗余。

星形模型（Star Schema）和雪花模型（Snowflake Schema）都是常见的维度建模方法，用于构建数据仓库的数据模型。它们的目标都是简化查询和分析，同时支持 OLAP 操作。

（1）星形模型

星形模型是一种直观的维度建模方法，将数据仓库的结构组织成一个星形，其中有一个核心的事实表（Fact Table），与多个维度表（Dimension Tables）相连。

其特点和优势如下。

① 简单易懂：星形模型的结构直观明了，容易理解和查询，使得分析人员和业务用户能够快速获得有价值的信息。

② 高性能：星形模型的查询性能通常较高，因为分析通常涉及少量的维度表和一个事实表，减少了多表关联的复杂性。

③ 快速开发：星形模型的设计和开发相对简单，能够快速构建数据仓库，适合快速满足业务需求。

（2）雪花模型

雪花模型是在星形模型的基础上进一步规范化的版本，它将维度表中的数据进一步规范化，以增加数据一致性。在雪花模型中，维度表可能被分成多个规范化的子表，形成更复杂的结构。

其特点和优势如下。

① 规范化：雪花模型通过规范化维度表，减少数据冗余，提高了数据的一致性和质量。

② 节省存储空间：规范化有助于节省存储空间，尤其是在维度表中存在重复数据时。

③ 复杂的查询：雪花模型的查询可能比星形模型稍微复杂，因为涉及多个规范化的子表，需要进行多次关联操作。

在实际应用中，选择使用星形模型还是雪花模型取决于数据的复杂性、查询性能需求和维护成本。如果数据结构相对简单且性能要求较高，星形模型可能更合适。如果需要更高的数据一致性和节省存储空间，雪花模型可能更适合。有时候，也可以在不同情况下结合使用这两种模型，以平衡性能和数据质量的需求。

以下通过一个示例场景来说明星形模型和雪花模型的应用。

假设我们要构建一个销售数据仓库，用于支持销售分析和报告。主要数据包括销售订单、产品、客户和时间信息。

（1）星形模型的应用

在星形模型中，我们使用一个中心的事实表连接多个维度表。每个维度表包含关于特定维度的属性，事实表包含度量数据，如销售额、数量等。

① 事实表（Sales Facts）。

- 订单号（外键）
- 产品号（外键）
- 客户号（外键）
- 时间（外键）
- 销售额
- 销售数量

② 产品维度表（Product Dimension）。

- 产品号（主键）
- 产品名称
- 产品类别

③ 客户维度表（Customer Dimension）。

- 客户号（主键）
- 客户名称
- 地区

④ 时间维度表（Time Dimension）。

- 时间（主键）
- 年
- 季度
- 月份
- 日期

在星形模型中，执行查询如“按产品类别分析每个季度的销售额”会相对直观，只需关联一个事实表和一个或多个维度表。

（2）雪花模型的应用

在雪花模型中，我们将维度表进一步规范化，以减少数据冗余。

① 产品维度表（Product Dimension）。

- 产品号（主键）
- 产品名称
- 产品类别表（外键）

② 产品类别表（Product Category Dimension）。

- 产品类别号（主键）
- 产品类别名称

其他维度表（客户维度表和时间维度表）与星形模型一样，保持不变。

在雪花模型中，产品类别信息被提取到单独的表中，减少了重复数据。在查询时，需要执行更多的关联操作，例如从产品类别表到产品维度表。

总结：

星形模型适合于简化查询和报告需求，同时提供较高的查询性能。雪花模型适合需要更高数据一致性和节省存储空间的情况，但查询可能稍微复杂一些。在选择模型时，需综合考虑数据特性、查询需求以及维护成本。

任务 8.3 数据仓库案例

8.3.1 案例目的

本案例旨在让读者通过实际操作，理解数据仓库的设计过程，掌握使用 pandas 进行数据预处理，将事实表和维度表拆分并存储到 MySQL 数据库中，并学会通过可视化工具对数据进行分析和展示。

8.3.2　案例背景

在现代商业环境中，数据成为决策的重要依据。数据仓库的设计和分析能力对于企业决策至关重要。读者通过参与这个案例，将能够深入了解数据仓库的设计原则和流程，掌握数据预处理技巧，以及如何将数据存储到数据库中。此外，读者通过使用可视化工具将数据转化为图表，能更好地理解数据背后的趋势和模式，为企业决策提供支持。

8.3.3　案例原理

数据仓库是一种用于支持决策和分析的数据存储和管理系统。在本案例中，我们将使用星形模型来设计数据仓库。星形模型包括一个中心事实表，周围多个维度表，以及维度表与事实表之间的外键关联。

在本案例中，我们将使用一个包含丰富信息的 CSV 数据集，该数据集涵盖了多个关键领域，如销售、产品类别、地理位置等。

订单日期：订单被创建的日期。

城市、省/自治区、国家、地区：涵盖了地理位置信息，可以用于分析不同地区的销售情况。

产品类别、产品子类别、产品名称：描述了销售的产品信息，可以用于分析不同类别的产品销售情况。

销售额：订单的销售金额。

数量：销售的产品数量。

折扣：订单的折扣情况。

利润：订单的利润。

8.3.4　案例环境

① Ubuntu 16.04。

② Python 3.6.5。

③ Jupyter 1.0.0。

④ pandas 1.1.5。

⑤ Matplotlib 3.2.0。

⑥ MySQL 5.7。

8.3.5　案例步骤

1．设计事实表和维度表

采用星形模型设计数据仓库可以使数据更易于理解、查询和分析。在提供的 CSV 文件中，我们可以根据不同的维度和事实来设计星形模型。

（1）维度表

① 时间维度表（DATE_DIM）： ID（主键）、日期、年、月、日、季度、星期。

② 地理维度表（GEO_DIM）： ID（主键）、城市、省/自治区、国家、地区。

③ 产品维度表（PRODUCT_DIM）： ID（主键）、产品类别、产品子类别、产品名称。

（2）事实表

销售事实表（SALES_FACT）：事实 ID（主键）、时间维度 ID（外键）、地理维度 ID（外键）、产品维度 ID（外键）、销售额、数量、折扣、利润。

通过以上设计，可以构建一个星形模型的数据仓库，其中各个维度表和事实表之间的关系如下。

时间维度表与销售事实表关联，用于分析销售趋势和季度销售额等。

地理维度表与销售事实表关联，用于分析不同地区的销售情况。

产品维度表与销售事实表关联，用于分析不同产品类别、子类别和产品的销售情况。

每个维度表中的属性提供了对数据进行多维度分析的可能性，销售事实表中的度量数据则允许你执行各种查询，例如针对特定时间、地理、产品的销售额、数量、折扣和利润等进行分析。

2．创建 sales 数据库

双击桌面上的 terminal 图标，打开 terminal，操作如图 8-1 所示。

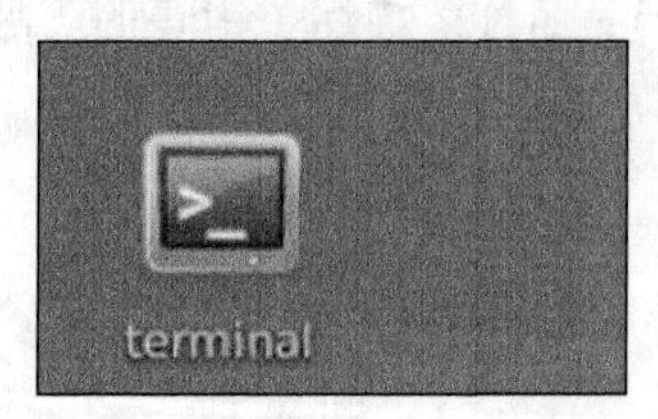

图 8-1　双击图标打开 terminal

输入下面命令，重新启动 MySQL。

```
sudo service mysql restart
```

输入下面命令，登录 MySQL。

```
mysql -u root -p123456
```

输入下面命令，创建 sales 数据库，如图 8-2 所示。

```
create database sales DEFAULT CHARACTER SET utf8 COLLATE utf8_general_ci;
```

```
mysql> create database sales;
Query OK, 1 row affected (0.00 sec)
```

图 8-2　创建 sales 数据库

输入下面命令，退出 MySQL。

```
exit;
```

3．安装连接 MySQL 所需的工具包

```
Pip install mysql-connector
pip install sqlalchemy
```

4．读取文件

打开 Jupyter Notebook，在命令行输入下面命令，如图 8-3 所示，在浏览器中创建新的 Notebook。

```
jupyter notebook
```

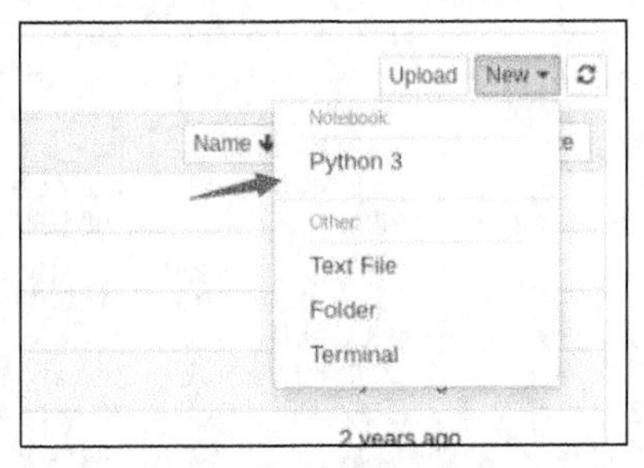

图 8-3　创建新的 Notebook

输入下面命令，引入需要的 Python 包。

```
import pandas as pd
from sqlalchemy import create_engine
import matplotlib.pyplot as plt
```

读取 super_store.csv 文件。

```
data = pd.read_csv('/home/ubuntu/Code/super_store.csv')
```

查看数据的前 5 行，如图 8-4 所示。

```
data.head()
```

	订单 ID	订单日期	消费者类别	城市	省/自治区	国家	地区	类别	子类别	产品名称	销售额	数量	折扣	利润
0	US-2020-4853457	2020/1/1	公司	沈阳	辽宁	中国	东北	办公用品	纸张	Eaton 令，每包 12 个	572.880	4	0.0	183.120
1	CN-2020-2265001	2020/1/3	消费者	湛江	广东	中国	中南	家具	椅子	Hon 椅垫，可调	243.684	1	0.1	108.304
2	CN-2020-2265001	2020/1/3	消费者	湛江	广东	中国	中南	办公用品	纸张	施乐 计划信息表，多色	304.920	3	0.0	97.440
3	CN-2020-3065733	2020/1/3	消费者	廊坊	河北	中国	华北	办公用品	标签	Avery 可去除的标签，可调	161.280	4	0.0	72.240
4	CN-2020-4150128	2020/1/3	公司	宁波	浙江	中国	华东	办公用品	器具	Cuisinart 搅拌机，白色	729.456	4	0.4	-206.864

图 8-4　查看数据的前 5 行

查看数据各列的属性，如图 8-5 所示。

```
data.info()
```

从图 8-5 中可以看出，数据共有 14 列，有 8236 条，其中销售额、折扣、利润为浮点型，数量（销量）为整型，其他列为 object，也就是字符串类型。所有列都没有空值。

查看可计算列的详细信息，如图 8-6 所示。

```
data.describe()
```

```
<class 'pandas.core.frame.DataFrame'>
RangeIndex: 8236 entries, 0 to 8235
Data columns (total 14 columns):
 #   Column  Non-Null Count  Dtype
---  ------  --------------  -----
 0   订单 ID   8236 non-null   object
 1   订单日期    8236 non-null   object
 2   消费者类别   8236 non-null   object
 3   城市      8236 non-null   object
 4   省/自治区   8236 non-null   object
 5   国家      8236 non-null   object
 6   地区      8236 non-null   object
 7   类别      8236 non-null   object
 8   子类别     8236 non-null   object
 9   产品名称    8236 non-null   object
 10  销售额     8236 non-null   float64
 11  数量      8236 non-null   int64
 12  折扣      8236 non-null   float64
 13  利润      8236 non-null   float64
dtypes: float64(3), int64(1), object(10)
memory usage: 900.9+ KB
```

图 8-5　数据各列的属性

	销售额	数量	折扣	利润
count	8236.000000	8236.000000	8236.000000	8236.000000
mean	1600.035564	3.756314	0.105306	216.276370
std	2616.058129	2.229077	0.187032	850.464245
min	13.440000	1.000000	0.000000	-6908.496000
25%	249.648000	2.000000	0.000000	8.820000
50%	634.634000	3.000000	0.000000	74.760000
75%	1759.975000	5.000000	0.200000	278.670000
max	30306.640000	14.000000	0.800000	10108.280000

图 8-6　可计算列的详细信息

图 8-6 中的 count 表示有效数据条数，mean 表示平均数，std 表示方差，min 表示最小值，50%表示中位数，max 表示最大值。从图中可以看出销售额、数量、折扣、利润的各个指标的数值。

5. 处理维度表

处理维度表时，我们需要使用到 pandas 中的 factorize 方法，该方法可以将 Series 中的标称型数据映射为一组数字，相同的标称型数据映射为相同的数字。factorize 函数的返回值是一个元组（tuple），元组中包含两个元素。第一个元素是一个 array，array 中的元素是标称型元素映射的数字；第二个元素是 Index 类型，其中的元素是所有标称型元素，没有重复。

（1）连接 MySQL

```
# 建立 MySQL 数据库连接
engine = create_engine("mysql+mysqlconnector://root:123456@localhost:3306/sales")
```

（2）处理时间维度表

```
date_dim_factorize = pd.factorize(data['订单日期'])
```

将数据中的订单日期与日期 ID 相对应，结果如图 8-7 所示。

```
data['date_dim_id'] = date_dim_factorize[0]
data.head()
```

	订单 ID	订单日期	消费者类别	城市	省/自治区	国家	地区	类别	子类别	产品名称	销售额	数量	折扣	利润	date_dim_id
0	US-2020-4853457	2020/1/1	公司	沈阳	辽宁	中国	东北	办公用品	纸张	Eaton 令，每包 12 个	572.880	4	0.0	183.120	0
1	CN-2020-2265001	2020/1/3	消费者	湛江	广东	中国	中南	家具	椅子	Hon 椅垫，可调	243.684	1	0.1	108.304	1
2	CN-2020-2265001	2020/1/3	消费者	湛江	广东	中国	中南	办公用品	纸张	施乐 计划信息表，多色	304.920	3	0.0	97.440	1
3	CN-2020-3065733	2020/1/3	消费者	廊坊	河北	中国	华北	办公用品	标签	Avery 可去除的标签，可调	161.280	4	0.0	72.240	1
4	CN-2020-4150128	2020/1/3	公司	宁波	浙江	中国	华东	办公用品	器具	Cuisinart 搅拌机，白色	729.456	4	0.4	-206.864	1

图 8-7　订单日期与日期 ID 对应后的结果

将 factorize 后返回的第二个元素转变为 DataFrame。结果如图 8-8 所示。

```
date_dim = date_dim_factorize[1]
date_dim = pd.DataFrame(date_dim,columns = ['日期'])
date_dim.head()
```

	日期
0	2020/1/1
1	2020/1/3
2	2020/1/4
3	2020/1/5
4	2020/1/6

图 8-8　转变为 DataFrame 后的结果

将 date 转成日期类型，并添加年、月、日、季度、星期属性，结果如图 8-9 所示。

```
date_dim['日期'] = pd.to_datetime(date_dim['日期'])
date_dim['年'] = date_dim['日期'].dt.year
date_dim['月'] = date_dim['日期'].dt.month
date_dim['日'] = date_dim['日期'].dt.day
date_dim['季度'] = date_dim['日期'].dt.quarter
date_dim['星期'] = date_dim['日期'].dt.weekday+1
date_dim['ID'] = date_dim.index
date_dim.head()
```

	日期	年	月	日	季度	星期	ID
0	2020-01-01	2020	1	1	1	3	0
1	2020-01-03	2020	1	3	1	5	1
2	2020-01-04	2020	1	4	1	6	2
3	2020-01-05	2020	1	5	1	7	3
4	2020-01-06	2020	1	6	1	1	4

图 8-9　时间维度处理后的结果

到此，时间维度表就处理完成了。接下来我们将数据保存到 MySQL 中。

```
date_dim.to_sql('date_dim', con = engine, if_exists = 'replace', index = False)
```

（3）处理地理维度表

```
geo_dim_factorize = pd.factorize(data['城市']+'@'+ data['省/自治区'] +'@'+ data
['国家']+'@'+ data['地区'])
```

将数据中的地理信息与地理 ID 相对应，结果如图 8-10 所示。

```
data['geo_dim_id'] = geo_dim_factorize[0]
data.head()
```

	订单 ID	订单日期	消费者类别	城市	省/自治区	国家	地区	类别	子类别	产品名称	销售额	数量	折扣	利润	date_dim_id	geo_dim_id
0	US-2020-4853457	2020/1/1	公司	沈阳	辽宁	中国	东北	办公用品	纸张	Eaton 令，每包 12 个	572.880	4	0.0	183.120	0	0
1	CN-2020-2265001	2020/1/3	消费者	湛江	广东	中国	中南	家具	椅子	Hon 椅垫，可调	243.684	1	0.1	108.304	1	1
2	CN-2020-2265001	2020/1/3	消费者	湛江	广东	中国	中南	办公用品	纸张	施乐 计划信息表，多色	304.920	3	0.0	97.440	1	1
3	CN-2020-3065733	2020/1/3	消费者	廊坊	河北	中国	华北	办公用品	标签	Avery 可去除的标签，可调	161.280	4	0.0	72.240	1	2
4	CN-2020-4150128	2020/1/3	公司	宁波	浙江	中国	华东	办公用品	器具	Cuisinart 搅拌机，白色	729.456	4	0.4	-206.864	1	3

图 8-10　地理信息与地理 ID 相对应的结果

将 factorize 后返回的第二个元素转变为 DataFrame，结果如图 8-11 所示。

```
geo_dim = geo_dim_factorize[1]
geo_dim = pd.DataFrame(geo_dim,columns = ['地理信息'])
geo_dim.head()
```

	地理信息
0	沈阳@辽宁@中国@东北
1	湛江@广东@中国@中南
2	廊坊@河北@中国@华北
3	宁波@浙江@中国@华东
4	开远@云南@中国@西南

图 8-11　地理信息转为 DataFrame 后的结果

将地理信息进行拆分，结果如图 8-12 所示。

```
geo_dim['城市'] = geo_dim['地理信息'].apply(lambda x:x.split('@')[0])
geo_dim['省/自治区']=geo_dim['地理信息'].apply(lambda x:x.split('@')[1])
geo_dim['国家'] = geo_dim['地理信息'].apply(lambda x:x.split('@')[2])
geo_dim['地区'] = geo_dim['地理信息'].apply(lambda x:x.split('@')[3])
geo_dim['ID'] = geo_dim.index
geo_dim.drop('地理信息',axis = 1,inplace = True)
geo_dim.head()
```

	城市	省/自治区	国家	地区	ID
0	沈阳	辽宁	中国	东北	0
1	湛江	广东	中国	中南	1
2	廊坊	河北	中国	华北	2
3	宁波	浙江	中国	华东	3
4	开远	云南	中国	西南	4

图 8-12　地理信息处理后的结果

到此，地理维度表就处理完成了。接下来我们将数据保存到 MySQL 中。

```
geo_dim.to_sql('geo_dim', con = engine, if_exists = 'replace', index = False)
```

（4）处理产品维度表

```
product_dim_factorize = pd.factorize(data['类别'] +"@"+ data['子类别']+"@"+ data
['产品名称'])
```

将数据中的产品信息与产品 ID 相对应，结果如图 8-13 所示。

```
data['product_dim_id'] = product_dim_factorize[0]
data.head()
```

	订单 ID	订单日期	消费者类别	城市	省/自治区	国家	地区	类别	子类别	产品名称	销售额	数量	折扣	利润	date_dim_id	geo_dim_id	product_dim_id
0	US-2020-4853457	2020/1/1	公司	沈阳	辽宁	中国	东北	办公用品	纸张	Eaton 令, 每包 12 个	572.880	4	0.0	183.120	0	0	0
1	CN-2020-2265001	2020/1/3	消费者	湛江	广东	中国	中南	家具	椅子	Hon 椅垫, 可调	243.684	1	0.1	108.304	1	1	1
2	CN-2020-2265001	2020/1/3	消费者	湛江	广东	中国	中南	办公用品	纸张	施乐 计划信息表, 多色	304.920	3	0.0	97.440	1	1	2
3	CN-2020-3065733	2020/1/3	消费者	廊坊	河北	中国	华北	办公用品	标签	Avery 可去除的标签, 可调	161.280	4	0.0	72.240	1	2	3
4	CN-2020-4150128	2020/1/3	公司	宁波	浙江	中国	华东	办公用品	器具	Cuisinart 搅拌机, 白色	729.456	4	0.4	-206.864	1	3	4

图 8-13　产品信息与产品 ID 相对应后的结果

将 factorize 后返回的第二个元素转变为 DataFrame，结果如图 8-14 所示。

```
product_dim = product_dim_factorize[1]
product_dim = pd.DataFrame(product_dim,columns = ['产品信息'])
product_dim.head()
```

	产品信息
0	办公用品@纸张@Eaton 令, 每包 12 个
1	家具@椅子@Hon 椅垫, 可调
2	办公用品@纸张@施乐 计划信息表, 多色
3	办公用品@标签@Avery 可去除的标签, 可调
4	办公用品@器具@Cuisinart 搅拌机, 白色

图 8-14　产品信息转为 DataFrame 后的结果

将产品信息进行拆分，结果如图 8-15 所示。

```
product_dim['类别'] = product_dim['产品信息'].apply(lambda x:x.split('@')[0])
product_dim['子类别'] = product_dim['产品信息'].apply(lambda x:x.split('@')[1])
product_dim['产品名称'] = product_dim['产品信息'].apply(lambda x:x.split('@')[2])
product_dim['ID'] = product_dim.index
product_dim.drop('产品信息',axis = 1,inplace = True)
product_dim.head()
```

	类别	子类别	产品名称	ID
0	办公用品	纸张	Eaton 令, 每包 12 个	0
1	家具	椅子	Hon 椅垫, 可调	1
2	办公用品	纸张	施乐 计划信息表, 多色	2
3	办公用品	标签	Avery 可去除的标签, 可调	3
4	办公用品	器具	Cuisinart 搅拌机, 白色	4

图 8-15　产品信息进行拆分后的结果

到此，产品维度表就处理完成了。接下来我们将数据保存到 MySQL 中。

```
product_dim.to_sql('product_dim', con = engine, if_exists = 'replace', index = False)
```

（5）处理事实表

保留 date_dim_id、geo_dim_id、product_dim_id、销售额、数量、折扣、利润。

```
sales_fact = data[['date_dim_id','geo_dim_id','product_dim_id','销售额','数量',
'折扣','利润']]
sales_fact['ID'] = sales_fact.index
```

到此，销售事实表就处理完成了。接下来我们将数据保存到 MySQL 中。

```
sales_fact.to_sql('sales_fact', con = engine, if_exists = 'replace', index = False)
```

6．可视化分析

① 各个地区销售额占比分析，结果如图 8-16 所示。

```
query_1 = """select g.地区,sum(f.销售额) as 总销售额 from sales_fact f inner join
geo_dim g on f.geo_dim_id = g.id group by g.地区"""
result_1 = pd.read_sql(query_1, engine)
result_1.set_index('地区')['总销售额'].plot.pie()
```

<matplotlib.axes._subplots.AxesSubplot at 0x7f7c71e2c780>

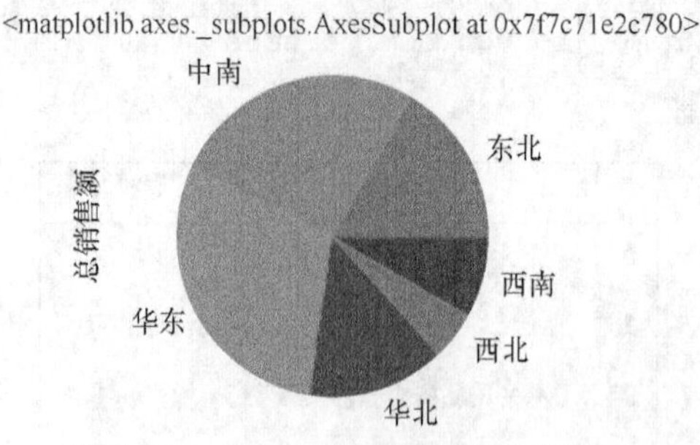

图 8-16　各个地区销售额占比饼图

从图 8-16 可以分析出：华东、中南、东北的销售额比较高，西南、西北的销售额较低。可以尝试在保证华东、中南、东北销售额的同时，努力增加西南、西北的销售额。

② 各月的利润分析，结果如图 8-17 所示。

```
query_2 = """select d.月,sum(f.利润) as 总利润 from sales_fact f inner join date_
dim d on f.date_dim_id = d.id group by d.月 order by d.月"""
result_2 = pd.read_sql(query_2, engine)
result_2.set_index('月')['总利润'].plot()
```

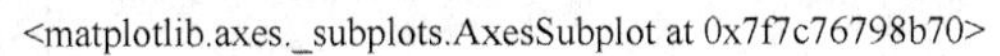

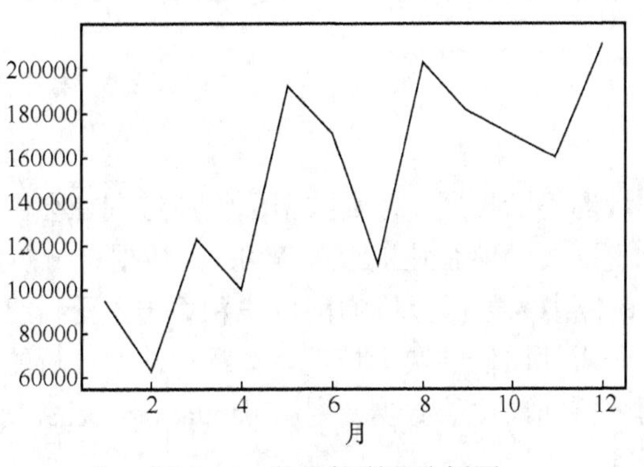

图 8-17　各月的利润分析图

从图 8-17 可以分析出：整体利润呈现递增趋势，但是 2 月、4 月、7 月、11 月的利润有所下降，需要结合产品、销售等因素，找出销量下降的主要原因。

8.3.6　案例总结

通过完成本案例，读者将掌握数据仓库设计的基本概念和流程，学会使用 pandas 进行数据预处理，了解星形模型的设计原则，以及如何将拆分后的数据存储到 MySQL 数据库中。同时，还将学会使用可视化工具对数据进行分析和可视化的方法，从而更好地理解数据背后的信息，为实际业务决策提供支持。这个案例将帮助读者将理论知识与实际操作相结合，提升数据分析和决策能力。

本章习题

1．数据仓库的特点是什么？
2．数据仓库的主要功能是什么？
3．数据仓库与数据库的主要区别是什么？
4．什么是事实表和维度表？
5．常用的建模方法有哪些？
6．星形模型和雪花模型的主要区别是什么？

第 9 章　Python 数据分析师岗位分析

随着大数据应用领域的不断拓展，海量数据已经渗透到社会生活的方方面面，掌握基于海量数据分析的人才逐渐成为各企业追逐的宠儿。大数据这一热门行业衍生了众多与数据相关的岗位，在这些岗位中大数据分析师岗位脱颖而出，受到业界人士的广泛关注。为了从多个角度了解数据分析师岗位的实际情况，本章从数据分析的角度出发，结合从招聘网站上收集的有关数据分析师岗位的数据，利用 pandas、pyecharts 库处理与展现数据，开发一个完整的数据分析项目。

【学习目标】

（1）熟悉数据分析的目标与思路。

（2）了解数据分析的流程与 pyecharts 库。

（3）能够熟练使用 pandas 处理数据。

（4）能够熟练使用 pyecharts 绘制基础图表。

任务 9.1　了解项目背景与目标

随着科学技术与各行各业的发展，大数据技术也获得进一步的发展，以满足时代发展所需。大数据分析师是大数据行业中最常见的职位之一，基于海量数据的分析能力在如今的求职场上越来越重要，那数据分析到底是什么呢？明确地说，数据分析是指运用适当的统计分析方法对收集的大量数据进行分析，将这些数据加以汇总和理解并消化，以实现最大化地开发数据的功能，发挥数据的作用。随着数据在各个行业中的重要性不断增加，对大数据分析师的需求也在不断增长。大数据分析师的就业和发展前景非常广阔。以下是关于大数据分析师就业和发展前景的一些介绍。

① 增长的行业需求：大数据分析师在许多行业中都有广泛的就业机会。金融、零售、医疗保健、制造业和媒体等，行业需要分析师来帮助他们收集、解释和利用海量的数据，以制定战略决策、优化业务流程和提高绩效。

② 技能需求：大数据分析师需要具备数据处理、统计分析、数据挖掘、机器学习和可视化等技能。随着技术的不断发展，对能够处理和分析不同类型数据的专业人员的需求也在增加。

③ 高薪就业机会：大数据分析师的需求高于供给，这导致了大数据分析师的薪资

水平相对较高。尤其是在技术发达的地区和大型企业，大数据分析师的薪酬通常很具竞争力。

④ 数据驱动决策的趋势：越来越多的组织和企业意识到数据对于业务成功的重要性，他们倾向于依靠数据来做决策。大数据分析师在这个趋势下扮演着至关重要的角色，他们能够将数据转化为有意义的见解，并提供战略性的建议。

⑤ 职业发展机会：大数据分析师将有机会在职业生涯中不断发展和成长。他们可以通过不断学习和深化专业技能，例如学习更高级的数据科学方法和工具，来提升自己的职业水平。此外，大数据分析师还可以朝着数据科学家、数据工程师或业务分析师等职位发展，拓宽自己的职业道路。

本章我们将以从天池（阿里云天池网）下载的数据分析师岗位数据为例，完成一个完整的数据分析项目。首先我们要明确目的和思路，即明确什么是数据对象？解决什么业务问题？再根据对项目的理解整理出分析的框架与思路。接下来就是数据收集，即按照确定的数据分析思路和框架内容，有目的地收集、整合相关数据。接着将收集的数据进行预处理，即对收集到的数据进行清洗与加工，方便后续能顺利地开展数据分析工作。然后进入最重要的数据分析环节，即通过分析手段对准备好的数据进行探索、分析，从中发现因果关系、内部联系，为决策提供参考。数据分析的结果通过图表的方式进行展现，常用的图表包括折线图、条形图、饼图等。

数据分析流程如图 9-1 所示。

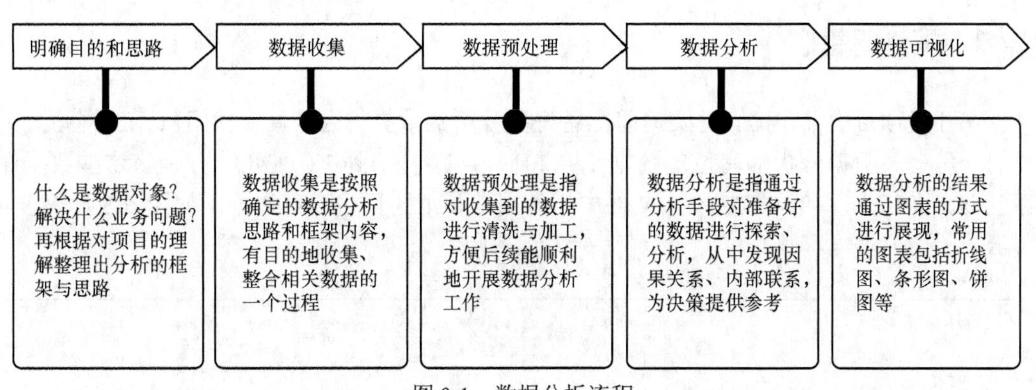

图 9-1 数据分析流程

在项目伊始期间，我们需要明确项目的目标，只有明确了目标，才能保证后期的行动不会偏离方向，否则得出的分析结果将没有任何指导意义。

本章项目分析的主要目标如下。

① 分析数据分析师岗位的需求趋势。

② 分析数据分析师岗位的热门城市 Top10。

③ 分析不同城市数据分析师岗位的薪资水平。

④ 分析数据分析师岗位的学历要求。

在明确了分析目标之后，我们需要将项目目标分解到数据分析的各个环节，方便开发人员清楚自己在各环节应该开展哪些工作。本章项目的实现思路如图 9-2 所示。

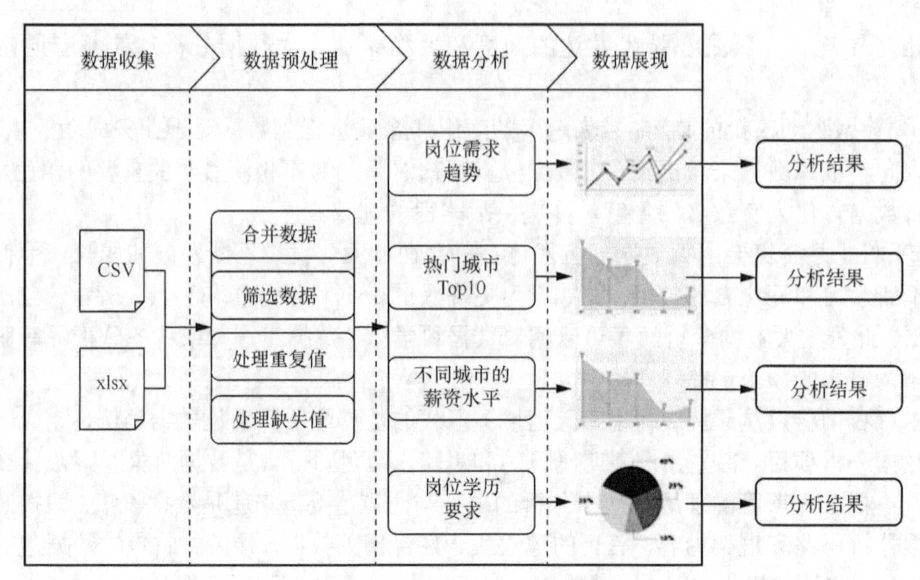

图 9-2　本章项目的实现思路

任务 9.2　读取与清洗数据分析师岗位数据

9.2.1　数据收集

在开发项目之前，我们需要提前准备好要分析的数据。这里直接使用从天池网站上下载的一份有关数据分析师岗位的数据（从 2019 年 11 月初到 12 月初），分别将这些数据保存至 lagou01.csv 和 lagou02.xlsx 文件中。使用 Excel 打开并观察数据，如图 9-3 和图 9-4 所示。

	_id	adWord	appShow	approve	businessZ	city	companyFull	companyI	companyL	companyL	companyS	companyS	createTime	deliver	district	education
0	5de5e75734e6	9	0	1	['亦庄']	北京	达疆网络科技	32836	['年底双薪	i/image2/M	达达-京东	2000人以_	2019/12/2 20:38	0	大兴区	本科
1	5de5e75734e6	0	0	1		北京	北京音娱时光	286568	['年底双薪	i/image2/M	音娱时光	50-150人	2019/12/3 11:23	0	海淀区	本科
2	5de5e75734e6	0	0	1	['西北旺']	北京	北京千喜鹤餐	278964	[]	i/image2/M	千喜鹤	2000人以_	2019/12/3 10:35	0	海淀区	本科
3	5de5e75734e6	0	0	0		北京	吉林省海生电	399744	[]	images/log	吉林省海生	少于15人	2019/12/3 10:35	0	朝阳区	本科
4	5de5e75734e6	0	0	0	['大望路', '	北京	韦博网讯科技	580170	[]	i/image2/M	WPIC	50-150人	2019/12/3 12:10	0	朝阳区	本科
5	5de5e75734e6	0	0	1	['学院路', '	北京	久爱致和（北	22130	['节日礼物	image1/M	久爱致和	150-500人	2019/12/3 11:19	0	海淀区	本科
6	5de5e75734e6	0	0	1	['酒仙桥']	北京	北京斑马天下	568402	[]	i/image2/M	斑马天下	50-150人	2019/12/3 10:57	0	朝阳区	本科
7	5de5e75734e6	0	0	1		北京	深圳瑞银信信	176986	['带薪年假	i/image/M	瑞银信	2000人以_	2019/12/3 10:40	0	朝阳区	本科
8	5de5e75734e6	0	0	1		北京	北京木瓜移动	88	['五险一金	i/image/M	木瓜移动	150-500人	2019/12/3 10:50	0	海淀区	本科
9	5de5e75734e6	0	0	1		北京	北京京东世纪	18139	['五险一金	i/image2/M	京东集团	2000人以_	2019/12/3 9:32	0	通州区	大专
10	5de5e75734e6	0	0	1		北京	贝壳找房（北	55446	['股票期权	i/image2/M	贝壳	2000人以_	2019/12/3 10:29	0	海淀区	本科
11	5de5e75734e6	0	0	1	['五道口', '	北京	北京口袋财富	68138	['股票期权	image1/M	理财魔方	50-150人	2019/12/2 10:46	0	海淀区	不限
12	5de5e75734e6	0	0	1	['工体']	北京	华壹信融投资	184419	[]	i/image/M	华壹信融	150-500人	2019/12/3 9:36	0	朝阳区	不限
13	5de5e75734e6	0	0	1		北京	贝壳找房（北	55446	['股票期权	i/image2/M	贝壳	2000人以_	2019/12/3 10:29	0	海淀区	本科
14	5de5e75734e6	0	0	1	['亦庄']	北京	达疆网络科技	32836	['年底双薪	i/image2/M	达达-京东	2000人以_	2019/12/2 20:38	0	大兴区	本科
15	5de5e75a34e6	0	0	1		北京	厦门美图之家	23291	['节日礼物	i/image/M	美图公司	2000人以_	2019/12/3 9:51	0	海淀区	本科
16	5de5e75a34e6	0	0	1	['建国门']	北京	北京方源房地	190751	['年底双薪	i/image2/M	北京方源	2000人以_	2019/12/2 22:18	0	东城区	本科
17	5de5e75a34e6	0	0	1		北京	时空幻境（北	138807	['年底双薪	i/image2/M	Magic Tav	150-500人	2019/12/2 17:45	0	朝阳区	本科
18	5de5e75a34e6	0	0	1	['亦庄']	北京	达疆网络科技	32836	['年底双薪	i/image2/M	达达-京东	2000人以_	2019/12/2 20:38	0	大兴区	本科

图 9-3　lagout01.csv

读取 lagou01.csv 文件的数据。

```
import pandas as pd
recruit_obj = pd.read_csv(r'lagou01.csv', encoding = 'gbk')
```

	_id	adWord	appShow	approve	business	city	companyF	companyId	companyLabelList	companyL	companyS	companyS	createTime	deliver
1599	5de5e8bc	0	0	1		成都	成都懂你	194331	['扁平管理', '节日	i/image2	懂你	15-50人	2019/11/24 22:25	0
1600	5de5e8bc	0	0	1		成都	北京河狸	25854	['高配福利', '弹性	i/image/	河狸家	500-2000	2019/12/2 17:03	0
1601	5de5e8bc	0	0	1		成都	中电健康	357265	[]	i/image/	中电健康	50-150人	2019/12/2 17:27	0
1602	5de5e8bc	0	0	1		成都	美梦者（	84493627	[]	i/image2	美梦者	50-150人	2019/12/2 16:50	0
1603	5de5e8bc	0	0	1		成都	美梦者（	84493627	[]	i/image2	美梦者	50-150人	2019/12/2 16:49	0
1604	5de5e8bc	0	0	1		成都	成都九天	347107	['绩效奖金', '年终	i/image3	九天月	50-150人	2019/12/2 16:28	0
1605	5de5e8bc	0	0	1		成都	北京金开	516014	[]	i/image2	金开科技	150-500人	2019/12/2 16:23	0
1606	5de5e8bc	0	0	1		成都	成都桔芯	85715052	[]	i/image2	桔芯物联	50-150人	2019/12/2 16:28	0
1607	5de5e8bc	0	0	1		成都	杭州云表	735403	[]	i/image2	云表汇通	15-50人	2019/12/2 17:14	0
1608	5de5e8bc	0	0	1		成都	成都积微	160202	['带薪年假', '绩效	i/image/	积微物联	500-2000	2019/11/27 9:21	0
1609	5de5e8bc	0	0	1		成都	四川世纪	425115	[]	i/image2	世纪众一	50-150人	2019/12/2 16:03	0
1610	5de5e8bc	0	0	1	['双楠']	成都	玖桔（北	424533	[]	i/image2	玖桔（北	50-150人	2019/12/2 14:51	0
1611	5de5e8bf	0	0	1		成都	成都潮派	588139	[]	i/image2	成都潮派	15-50人	2019/12/2 16:08	0
1612	5de5e8bf	0	0	1		成都	成都易世	208336	['年底双薪', '通讯	i/image2	易世教育	50-150人	2019/12/2 15:32	0
1613	5de5e8bf	0	0	0		成都	华西证券	85715043	[]	images/1	华西证券	2000人以	2019/12/2 13:50	0
1614	5de5e8bf	0	0	0	['四川大	成都	成都汇邦	389416	[]	i/image2	成都汇邦	15-50人	2019/12/2 14:04	0
1615	5de5e8bf	0	0	1	['桐梓林'	成都	成都心田	262083	['绩效奖金', '节日	i/image2	心田花开	500-2000	2019/12/3 11:37	0
1616	5de5e8bf	0	0	1		成都	成都知道	53142	['节日礼物', '岗位	image1/M	知道创宇	500-2000	2019/12/3 11:24	0
1617	5de5e8bf	0	0	1		成都	成都环宇	302038	['带薪年假', '绩效	i/image/	之了	150-500人	2019/12/3 10:46	0

图 9-4　lagout02.xlsx

读取 lagou02.xlsx 文件的数据。

```
recruit_obj2 = pd. read_excel(r'lagou02.xlsx')
```

观察两张表格可知，两张表格中有多列标题相同的数据，但并非每列数据都与数据分析目标有关，这里只需要保留与数据分析目标相关的部分列即可。

根据分析目的，recruit_obj 保留 city、companyFullName、salary、companySize、district、education、firstType、positionAdvantage、workYear、createTime。此外，为了方便分析，我们使用.T 属性将 DataFrame 的行和列转置。

```
new_df_01 = pd.DataFrame([recruit_obj['city'],
                          recruit_obj['companyFullName'],
                          recruit_obj ['salary'],
                          recruit_obj['companySize'], recruit_obj['district'],
                          recruit_obj['education'], recruit_obj['firstType'],
                          recruit_obj['positionAdvantage'],
                          recruit_obj ['workYear'],
                          recruit_obj['createTime']])
```

查看前 5 行数据。

```
new_df_01.head(5)
```

输出结果如图 9-5 所示。

Out[1]:

	city	companyFullName	salary	companySize	district	education	firstType	positionAdvantage	workYear	createTime
0	北京	达疆网络科技（上海）有限公司	15k-30k	2000人以上	大兴区	本科	产品|需求|项目类	成长快、氛围好、领导好	3-5年	2019/12/2 20:38
1	北京	北京音娱时光科技有限公司	10k-18k	50-150人	海淀区	本科	产品|需求|项目类	技术大牛多；免费餐饮；氛围好；	1-3年	2019/12/3 11:23
2	北京	北京千喜鹤餐饮管理有限公司	20k-30k	2000人以上	海淀区	本科	产品|需求|项目类	福利好，五险一金，住房补助	3-5年	2019/12/3 10:35
3	北京	吉林省海生电子商务有限公司	33k-50k	少于15人	朝阳区	本科	产品|需求|项目类	五险一金	3-5年	2019/12/3 10:35
4	北京	韦博网讯科技（北京）有限公司	10k-15k	50-150人	朝阳区	本科	产品|需求|项目类	待遇优厚，良好的发展前景	1-3年	2019/12/3 12:10

图 9-5　new_df_01 前 5 行数据

根据分析目的，recruit_obj2 保留 city、companyFullName、salary、companySize、district、education、firstType、positionAdvantage、workYear、createTime。此外，为了方便分析，我们同样使用.T 属性将 DataFrame 的行和列转置。

```
new_df_02 = pd.DataFrame( [recruit_obj2['city'],
                           recruit_obj2['companyFullName'],
```

```
                    recruit_obj2['salary'],
                    recruit_obj2['companySize'],
                    recruit_obj2 ['district'],
                    recruit_obj2['education'],
                    recruit_obj2['firstType'],
                    recruit_obj2['positionAdvantage'],
                    recruit_obj2 ['workYear'],
                    recruit_obj2['createTime']]).T
```

查看前 5 行数据。

```
new_df_02.head(5)
```

输出结果如图 9-6 所示。

Out[2]:

	city	companyFullName	salary	companySize	district	education	firstType	positionAdvantage	workYear	createTime
0	成都	成都懂你科技有限公司	2k-4k	15-50人	高新区	本科	开发|测试|运维类	技术交流 弹性工作 成长指导	应届毕业生	1574634300000000000
1	成都	北京河狸家信息技术有限公司	2k-4k	500-2000人	高新区	本科	运营|编辑|客服类	转正机会	应届毕业生	1575306180000000000
2	成都	中电健康云科技有限公司	8k-16k	50-150人	武侯区	本科	运营|编辑|客服类	国企背景 外企背景	1-3年	1575307620000000000
3	成都	美梦者（深圳）床具有限公司	2k-4k	50-150人	高新区	大专	运营|编辑|客服类	双休 五险 地铁口甲级写字楼上班	应届毕业生	1575305400000000000
4	成都	美梦者（深圳）床具有限公司	3k-6k	50-150人	高新区	大专	产品|需求|项目类	双休 五险 地铁口甲级写字楼上班	1-3年	1575305340000000000

图 9-6　new_df_02 前 5 行数据

9.2.2　数据预处理

尽管从网站上采集的数据是比较规整的，但可能会存在一些问题，无法直接被应用到数据分析中。为增强数据的可用性，我们需要对前面准备的数据进行一系列的数据清洗操作，包括检测与处理重复值、检测与处理缺失值。

根据图 9-5 和图 9-6 可知，createTime 是时间戳，我们需要转换为 datetime 格式。

```
new_df_01['createTime'] = pd.to_datetime(new_df_01['createTime'])
new_df_02['createTime'] = pd.to_datetime(new_df_02['createTime'])
```

转换后的 new_df_01 和 new_df_02 数据分别如图 9-7 和图 9-8 所示。

```
new_df_01.head(5)
new_df_02.head(5)
```

Out[3]:

	city	companyFullName	salary	companySize	district	education	firstType	positionAdvantage	workYear	createTime
0	北京	达疆网络科技（上海）有限公司	15k-30k	2000人以上	大兴区	本科	产品|需求|项目类	成长快、氛围好、领导好	3-5年	2019-12-02 20:38:00
1	北京	北京音娱时光科技有限公司	10k-18k	50-150人	海淀区	本科	产品|需求|项目类	技术大牛多；免费餐饮；氛围好；	1-3年	2019-12-03 11:23:00
2	北京	北京千喜鹤餐饮管理有限公司	20k-30k	2000人以上	海淀区	本科	产品|需求|项目类	福利好，五险一金，住房补助	3-5年	2019-12-03 10:35:00
3	北京	吉林省海生电子商务有限公司	33k-50k	少于15人	朝阳区	本科	产品|需求|项目类	五险一金	3-5年	2019-12-03 10:35:00
4	北京	韦博网讯科技（北京）有限公司	10k-15k	50-150人	朝阳区	本科	产品|需求|项目类	待遇优厚，良好的发展前景	1-3年	2019-12-03 12:10:00

图 9-7　转换后的 new_df_01 前 5 行数据

接下来是数据集成，将 new_df_01 和 new_df_02 采用上下堆叠的方式合并。

```
final_df = pd.concat([new_df_01, new_df_02], ignore_index = True)
```

为方便对数据的处理，我们对 final_df 重新设置列索引的名称，结果如图 9-9 所示。

```
final_df = final_df.rename(columns = {'city':'城市',
                                      'companyFullName':'公司全称', 'salary':'薪资',
                                      'companySize':'公司规模', 'district':'区',
                                      'education':'学历','firstType':'第一类型',
                                      'positionAdvantage':'职位优势',
                                      'workYear':'工作经验', 'createTime':'发布时间'})
final_df.head(5)
```

Out[4]:

	city	companyFullName	salary	companySize	district	education	firstType	positionAdvantage	workYear	createTime
0	成都	成都懂你科技有限公司	2k-4k	15-50人	高新区	本科	开发|测试|运维类	技术交流 弹性工作 成长指导	应届毕业生	2019-11-24 22:25:00
1	成都	北京河狸家信息技术有限公司	2k-4k	500-2000人	高新区	本科	运营|编辑|客服类	转正机会	应届毕业生	2019-12-02 17:03:00
2	成都	中电健康云科技有限公司	8k-16k	50-150人	武侯区	本科	运营|编辑|客服类	国企背景 外企背景	1-3年	2019-12-02 17:27:00
3	成都	美梦者（深圳）床具有限公司	2k-4k	50-150人	高新区	大专	运营|编辑|客服类	双休 五险 地铁口甲级写字楼上班	应届毕业生	2019-12-02 16:50:00
4	成都	美梦者（深圳）床具有限公司	3k-6k	50-150人	高新区	大专	产品|需求|项目类	双休 五险 地铁口甲级写字楼上班	1-3年	2019-12-02 16:49:00

图 9-8　转换后的 new_df_02 前 5 行数据

Out[5]:

	城市	公司全称	薪资	公司规模	区	学历	第一类型	职位优势	工作经验	发布时间
0	北京	达疆网络科技（上海）有限公司	15k-30k	2000人以上	大兴区	本科	产品|需求|项目类	成长快、氛围好、领导好	3-5年	2019-12-02 20:38:00
1	北京	北京音娱时光科技有限公司	10k-18k	50-150人	海淀区	本科	产品|需求|项目类	技术大牛多；免费餐饮；氛围好；	1-3年	2019-12-03 11:23:00
2	北京	北京千喜鹤餐饮管理有限公司	20k-30k	2000人以上	海淀区	本科	产品|需求|项目类	福利好，五险一金，住房补助	3-5年	2019-12-03 10:35:00
3	北京	吉林省海生电子商务有限公司	33k-50k	少于15人	朝阳区	本科	产品|需求|项目类	五险一金	3-5年	2019-12-03 10:35:00
4	北京	韦博网讯科技（北京）有限公司	10k-15k	50-150人	朝阳区	本科	产品|需求|项目类	待遇优厚，良好的发展前景	1-3年	2019-12-03 12:10:00

图 9-9　final_df 前 5 行数据

查看数据的整体信息，如图 9-10 所示。

```
final_df.info()
```

```
In [6]: # 查看数据的整体信息
        final_df.info()

        <class 'pandas.core.frame.DataFrame'>
        RangeIndex: 3142 entries, 0 to 3141
        Data columns (total 10 columns):
         #   Column  Non-Null Count  Dtype
        ---  ------  --------------  -----
         0   城市      3142 non-null   object
         1   公司全称    3142 non-null   object
         2   薪资      3142 non-null   object
         3   公司规模    3142 non-null   object
         4   区       3135 non-null   object
         5   学历      3142 non-null   object
         6   第一类型    3142 non-null   object
         7   职位优势    3142 non-null   object
         8   工作经验    3142 non-null   object
         9   发布时间    3142 non-null   datetime64[ns]
        dtypes: datetime64[ns](1), object(9)
        memory usage: 245.6+ KB
```

图 9-10　数据的整体信息

从图 9-10 可以看到，整组数据共有 3142 行，10 列，“区”列的非空值共 3135 行，与其他列的数据总量不同，说明该行有缺失值。

由于整组数据中没有数值的具体类型（仅“发布时间”列已转为 datetime64[ns]），所以这里不再检测类型异常值，而只需要检测与处理重复值、缺失值即可。

首先，检测重复值，查看是否存在重复值，结果如图 9-11 所示。

```
final_df[final_df.duplicated()]
```

Out[7]:

	城市	公司全称	薪资	公司规模	区	学历	第一类型	职位优势	工作经验	发布时间
13	北京	贝壳找房（北京）科技有限公司	30k-50k	2000人以上	海淀区	本科	开发|测试|运维类	福利好，成长高	5-10年	2019-12-03 10:29:00
14	北京	达疆网络科技（上海）有限公司	15k-30k	2000人以上	大兴区	本科	产品|需求|项目类	成长快、氛围好、领导好	3-5年	2019-12-02 20:38:00
75	北京	微梦创科网络科技（中国）有限公司	24k-40k	2000人以上	海淀区	本科	产品|需求|项目类	上市公司，福利待遇好，发展前景好	3-5年	2019-12-03 11:07:00
90	北京	元保数科（北京）科技有限公司	15k-30k	50-150人	朝阳区	本科	开发|测试|运维类	交通补助、午餐补助、发展空间大、网易团队	1-3年	2019-12-03 09:59:00
135	北京	北京云动九天科技有限公司	25k-50k	150-500人	东城区	本科	开发|测试|运维类	成长空间、技能提升、免费三餐	5-10年	2019-12-03 11:27:00
...	...	...	...	...	...	...	...	...	...	...
3027	苏州	苏州瑞懿信息技术有限公司	15k-25k	50-150人	工业园区	硕士	开发|测试|运维类	高速发展公司 大牛团队	1-3年	2019-11-29 14:08:00
3033	苏州	苏州瑞翼信息技术有限公司	15k-30k	150-500人	吴中区	本科	开发|测试|运维类	五险一金、年终多薪、绩效奖金	3-5年	2019-11-20 10:58:00
3044	苏州	苏州艾尼斯教育科技有限公司	10k-20k	150-500人	相城区	本科	运营|编辑|客服类	工会 餐补 住宿	5-10年	2019-11-19 15:29:00
3060	苏州	苏州问候软件有限公司	10k-15k	15-50人	吴江区	本科	运营|编辑|客服类	想要广阔的天空飞翔，就来我们筹备期公司!	3-5年	2019-11-18 09:20:00
3098	天津	北京字节跳动科技有限公司	15k-30k	2000人以上	红桥区	本科	销售类	六险一金，弹性工作，带薪休假，扁平管理	3-5年	2019-11-25 20:57:00

242 rows × 10 columns

图 9-11　重复值检测结果

从图 9-11 可看到存在重复值，那接下来将重复值删除，结果如图 9-12 所示。

```
final_df = final_df.drop_duplicates()
```

Out[8]:

	城市	公司全称	薪资	公司规模	区	学历	第一类型	职位优势	工作经验	发布时间
0	北京	达疆网络科技（上海）有限公司	15k-30k	2000人以上	大兴区	本科	产品|需求|项目类	成长快、氛围好、领导好	3-5年	2019-12-02 20:38:00
1	北京	北京音娱时光科技有限公司	10k-18k	50-150人	海淀区	本科	产品|需求|项目类	技术大牛多；免费餐饮；氛围好；	1-3年	2019-12-03 11:23:00
2	北京	北京千喜鹤餐饮管理有限公司	20k-30k	2000人以上	海淀区	本科	产品|需求|项目类	福利好，五险一金，住房补助	3-5年	2019-12-03 10:35:00
3	北京	吉林省海生电子商务有限公司	33k-50k	少于15人	朝阳区	本科	产品|需求|项目类	五险一金	3-5年	2019-12-03 10:35:00
4	北京	亏博网讯科技（北京）有限公司	10k-15k	50-150人	朝阳区	本科	产品|需求|项目类	待遇优厚，良好的发展前景	1-3年	2019-12-03 12:10:00
...	...	...	...	...	...	...	...	...	...	...
3137	天津	滴博津商（天津）教育科技有限公司	1k-2k	15-50人	和平区	不限	运营|编辑|客服类	大数据行业优势，工作氛围好	应届毕业生	2019-11-13 15:55:00
3138	天津	上海礼紫股权投资基金管理有限公司	6k-8k	500-2000人	河北区	不限	运营|编辑|客服类	旅游团建、内部晋升、待遇优厚、提供住宿	不限	2019-11-04 09:02:00
3139	天津	北京达佳互联信息技术有限公司	8k-15k	2000人以上	西青区	本科	运营|编辑|客服类	五险一金,绩效奖金,餐补,房补	3-5年	2019-12-03 10:16:00
3140	天津	北京河狸家信息技术有限公司	6k-8k	500-2000人	和平区	不限	运营|编辑|客服类	五险一金	不限	2019-12-02 17:03:00
3141	天津	北京河狸家信息技术有限公司	2k-4k	500-2000人	和平区	本科	运营|编辑|客服类	转正机会	应届毕业生	2019-12-02 17:03:00

2900 rows × 10 columns

图 9-12　去重后的 final_df

从图 9-12 可看出，去除重复数据后整组数据剩余 2900 行。

重复值处理完成后，接下来就是处理空缺值。

检测空缺值，查看是否存在空缺值，结果如图 9-13 所示。

```
final_df[final_df.isna().values == True]
```

Out[9]:

	城市	公司全称	薪资	公司规模	区	学历	第一类型	职位优势	工作经验	发布时间
28	北京	途家网网络技术（北京）有限公司	25k-50k	500-2000人	NaN	本科	开发|测试|运维类	大平台、六险一金	5-10年	2019-12-03 11:51:00
32	北京	北京千喜鹤餐饮管理有限公司	30k-50k	2000人以上	NaN	本科	开发|测试|运维类	五险一金、单休、办公环境	5-10年	2019-12-03 11:31:00
98	北京	时空幻境（北京）科技有限公司	25k-35k	150-500人	NaN	本科	产品|需求|项目类	扁平化管理/发展空间大	3-5年	2019-12-03 11:46:00
1259	杭州	杭州缦图摄影有限公司	11k-18k	2000人以上	NaN	本科	开发|测试|运维类	互联网独角兽	3-5年	2019-12-03 12:12:00
1514	成都	成都巨枫娱乐有限公司	6k-10k	少于15人	NaN	大专	运营|编辑|客服类	入职买社保	1-3年	2019-12-03 11:35:00
1515	成都	广西博大胜任信息技术有限公司	7k-12k	150-500人	NaN	大专	开发|测试|运维类	扁平化管理，团队氛围好	1-3年	2019-12-03 11:45:00
2146	武汉	广西博大胜任信息技术有限公司	7k-12k	150-500人	NaN	大专	开发|测试|运维类	扁平化管理，团队氛围好	1-3年	2019-12-03 12:02:00

图 9-13　空缺值检测结果

从图 9-13 可看出，“区”列确实存在空缺值，但对此列中的空缺值不可轻易删除，否则会影响对其他数据的分析，故我们采用常量填充。

```
final_df = final_df.fillna('未知')
```

查看图 9-13 中第一行填充后的结果（图 9-13 中的第一行的行索引是 28），如图 9-14 所示。

```
final_df.loc[28]
```

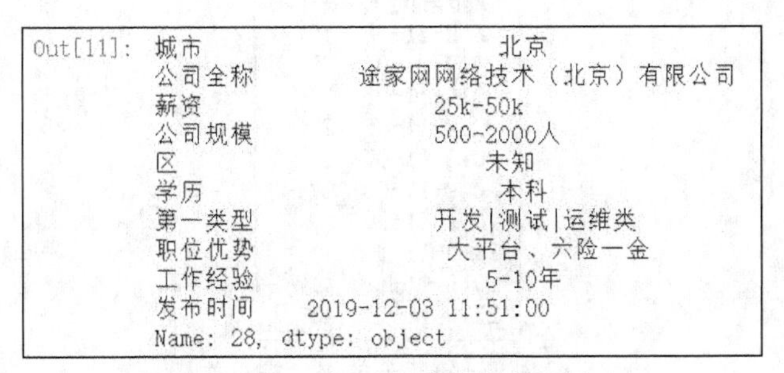

```
Out[11]: 城市                         北京
         公司全称       途家网网络技术（北京）有限公司
         薪资                      25k-50k
         公司规模                 500-2000人
         区                           未知
         学历                         本科
         第一类型              开发|测试|运维类
         职位优势               大平台、六险一金
         工作经验                    5-10年
         发布时间       2019-12-03 11:51:00
         Name: 28, dtype: object
```

图 9-14　第 28 行数据填充结果

到此，数据预处理完成。

任务 9.3　数据分析与可视化

9.3.1　数据分析师岗位的需求趋势

若希望了解数据分析师岗位的需求趋势，需要对近一个月每天的岗位招聘总数量进行统计。为直观地看到岗位需求的变化趋势，这里会将统计的数据绘制成一张折线图。

步骤 1：将发布时间数据转换成日期格式，如图 9-15 所示。

```
final_df['发布时间'] = final_df['发布时间'].dt.strftime('%Y-%m-%d')
final_df.head(10)
```

Out[12]:

	城市	公司全称	薪资	公司规模	区	学历	第一类型	职位优势	工作经验	发布时间
0	北京	达疆网络科技（上海）有限公司	15k-30k	2000人以上	大兴区	本科	产品|需求|项目类	成长快、氛围好、领导好	3-5年	2019-12-02
1	北京	北京音娱时光科技有限公司	10k-18k	50-150人	海淀区	本科	产品|需求|项目类	技术大牛多；免费餐饮；氛围好；	1-3年	2019-12-03
2	北京	北京千喜鹤餐饮管理有限公司	20k-30k	2000人以上	海淀区	本科	产品|需求|项目类	福利好，五险一金，住房补助	3-5年	2019-12-03
3	北京	吉林省海生电子商务有限公司	33k-50k	少于15人	朝阳区	本科	产品|需求|项目类	五险一金	3-5年	2019-12-03
4	北京	韦博网讯科技（北京）有限公司	10k-15k	50-150人	朝阳区	本科	产品|需求|项目类	待遇优厚，良好的发展前景	1-3年	2019-12-03
5	北京	久爱致和（北京）科技有限公司	6k-8k	150-500人	海淀区	本科	产品|需求|项目类	互联网公司 十三薪 六险一金	1年以下	2019-12-03
6	北京	北京斑马天下教育科技有限公司	10k-20k	50-150人	朝阳区	本科	产品|需求|项目类	六险一金，试用期100%薪资，大牛带队	1-3年	2019-12-03
7	北京	深圳瑞银信信息技术有限公司	10k-20k	2000人以上	朝阳区	本科	开发|测试|运维类	五险一金,定期体检,每月补贴	不限	2019-12-03
8	北京	北京木瓜移动科技股份有限公司	15k-25k	150-500人	海淀区	本科	产品|需求|项目类	国际化团队，快速成长，扁平化管理	3-5年	2019-12-03
9	北京	北京京东世纪贸易有限公司	15k-25k	2000人以上	通州区	大专	产品|需求|项目类	京东	5-10年	2019-12-03

图 9-15　将发布时间数据转换成日期格式

如图 9-15 所示，发布时间格式已转换为“yyyy-MM-dd”。

步骤 2：计算每天的岗位需求总量，如图 9-16 所示。

```
jobs_count = final_df.groupby(by = "发布时间").agg({'城市':'count'})
jobs_count.head(10)
```

发布时间	城市
2019-11-03	10
2019-11-04	23
2019-11-05	19
2019-11-06	23
2019-11-07	23
2019-11-08	27
2019-11-09	9
2019-11-10	1
2019-11-11	41
2019-11-12	45

图 9-16　计算每天的岗位需求总量

步骤 3：绘制折线图观察岗位需求的变化趋势，如图 9-17 所示。

```
from pyecharts.globals import WarningType
from pyecharts.charts import Bar, Line, Pie
import pyecharts.options as opts
from pyecharts.globals import SymbolType, ThemeType
WarningType.ShowWarning = False
line_demo = (
    Line(init_opts = opts.InitOpts(theme = ThemeType.ROMA))
    # 添加 x 轴、y 轴的数据、系列名称
    .add_xaxis(jobs_count.index.tolist())
    .add_yaxis('', jobs_count.values.tolist(), symbol = 'diamond',
               symbol_size = 10)
    # 设置标题
```

```
    .set_global_opts(title_opts = opts.TitleOpts(
                            title = "数据分析师岗位的需求趋势"),
                            yaxis_opts = opts.AxisOpts(name = "需求数量 / 个",
                            name_location = "center", name_gap = 30))
)
line_demo.render_notebook()
```

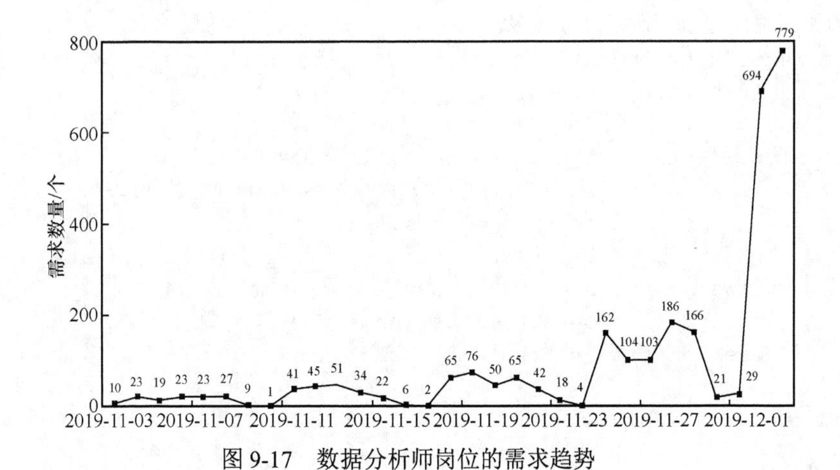

图 9-17　数据分析师岗位的需求趋势

由图 9-17 可知，2019 年 11 月 3 日到 2019 年 11 月 23 日这个时段对应的折线呈缓慢上升的趋势，2019 年 11 月 23 日到 2019 年 12 月 1 日这个时段对应的折线呈快速上升的趋势，说明市场上对数据分析师岗位的需求明显变大。

9.3.2　数据分析师岗位的热门城市 Top10

若希望了解数据分析师岗位需求的热门城市，需要对各城市近一个月内每天的数据分析师岗位招聘总量进行统计。为直观地看到各城市数据分析师岗位的需求量，我们将统计的数据绘制成一个柱形图，并在该图中柱形的上方标注出具体的数值。

步骤 1：计算每个城市的数据分析师岗位总量，如图 9-18 所示。

```
city_num = final_df['城市'].value_counts()
city_num.head(10)
```

```
Out[15]:  成都      416
          武汉      392
          北京      366
          上海      345
          深圳      253
          南京      228
          广州      172
          西安      164
          长沙      148
          厦门      131
          Name: 城市, dtype: int64
```

图 9-18　计算每个城市的数据分析师岗位总量

步骤 2：将前 10 个结果转换为列表类型的数据。

```
city_values = city_num.values[:10].tolist()
city_index = city_num.index[:10].tolist()
```

步骤 3：绘制柱形图，观察数据分析师岗位需求的热门城市，如图 9-19 所示。

```
bar_demo = (
    Bar()
    # 添加 x 轴、y 轴的数据与系列名称
    .add_xaxis(city_index)
    .add_yaxis("",city_values)
    # 设置标题
    .set_global_opts(title_opts = opts.TitleOpts(
                     title = '数据分析师岗位的热门城市 Top10'),
                     xaxis_opts = opts.AxisOpts(
                         axislabel_opts = opts.LabelOpts(rotate = -15)),
           visualmap_opts = opts.VisualMapOpts(max_ = 450),
           yaxis_opts = opts.AxisOpts(name = "需求数量 / 个",
           name_location = "center", name_gap = 30))
)
bar_demo.render_notebook()
```

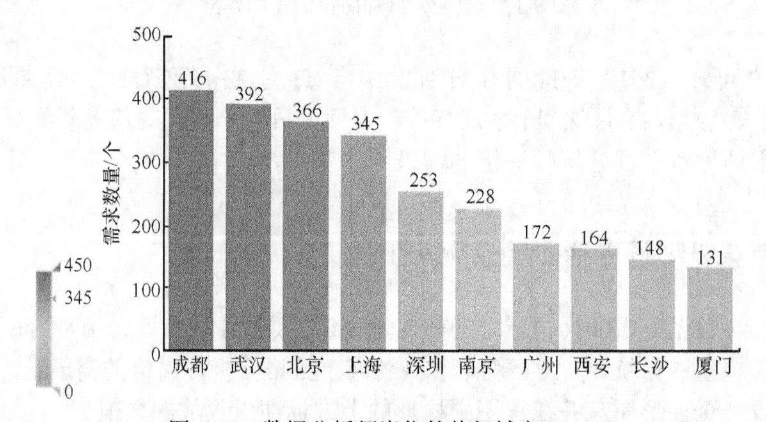

图 9-19　数据分析师岗位的热门城市 Top10

由图 9-19 可知，成都、武汉，北京的柱形条最高，说明这几个城市对数据分析师岗位的需求较大，需求数量大约为 400 个。

9.3.3　不同城市数据分析师岗位的薪资水平

若希望了解不同城市的数据分析师岗位的薪资水平，需获得不同城市的数据分析师岗位的薪资平均值。为直观地看到不同城市数据分析师岗位的薪资水平，我们将统计的数据绘制成一个柱形图，并将获得的平均值标注到柱形的上方。

步骤 1：统一薪资的单位为小写字母 k，即将数据里面的大写字母 K 转化为小写字母 k。

```
# 将数据里面的大写字母 K 转化为小写字母 k
final_df['薪资'] = final_df['薪资'].str.lower().fillna(" ")
```

步骤 2：构建新的特征，根据薪资构建薪资最小值、薪资最大值、薪资平均值，如图 9-20 所示。

```
final_df["薪资最小值"] = final_df["薪资"].str.extract(r'(\d+)').astype(int)
final_df["薪资最大值"] = final_df["薪资"].str.extract(r'\-(\d+)').astype(int)
average_df = final_df[["薪资最小值", "薪资最大值"]]
final_df["薪资平均值"] = average_df.mean(axis = 1)
final_df.drop(columns = ["薪资"], inplace = True)
final_df.head(10)
```

Out[18]:

	城市	公司全称	公司规模	区	学历	第一类型	职位优势	工作经验	发布时间	薪资最小值	薪资最大值	薪资平均值
0	北京	达疆网络科技（上海）有限公司	2000人以上	大兴区	本科	产品|需求|项目类	成长快、氛围好、领导好	3-5年	2019-12-02	15	30	22.5
1	北京	北京音娱时光科技有限公司	50-150人	海淀区	本科	产品|需求|项目类	技术大牛多；免费餐饮；氛围好；	1-3年	2019-12-03	10	18	14.0
2	北京	北京千喜鹤餐饮管理有限公司	2000人以上	海淀区	本科	产品|需求|项目类	福利好，五险一金，住房补助	3-5年	2019-12-03	20	30	25.0
3	北京	吉林省海生电子商务有限公司	少于15人	朝阳区	本科	产品|需求|项目类	五险一金	3-5年	2019-12-03	33	50	41.5
4	北京	韦博网讯科技（北京）有限公司	50-150人	朝阳区	本科	产品|需求|项目类	待遇优厚，良好的发展前景	1-3年	2019-12-03	10	15	12.5
5	北京	久趣致和（北京）科技有限公司	150-500人	海淀区	本科	产品|需求|项目类	互联网公司 十三薪 六险一金	1年以下	2019-12-03	6	8	7.0
6	北京	北京斑马天下教育科技有限公司	50-150人	朝阳区	本科	产品|需求|项目类	六险一金，试用期100%薪资，大牛带队	1-3年	2019-12-03	10	20	15.0
7	北京	深圳瑞银信信息技术有限公司	2000人以上	朝阳区	本科	开发|测试|运维类	五险一金,定期体检,每月补贴	不限	2019-12-03	10	20	15.0
8	北京	北京木瓜移动科技股份有限公司	150-500人	海淀区	本科	产品|需求|项目类	国际化团队，快速成长，扁平化管理	3-5年	2019-12-03	15	25	20.0
9	北京	北京京东世纪贸易有限公司	2000人以上	通州区	大专	产品|需求|项目类	京东	5-10年	2019-12-03	15	25	20.0

图 9-20　构建薪资的新特征

步骤 3：计算每个城市的平均薪资，并降序排列。

```
companyNum = final_df.groupby('城市')['薪资平均值'].mean().sort_values(ascending =
False)
companyNum = companyNum.astype(int)
```

步骤 4：绘制柱形图，观察不同城市数据分析师岗位的薪资水平，如图 9-21 所示。

```
company_values = companyNum.values.tolist()
company_index = companyNum.index.tolist()
# 绘制柱形图
bar_demo2 = (
    Bar()
    # 添加 x 轴、y 轴的数据与系列名称
    .add_xaxis(company_index)
    .add_yaxis("",company_values)
    # 设置标题
    .set_global_opts(title_opts = opts.TitleOpts(
        title = '不同城市数据分析师岗位的薪资水平'),
        xaxis_opts = opts.AxisOpts(
            axislabel_opts = opts.LabelOpts(rotate = -15)),
        visualmap_opts = opts.VisualMapOpts(max_ = 21),
        yaxis_opts = opts.AxisOpts(name = "薪资/k",
```

```
name_location = "center", name_gap = 30))
)
bar_demo2.render_notebook()
```

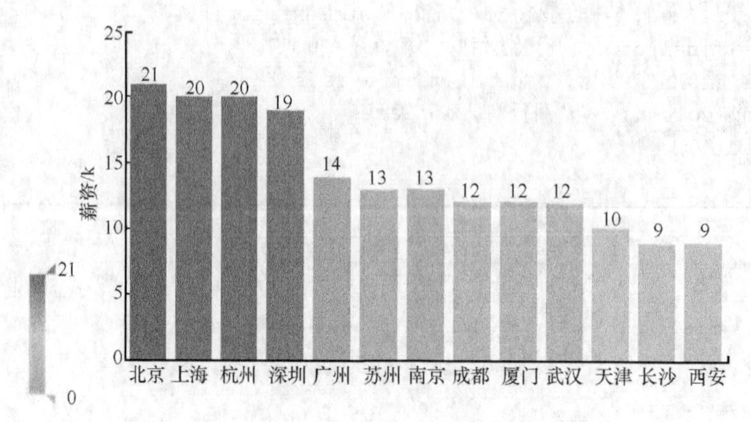

图 9-21　不同城市数据分析师岗位的薪资水平

由图 9-21 可知，北京市数据分析师岗位的平均薪资最高，大约为 21k；上海市数据分析师岗位的平均薪资次之，大约为 20k。

9.3.4　数据分析师岗位的学历要求

若希望了解数据分析师岗位对学历的要求，需要了解不同学历的占比情况。为直观地看到数据分析师岗位的学历要求，我们将统计的数据绘制成一个圆环图，并将具体的比例值标注到圆环图旁边。

步骤 1：计算不同学历的总量，并转换成列表。

```
education = final_df["学历"].value_counts()
cut_index = education.index.tolist()
cut_values = education.values.tolist()
data_pair = [list(z) for z in zip(cut_index,cut_values)]
```

步骤 2：绘制饼图，观察数据分析师岗位的学历要求，如图 9-22 所示。

```
pie_obj = (
    Pie(init_opts = opts.InitOpts(theme = ThemeType.ROMA))
    .add('', data_pair, radius = ['35%', '70%'])
    .set_global_opts(title_opts = opts.TitleOpts(
         title = '数据分析师岗位的学历要求'),
         legend_opts = opts.LegendOpts(orient = 'vertical',
              pos_top = '15%', pos_left = '2%'))
    .set_series_opts(label_opts = opts.LabelOpts(formatter = "{b}:{d}%"))
)
pie_obj.render_notebook()
```

由图 9-22 可知，本科对应的图形所占的比例最大，说明数据分析师岗位对本科学历的需求较多；博士对应的图形所占的比例最小，说明数据分析师岗位对博士学历的需求较小。

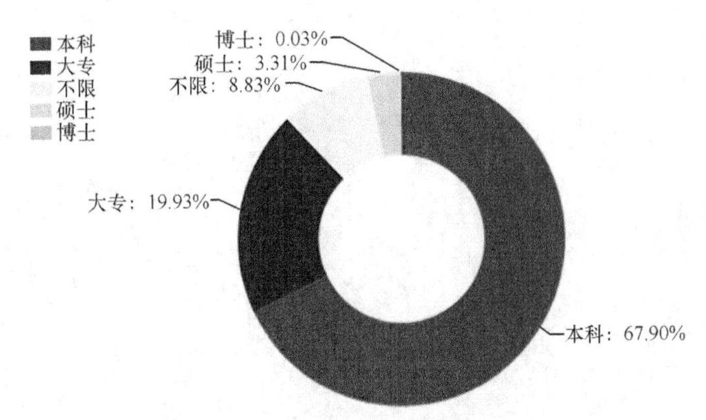

图 9-22　数据分析师岗位的学历要求

任务 9.4　总结

本章的项目案例展示了如何使用 pandas 库、pyecharts 库处理与展现数据。读者可以根据实际数据集和需求，进一步扩展这个案例，进行更复杂的数据处理、计算等操作。

本章习题

1．请简述本章项目的目标与思路。

2．请简述数据分析的流程。

3．请使用 pyecharts 绘制数据分析师岗位的热门城市 Top10。

4．请使用 pyecharts 绘制不同城市数据分析师的薪资水平。